U0313803

高职高专"十四五"规划教材

冶金工业出版社

金属矿地下开采

（第 3 版）

主　编　陈国山　刘洪学
副主编　姚义堂　张小瑞　姜俊博　冷述智　张强峰

输入刮刮卡密码
查看本书数字资源

北　京
冶金工业出版社
2024

内 容 提 要

本书详细介绍了金属矿地下开采方法与技术，全书共 10 章，主要内容包括金属矿床的工业特征、金属矿地下开采的原则、金属矿地下开采开拓方法、主要开拓巷道、辅助开拓工程、地面辅助工程、采矿生产工艺、空场采矿法、充填采矿法及崩落采矿法等。

本书可作为高职高专金属矿开采技术等相关专业的教材，也可供矿山工程技术人员、管理人员、安全生产监督和矿山建设监理人员参考。

图书在版编目（CIP）数据

金属矿地下开采／陈国山，刘洪学主编 . —3 版 . —北京：冶金工业出版社，2022.1（2024.1 重印）
高职高专"十四五"规划教材
ISBN 978-7-5024-9045-4

Ⅰ. ①金… Ⅱ. ①陈… ②刘… Ⅲ. ①金属矿开采—地下开采—高等职业教育—教材 Ⅳ. ①TD853

中国版本图书馆 CIP 数据核字（2022）第 019178 号

金属矿地下开采 （第 3 版）

出版发行	冶金工业出版社	**电 话**	（010）64027926
地 址	北京市东城区嵩祝院北巷 39 号	**邮 编**	100009
网 址	www.mip1953.com	**电子信箱**	service@ mip1953.com

责任编辑　俞跃春　杜婷婷　美术编辑　彭子赫　版式设计　孙跃红
责任校对　梅雨晴　责任印制　禹 蕊
三河市双峰印刷装订有限公司印刷
2008 年 5 月第 1 版，2012 年 1 月第 2 版，2022 年 1 月第 3 版，2024 年 1 月第 2 次印刷
787mm×1092mm 1/16；20.75 印张；498 千字；316 页
定价 **59.00** 元

投稿电话 （010）64027932　投稿信箱 tougao@cnmip.com.cn
营销中心电话 （010）64044283
冶金工业出版社天猫旗舰店 yjgycbs.tmall.com
（本书如有印装质量问题，本社营销中心负责退换）

第3版前言

本书是在 2012 年出版的《金属矿地下开采（第 2 版）》基础上修订的，随着国家能源战略的调整和人们安全环保意识的不断提高，原有的采矿方法已不能很好地适应现代矿山的发展，加之科技成果在矿山的应用，金属矿地下开采的机械化及自动化程度有了质的飞跃。为了促进理论与实践有机结合，与时俱进，对第 2 版进行了如下修订：

（1）对第 2 版的部分章节内容进行了修改，使其更加贴近生产实际，与时俱进地反映先进的生产技术和生产设备；

（2）调整了部分章节顺序，使教学更加流畅，教学内容更易于理解和掌握；

（3）删除了一些成本高、安全系数低、环境破坏大、不利于矿山发展的采矿方法；

（4）增加了机械化和自动化程度高的设备和控制系统的应用，完善了理论与实践的衔接；

（5）将放矿理论及充填技术进行了补充和提炼，并单独讲解，易于学生学习及掌握；

（6）修订和完善部分技术经济指标，以适应绿色矿山、安全矿山、经济矿山的总体要求，保证矿山在安全、环保、高效的条件下良性运转；

（7）增加了丰富的数字资源，包括微课、课件等，读者可扫码观看。

参加本书修订工作的有吉林电子信息职业技术学院陈国山、刘洪学、陈西林，陕西能源职业技术学院姜俊博，中煤科工集团西安研究院有限公司张强峰，长春黄金研究院有限公司张小瑞，中泽昊融集团有限公司冷述智，中国华冶科工集团有限公司姚义堂，河北新烨工程技术有限公司柴会民，斯福迈智能科技有限责任公司张孟发，锡林郭勒盟银鑫矿业有限责任公司于澎，内蒙古兴安盟艾玛矿业有限责任公司于立志，鑫达黄金矿业有限责任公司张永恒。全书由陈国山、刘洪学任主编，姚义堂、张小瑞、姜俊博、冷述智、张强峰任副主编。具体分工如下：第 1 章由陈国山编写，第 2 章由张永恒、陈西林编写，第 3 章由姚义堂编写，第 4 章由于澎、张孟发编写，第 5 章由柴会民、于立志编写，第 6 章由冷述智编写，第 7 章由张强峰编写，第 8 章由姜俊博编写，第 9 章由张小瑞编写，第 10 章由刘洪学编写。

　　由于编者水平所限，书中不妥之处，敬请读者批评指正。

编　者

2021 年 11 月

第 2 版前言

随着高职高专教育改革的不断发展，人才培养目标和培养方式发生了深刻变化，为了适应高等教育教学改革的需求，对矿山应用较少的采矿方法进行了删减，同时增加了矿山应用较广泛的充填、放矿理论和采矿方法，强调了培养学生的动手能力。我们在总结近年来的教学经验的基础上，对本书进行了修订再版。主要内容包括以下几点：

（1）通过对我国充填采矿法现状和发展趋势的分析，增加了充填方面的内容，阐述了充填采矿方法的生态环境保护功能、充填理论基础知识、常用充填材料及其物理力学性质、充填料的输送方式及充填体在地压管理中的作用。

（2）增加了放矿理论内容，介绍了椭球体理论，对放出椭球体、松动椭球体、废石降落漏斗的基本性质进行了详细阐述，并结合矿石开采过程中影响放出矿石质量的各要素进行了论述。

（3）根据近年来采矿方法的发展及应用，对第 1 版空场采矿法、充填采矿法、崩落采矿法的内容作了修改，略去了一些矿石损失贫化严重、损失贫化大、开采成本高、应用较少的采矿方法（如分层崩落法）。对应用广泛的采矿方法，增加了实例，对应用较多、结构复杂的采矿方法附上了立体图。

本书由陈国山担任主编。参加编写的有：陈国山编写 1~5 章，王洪胜、毕俊召编写 6 章，陈国山、翁春林编写 7、8 章，陈国山、夏建波编写 9 章，陈国山、何晓光编写 10 章，夏建波编写 11 章。

由于编者水平有限，书中不足之处，欢迎读者批评指正。

编　者

2011 年 11 月

第1版前言

随着采矿业的迅速发展，金属矿地下开采的技术水平、开采设备的自动化程度、金属矿地下开采的工艺技术等都有很大的提高，为了适应这种发展趋势，根据教育部高职高专矿业类教学指导委员会金属矿开采技术教研组、冶金教育学会高职高专矿业类课程组及冶金工业出版社"十一五"冶金行业教材建设规划，我们编写了本教材。

本教材根据高职高专办学理念、高职高专人才培养目标，在编写过程中注重了基本理论和基本知识的要求，充实了新工艺、新设备、新技术的内容；力求理论联系实际，侧重于生产实践，注重学生职业技能和动手能力的培养。

参加本教材编写工作的有吉林电子信息职业技术学院陈国山、毕俊召、王洪胜，辽宁科技学院何晓光，昆明冶金高等专科学校翁春林、夏建波。其中陈国山编写第1~5章，王洪胜、毕俊召编写第6章，翁春林编写第7章、第8章，何晓光编写第10章，夏建波编写第9章、第11章。全书由陈国山、翁春林担任主编，何晓光、夏建波担任副主编。

本教材在编写过程中得到许多同行、矿山工程技术人员的支持和帮助，在此表示衷心的感谢。

由于作者水平有限，书中不足之处，欢迎读者批评指正。

编　者

2007 年 12 月

目　　录

1 金属矿床的工业特征

第 1 章微课

1.1 概 述

第 1 章课件

1.1.1 基本概念

凡是地壳中的矿物自然聚合体，在现代技术经济水平条件下，能以工业规模从中提取国民经济所必需的金属或其他矿物产品的，称为矿石。以矿石为主体的自然聚集体称为矿体。矿床是矿体的总称，一个矿床可由一个或多个矿体组成。矿体周围的岩石称为围岩，根据其与矿体的相对位置的不同，有上盘围岩、下盘围岩与侧翼围岩之分。缓倾斜及水平矿体的上盘围岩也称为顶板，下盘围岩称为底板。矿体的围岩及矿体中的岩石（夹石），不含有用成分或含量过少，从经济角度出发无开采价值的，称为废石。

矿石中有用成分的含量，称为品位。品位常用百分数表示。黄金、金刚石、宝石等贵重矿石，经常分别用 1t（或 $1m^3$）矿石中含多少克或克拉有用成分来表示，如某矿的金矿品位为 5g/t 等。矿床内的矿石品位分布很少是均匀的。对各种不同种类的矿床，许多国家都有统一规定的边界品位。边界品位是划分矿石与废石（围岩或夹石）的有用组分最低含量标准。矿山计算矿石储量分为表内储量与表外储量。表内、外储量划分的标准是按最低可采平均品位，又称为最低工业品位，简称工业品位。按工业品位圈定的矿体称为工业矿体。显然，工业品位高于或等于边界品位。

矿石和废石，工业矿床与非工业矿床划分的概念是相对的。它是随着国家资源情况，国民经济对矿石的需求，经济地理条件，矿石开采及加工技术水平的提高，以及生产成本升降和市场价格的变化等而变化。例如，我国锡矿石的边界品位高于一些国家的规定 5 倍以上；随着硫化铜矿石选矿技术提高等原因，铜矿石边界品位已由 0.6% 降到 0.3%；有的交通条件好的缺磷地区，所开采的磷矿石品位，甚至低于边疆交通不便富磷地区的废石品位。

1.1.2 矿石的种类

矿床按其存在形态的不同，可分为固相、气相（如二氧化碳气矿、硫化氢气矿）及液相（如盐湖中的各种盐类矿物、液体天然碱）三种。

矿石按其属性来分，可分为金属矿石及非金属矿石两大类。其中，金属矿石又可根据其所含金属种类的不同，分为贵重金属矿石（金、银、铂等）、有色金属矿石（铜、铅、锌、铝、镁、锑、钨、锡、铝等）、黑色金属矿石（铁、锰、铬等）、稀有金属矿石（钽、铌等）和放射性矿石（铀、钍等）。根据其所含金属成分的种类，矿石可分为单一金属矿石和多金属矿石。

金属矿石按其所含金属矿物的性质、矿物组成及化学成分，可分为以下四种。

（1）自然金属矿石：是指金属以单一元素存在于矿床中的矿石，如金、银、铂、铜等。

（2）氧化矿石：是指矿石中矿物的化学成分为氧化物、碳酸盐及硫酸盐的矿石，如赤铁矿（Fe_2O_3）、红锌矿（ZnO）、软锰矿（MnO_2）、赤铜矿（CuO）、白铅矿（$PbCO_3$）等。一些铜矿及铅锌矿床，在靠近地表的氧化带内，常有氧化矿石存在。

（3）硫化矿石：是指矿石中矿物的化学成分为硫化矿物的矿石，如黄铜矿 $CuFeS_2$、方铅矿 PbS、辉钼矿 MoS_2 等。

（4）混合矿石：是指矿石中含有上述三种矿物中两种或两种以上的矿石混合物。开采这类矿床时，要考虑分采分运的可能性。

我国化工系统开采的多种盐类矿床，这些盐类矿物具有共同的特点，就是溶于水，只是各种矿物的溶解度不相同。按化学组成不同，盐类矿物可分为氯化物盐类矿物（如岩盐，钾石盐）、硫酸盐盐类矿物（如石膏、芒硝）、碳酸盐盐类矿物（如天然碱）、硝酸盐盐类矿物（如智利硝石）、硼酸盐盐类矿物（如硼矿）等。

矿石中有用成分含量的多少是衡量矿石质量的一个重要指标。根据矿石中所含有用成分的多少，矿石有富矿、中矿和贫矿之分。如磁铁矿品位超过55%时为平炉富矿，品位在50%～55%时为高炉富矿，品位在30%～50%时为贫矿。贫铁矿必须进行选矿。品位超过1%的铜矿即为富矿。硫铁矿和磷矿常以品位合格不经选矿加工作为商品矿出售。含五氧化二磷 $w(P_2O_5)=30\%$ 的磷矿石和含硫 $w(S)=35\%$ 的硫铁矿作为标准矿；凡采出的磷矿和磁铁矿，均以其实际品位折合成标准矿计算产量。例如，生产出 3t 品位为 23.3% 的硫铁矿折算成 2t 标准硫铁矿产量。

矿石按其有用成分的价值可分为高价矿、中价矿及低价矿。低价矿如我国的磷矿石，一般都不用成本较高的充填采矿法开采。我国的金矿及高品位的有色、贵重和稀有金属矿，则可用充填采矿法开采。开采高价矿及富矿时，更应尽量减少开采损失和贫化。

对于某些矿物，主要是非金属矿物，决定其使用价值的不仅是有用成分的含量，还要考虑其某些特殊物理技术性能。如晶体结构、晶体完整、纯净程度及有害成分含量等，并以此划分品级，以适应不同的工业用途。

矿石中某些有害成分及开采时围岩中有害成分的混入，如果通过选矿不能除去，或者不经选矿而直接用原矿（如高炉富铁矿）加工时，都会降低矿石的使用价值。铁矿石含硫、磷超过一定标准时，将严重影响钢铁质量。磷矿石中的氧化镁超过标准时（包括围岩的混入），会影响磷矿石的使用价值，增加加工成本。

1.1.3 矿岩力学性质

矿石的硬度、坚固性、稳固性、结块性、氧化性、自燃性、含水性、碎胀性是矿石和围岩的主要物理力学特性，它们对矿床的开采方法有较大的影响。

1.1.3.1 硬度

硬度是矿石抵抗工具侵入的性能，它取决于组成矿岩成分的颗粒硬度、形成、大小、晶体结构及胶结物的情况等。

1.1.3.2　坚固性

坚固性是指矿岩抵抗外力的性能。这里所指的外力是一种综合性的外力，它包括工具的冲击、机械破碎及炸药爆炸等作用力，与矿岩强度的概念有所不同。强度是指矿岩抵抗压缩、拉伸、弯曲和剪切等单向作用力的性能。

坚固性的大小，常用坚固性系数 f 来表示。它反映矿岩的极限抗压强度、凿岩速度、炸药消耗量等的综合值。目前，在我国坚固性系数常用矿岩的极限抗压强度来表示。

$$f = \frac{R}{10}$$

式中　R——矿岩的极限抗压强度，MPa。

测试矿岩极限抗压强度的试件不含弱面，而岩体一般都含有弱面。考虑弱面的存在，可引入构造系数，相应降低矿岩强度，根据岩体中弱面平均间距不同，构造系数见表1-1。

表 1-1　构造系数

岩体中弱面的平均间距/m	构造系数	岩体中弱面的平均间距/m	构造系数
>1.5	0.9	0.5~0.1	0.4
1.5~1.0	0.8	<0.1	0.2
1.0~0.5	0.6		

1.1.3.3　稳固性

矿岩的采掘空间允许暴露面积的大小和允许暴露时间长短的性能，称为矿岩的稳固性。稳固性与坚固性是两个不同的概念。稳固性与矿岩的成分、结构、构造、节理、风化程度、水文条件，以及采掘空间的形状有关。坚固性好的矿岩，在节理发育、构造破坏地带，其稳固性就差。

矿岩稳固性对选择采矿方法、采场地压管理方法及井巷的维护，有非常大的影响。矿岩按稳固程度通常可分为以下五种：

（1）极不稳固的，掘进巷道或开辟采场时，在顶板和两帮无支护情况下，不允许有任何暴露面积，一般要超前支护，否则就会冒落或片帮的矿岩，这种矿岩很少（如流沙等）；

（2）不稳固的，只允许有很小的暴露面积（小于 $50m^2$），并需及时坚固支护；

（3）中等稳固的，是指允许较大的暴露面积（$50~200m^2$），并允许暴露一定时间，再进行支护；

（4）稳固的，允许暴露面积很大（$200~800m^2$），只有局部地方需要支护；

（5）极稳固的，允许非常大的暴露面积（大于 $800m^2$），无支护条件下长时间不会发生冒落，这种矿岩比前两种较为少见。

1.1.3.4　结块性

矿石从矿体中采下后，在遇水或受压后重新结成整体的性能，称为结块性。一般含黏土或高岭土质的矿石，以及含硫较高的矿石容易发生这种情况，这给放矿、装车及运输造成了困难。

1.1.3.5 氧化性和自燃性

硫化矿石在水和空气的作用下变为氧化矿石的性能，称为氧化性。矿石氧化时，放出热量，使井下温度升高，劳动条件恶化，矿石氧化后还会降低选矿回收率。

有些硫化矿与空气接触发生氧化并产生热量；当其热量不能向周围介质散发时，局部热量就不断聚集，温度升高到着火点时，会引起矿石自燃。一般认为，硫化矿石含硫在18%以上时，就有可能自燃，但并非所有含硫在18%以上的硫化矿石都会自燃，硫化矿石的自燃，还取决于它的许多物理化学性质。

1.1.3.6 含水性

矿石吸收和保持水分的性能，称为含水性。它对放矿、运输、箕斗提升及矿仓储存有很大影响。

1.1.3.7 碎胀性

矿岩从原矿体上被崩落破碎后，因碎块之间具有空隙，体积比原岩体积增大，这种性能称为碎胀性。矿石破碎后的体积与原岩体积之比，称为碎胀系数（或松散系数）。碎胀系数的大小，与破碎后的矿岩块度大小及矿石形状有关。坚硬的矿石碎胀系数为1.2~1.6。

1.2 金属矿床的工业特征

1.2.1 矿床的赋存要素

1.2.1.1 走向及走向长度

对于脉状矿体，矿体层面与水平面所成交线的方向，称为矿体的走向。走向长度是指矿体在走向方向上的长度，分为投影长度（即总长度）和矿体在某中段水平的长度。

1.2.1.2 矿体埋藏深度及延深

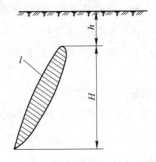

图 1-1 矿体的延伸深度和埋藏深度
l—矿体；h—埋藏深度；
H—延伸深度（垂直高度）

矿体埋藏深度是指从地表至矿体上部边界的垂直距离，如图 1-1 所示。矿体的延伸深度是指矿体的上部边界至矿体的下部边界的垂直距离或倾斜距离（称为垂高和斜长），按矿体的埋藏深度可分为浅部矿体和深部矿体。深部矿体埋藏深度一般大于800m。矿床埋藏深度和开采深度对采矿方法选择有很大影响。开采深度超过800m，在井筒掘进、提升、通风、地温等方面，将带来一系列的问题；在地压控制方面可能会遇到各种复杂的地压现象，如岩爆、冲击地压等。目前，我国地下开采矿山的采深多属浅部开采范围，世界上最深的矿井，其开采深度已达 4000m。

1.2.1.3 矿体形状

金属矿床的形状、厚度及倾角对于矿床开拓与采矿方法的选择有很大影响。因此，金属矿床多以形状、厚度与倾角为依据来分类。常见矿体形状如图1-2所示。

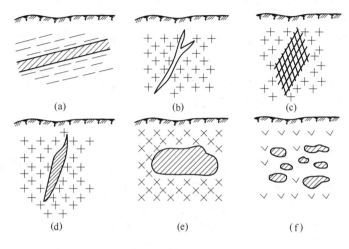

图1-2 常见矿体形状

（a）层状矿床；（b）脉状矿床；（c）网脉状矿床；（d）透镜状矿床；（e）块状矿床；（f）巢状矿床

（1）层状矿体：矿床大多是沉积和沉积变质矿床，如赤铁矿、石膏矿、锰矿、磷矿、煤系硫铁矿等，如图1-2（a）所示。这类矿体产状一般变化不大，矿物成分组成比较稳定，埋藏分布范围较大。

（2）脉状矿体：矿床大多是在热液和气化作用下矿物质充填在岩体的裂隙中而形成的矿体，如图1-2（b）、（c）所示。根据有用矿物充填裂隙的情况不同，有的呈脉状，有的呈网状。矿脉埋藏要素不稳定，常有分支复合等现象，矿脉与围岩接触处常有蚀变现象，此类矿体多见于有色金属矿体、稀有金属矿体。

（3）块状矿体：矿体主要是热液充填，接触交代，分离和气化作用形成的，如图1-2（d）～（f）所示。其特点是矿体形状不规则，大小不一，大到有上百米的巨块或不规则的透镜体，小到仅几米的小矿巢；矿体与围岩的接触界线不明显，此类矿体常见于某些有色金属矿（铜、铅、锌等）、大型铁矿及硫铁矿等。

开采脉状和块状矿体时，由于矿体形态变化较大，巷道的设计与施工应注意探采结合，以便更好地回收矿产资源。

1.2.1.4 矿体倾角与倾向

矿体倾角是指矿体中心面与水平面的夹角。矿体按倾角分类，主要是便于选择采矿方法，确定和选择采场运搬方式和运搬设备。矿体的倾角常有变化，所以一般所说的倾角常指平均倾角。

矿体倾向是地质构造面由高处指向低处的方向，即垂直于等高线指向标高的降低方向。用构造面上与走向线垂直并沿斜面向下的倾斜线在水平面上的投影线（称为倾向线）

表示，是地质体（矿体）在空间赋存状况的一个重要参数。

（1）水平和近水平（微倾斜）矿体：一般是指倾角为 0°~5° 的矿体，这类矿体开采时，可将有轨设备直接驶入采场装运。如果采用无轨设备沿倾向运行，其倾角可达到 10° 左右。

（2）缓倾斜矿体：一般是指倾角为 5°~30° 的矿体。这类矿体采场运搬通常用电耙，个别情况下也有采用自行设备或运输机的。

（3）倾斜矿体：通常是指倾角为 30°~55° 的矿体。这类矿体常用溜槽或爆力运搬，有时还用底盘漏斗解决采场运搬。

（4）急倾斜矿体：一般是指倾角大于 55° 的矿体。这类矿体开采时，矿石可沿底盘自溜，利用重力运搬。薄矿脉用留矿法开采时，倾角一般应大于 60°。

1.2.1.5　矿体厚度

矿体厚度对于采矿方法选择、采准巷道布置、凿岩工具和爆破方式的选用都有很大的影响。矿体厚度是指矿体上下盘间的垂直距离或水平距离，前者称为垂直厚度或真厚度，后者称为水平厚度，如图 1-3 所示。开采倾斜、缓倾斜和近水平矿体时矿体厚度常指垂直厚度，而开采急倾斜矿体时常指水平厚度。

由于矿体厚度常有变化，因此常用平均厚度表示。矿体按厚度分类有如下几种。

（1）极薄矿体：厚度在 0.8m 以下。开采这类矿体时，不论其倾角多大，掘进巷道和回采都要开掘围岩，以保证人员及设备所需的正常工作空间。

（2）薄矿体：厚度为 0.8~4m。回采可以不开采围岩，但厚度在 2m 以下，掘进水平巷道需开掘围岩。手工开采缓倾斜薄矿体时，4m 是单层回采的最大厚（高）度。开采薄矿体一般采用浅孔落矿。

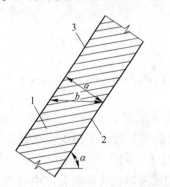

图 1-3　矿体的水平厚度和垂直厚度
1—矿体；2—矿体下盘；3—矿体上盘；
a—垂直厚度；b—水平厚度；α—矿体倾角

（3）中厚矿体：厚度为 5~15m。开采这类矿体掘进巷道和回采可以不开采围岩，对于急倾斜中厚矿体可以沿走向全厚一次开采。

（4）厚矿体：厚度为 15~40m。开采这类急倾斜矿体时，大多将矿块的长轴方向垂直于走向方向布置，即所谓垂直走向布置。开采这类矿体多用中深孔或深孔落矿。

（5）极厚矿体：厚度大于 40m。开采这类矿体时，矿块除垂直走向布置外，有时在厚度方向还要留走向矿柱。

1.2.2　矿床的工业特征

由于成矿条件等原因，矿床地质条件一般比较复杂，往往给矿床开采带来不少困难，在开采过程中对这些情况应给予足够的重视。

1.2.2.1　赋存条件不确定

由于成矿的原因，矿体形态常有变化。一个矿体，甚至两个相邻矿体，其厚度和倾角在走向和倾斜方向都会有较大的变化。脉状矿体常有分支复合、尖灭等现象，沉积矿床常有无矿带和薄矿带出现。这些地质变化大多又无规律可循，使探矿工作和开采工作复杂化。除了加强地质工作外，还要求采矿方法具有一定的灵活性，以适应地质条件的变化，并注意探采结合。

1.2.2.2 品位变化大

矿石的品位沿走向和倾斜方向上常有变化，有时变化幅度较大。例如铅锌矿床，可能在某些地区铅比较富集，另一些地区则锌比较富集。矿体中有时还出现夹石，这就要求在采矿过程中按不同条件（品位、品种、倾角、厚度）划分矿块，按不同矿石品种或品级进行分采，剔除夹石，并考虑配矿问题。

1.2.2.3 地质构造复杂

在矿床中常有断层、褶皱、岩脉切入及断层破碎带等地质构造，给采矿工作造成很大困难。例如，用长壁崩落法开采时，若出现断距大于矿体厚度的断层切断工作面，工作面就无法继续回采，必须另开切割上山，采场设备也要搬迁，这样既降低工效，又影响产量。有的矿山开采时，碰到大量地下水，有的是地下热水（温泉），使开采非常困难。

1.2.2.4 矿石和围岩坚固

除少数国家对坚固性较小的铁矿和磷灰岩矿采用连续采矿机直接破碎矿石外，绝大多数非煤矿岩都具有坚固性大的特点，因此凿岩爆破工作繁重，难以实现采矿工作的机械化和连续开采。

1.2.2.5 矿岩含水

矿岩的含水决定排水设备的能力，含水的矿岩在回采工作和溜矿工作中容易结块。地下暗河及地下溶洞水等地下水给开采带来极大的安全隐患。

地下采矿工作的另一特点是工作地点"流动"。一个矿块采完后，人员、设备又要移到另一个矿块去，而每个矿块又都要经过探矿、设计、采准、切割和回采等工序，这也体现了采矿工作的复杂性。

—— 本 章 小 结 ——

学习金属矿地下开采，首先应了解、掌握地下开采有关的概念。本章主要介绍了矿石、废石、矿床、矿体、品位等概念，介绍了矿石的种类、矿岩的性质、矿体赋存条件。

复习思考题

1-1 什么是矿石、废石、围岩，矿石与废石是什么关系？

1-2   什么是品位、最低工业品位、边界品位，如何表示？

1-3   什么是夹石？

1-4   什么是矿体、矿床？

1-5   什么是原矿石、采出矿石？

1-6   矿石根据金属种类分为哪几类？

1-7   矿石根据化学成分分为哪几类？

1-8   金属矿地下开采的基本要求有哪些？

1-9   矿岩的稳固性与坚固性有什么关系？

1-10   简述矿体按稳固性的分类方法。

1-11   什么是矿岩的碎胀性质，表示方法有哪些，如何计算？

1-12   矿体水平厚度与真厚度有什么关系？

1-13   矿体真倾角与伪倾角有什么关系？

2 金属矿地下开采的原则

采矿工业与其他工业生产不同。首先，它是在地下作业，作业环境和劳动条件较差，开采的矿床又是复杂多变，作业地点也经常变动；其次，采矿工业是开采工业生产所必需的各种矿物原料，采矿工作是不需要原料的，但保护地下矿产资源和保护环境成了对采矿工业的特殊要求。在整个矿床开采过程中，要特别注意以下要求。

（1）要确保开采工作的安全，并具有良好的劳动条件。安全生产是社会主义企业生产的重要准则，社会主义企业应该保证工人有良好的劳动条件，保障工人的身体健康。采矿工人是在地下复杂和困难的环境下工作的，更应该具有可靠的安全条件和良好的劳动环境，这是评价矿床开采优劣的重要指标。

（2）符合环境保护法的要求，减少对环境的破坏。采矿工作往往会造成地表破坏；废石的堆放及废水的排放，破坏土地，污染水源；废气的排放，污染空气；扇风机和空压机的运转，产生噪声。环境的污染已越来越严重地威胁着人类的生存，在采矿设计时应尽量采取措施，防止或减少这些污染。

（3）高效可持续发展。提高劳动生产率，矿山生产工作复杂，工序繁多，劳动繁重，因此应尽量采用高效率的采矿方法和先进的工艺技术，不断提高机械化水平，提高劳动生产率，减少井下工人人数。

减少矿石的损失和贫化，矿床开采过程中矿石的损失和贫化是难免的，但应该尽量减少这种质和量的损失。矿石的损失和贫化不仅造成地下资源的损失，也增加矿石成本。

降低矿石成本，矿石成本是矿床开采效果的反映，是评价矿山开采工作的一项重要的综合性指标。在采矿生产中减少材料和动力消耗，提高劳动生产率和出矿品位，加强生产管理，是降低矿石成本的主要途径。

增大开采强度，合理地加大矿床的开采强度，可为国家提供更多的矿产原料，也有利于减少巷道维护费，有利于安全生产。

2.1 金属矿地下开采单元的划分

2.1.1 矿区的划分

矿床因成因条件的不同，其埋藏范围的大小也各有不同。相对来说，岩浆矿床的规模较小，走向长度常为数百米至一两千米，而沉积矿床埋藏规模较大，常为数千米至数十千米。缓倾斜及近水平的沉积矿床，其倾斜长度也常较大，有的可达一两千米。开采这类规模较大的矿床，就需要将矿床沿走向和倾斜方向划分成若干井田。以开采矿产为目的的企业称为矿山。

我国矿山的管理体制大多是矿业公司下设几个矿山，矿山下设一个或几个采区（或称为车间）。矿井（或称为坑口）是一个具有独立矿石提运系统并进行独立生产经营的开采单位。习惯上，划归矿井（坑口）开采的矿床称为井田（有时也称为矿段）；划归矿山开采的矿床称为矿田。划归矿业公司开采的矿床称为矿区。如果矿山下面不再分设矿井（坑口），则矿田就等于井田（见图2-1，Ⅰ、Ⅱ号矿田）；否则，一个矿田可包括若干个井田（见图2-1，Ⅲ号矿田）。同样，一个矿区也可包括若干个矿田。

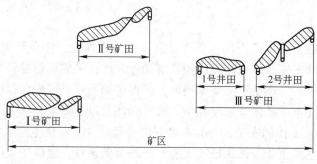

图 2-1　矿区、矿田、井田

矿床开采前，首先要确定其开采范围，即井田尺寸。井田尺寸一般用走向长度和倾斜长度来表示（对于急倾斜矿体，常用垂直深度表示）。

金属矿床一般埋藏范围不大，常根据其自然生成条件，划归一个井田来开采，一般井田走向长数百米至1500m。一些沉积矿床，如磷矿、煤系硫铁矿、石膏矿等矿床，其埋藏范围往往较大，因此井田尺寸相对较大。例如，我国四川、贵州、湖北不少矿由于地质成因关系，地形都比较复杂，工业场地难以选择，井田走向长度在3000~4000m，甚至更大些。应当指出，过大的井田长度会给矿井运输和通风带来困难。

矿山大多是在丘陵地区和山区。井田开采深度常以地面侵蚀基准面为准，分地面以上（上山矿体）和地面以下两部分。有些矿山的上、下两部分矿体的埋藏高度（或斜长）都可达数百米。埋藏范围很大不可能用一个井田来开采的矿床，需要人为地划定其沿走向和倾斜方向的境界。这时，应考虑以下因素。

（1）矿床的自然条件。埋藏连续的矿体，在两井田之间应留20~80m的境界隔离矿柱，以保证两矿井开采时相互不受影响。为减少这些矿柱的损失，应尽可能考虑以矿体开采范围内的地形地物，如河流、湖泊、铁路、水库、大型建筑物及大断层等为界 [见图2-2(a)]，利用它们的保安矿柱兼作井田边界矿柱，或者可用无矿带、薄矿帮及贫矿作为井田境界矿柱。

具体划分井田境界时，沿走向一般都以某一地质勘探线为界，或以河流、铁路、公路、断层等为界。沿倾斜方向划定井田境界时，急倾斜及倾斜矿体常以某一标高为界，如图2-2（b）所示。缓倾斜矿体，常以矿体某一标高的顶底板等高线为界；多层倾角较小的矿体，则各层之间以某一界线作垂直划分。

在确定矿体上部开采边界时，有时要考虑矿床氧化带的深度。某些金属矿（如铜、铅锌等）氧化矿的选矿回收率较低，会影响初期投资效益。另外，也要考虑到地方小矿山的开采及其影响，给它们划定开采范围。

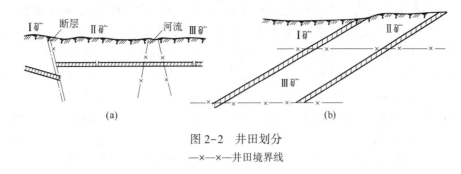

图 2-2　井田划分

—×—×—井田境界线

（2）矿井的规模和经济效益。井田境界划定后，矿井的储量也就确定了，与之相应的经济合理的年产量和服务年限也就可以确定。年产量大的矿山经济效益好，但所需的大型设备多，基建投资大；反之，小型矿山具有投资小、出矿快的优点，但占地多、经济效益差。在划定井田尺寸时应充分考虑"国情"和"矿情"，即要考虑到国家可能提供的资金和设备、国民经济对该矿产的需要程度，以及资源利用的特点等，力求获得最好的经济效益。

在实际工作中，浅部矿体的勘探程度较高，常适宜于先建规模不大的矿井，在开采过程中，逐步对深部矿体进行勘探。开采深部矿体时，井田尺寸常划得较大些，矿井开采规模也要大些，如图 2-2 所示。

2.1.2　矿段的划分

在开采缓倾斜、倾斜和急倾斜矿体时，由于开采技术上的原因，在井田内每隔一定高度开掘水平巷道（阶段运输巷），将矿体沿着倾斜方向划分成若干个条带，这个条带称为阶段，在矿山生产中常称为中段，如图 2-3 所示。

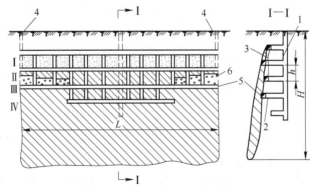

图 2-3　阶段和矿块的划分

Ⅰ—已采完阶段；Ⅱ—正在回采阶段；Ⅲ—开拓、采准阶段；Ⅳ—开拓阶段；

H—矿体垂直延伸深度；h—阶段高度；L—矿体的走向长度；

1—主井；2—石门；3—天井；4—排风井；5—阶段运输巷道；6—矿块

每个阶段都应有独立的通风系统和运输系统。为此，每个阶段的下部应开掘阶段运输平巷，并在其上部边界开掘阶段回风平巷。一般随着上阶段回采工作的结束，上阶段的运输平巷就作为下阶段的回风平巷。这样，阶段的范围是：沿倾斜以上下两个相邻阶段的阶段运输平巷为界，沿走向则以井田边界为界。

上下两个相邻阶段运输平巷底板之间的垂直距离，称为阶段高度。对于缓倾斜矿体，有时也以两相邻阶段运输平巷之间的斜长来表示，称为阶段斜长。在矿山，常以阶段运输平巷所处的标高来命名一个阶段。例如，阶段运输平巷标高为+100m 的阶段称为+100m 中段，或称为+100m 水平；也有按中段开采顺序命名的，如一中段、二中段等。

加大阶段高度可以减少阶段数目，减少全矿的阶段运输平巷、井底车场及硐室的开掘费用，也可减少阶段间的矿柱损失，这是有利的一方面；另一方面，阶段高度的增大，带来了不少技术上的困难。

例如，开采缓倾斜矿体时，增加了采场内矿石及器材设备运搬的困难。空场法开采时增加了围岩的暴露面，增加了不安全因素；采场天井加长，增加了天井掘进工作的难度；特别是当矿体形态变化复杂时，给探矿工作、采准巷道布置及回采工作带来很大困难，从而会增加矿石的损失和贫化。此外，阶段高度的增加，也增加了矿井的排水费和提升费用。

因此，在确定阶段高度时，应当全面地分析以下几个因素，必要时要作技术经济分析比较。

（1）矿床的开采技术条件。如矿体厚度、倾角，特别是其沿走向和倾斜的连续程度及变化情况，缓倾斜矿体底板起伏变化程度及围岩的稳固程度等。

（2）因加大阶段高度带来的经济影响。如基建投资的减少和提升、排水费用的增加。

（3）矿山的技术水平及装备水平。如高天井的掘进设备和技术水平。

（4）各阶段的合理服务年限及新阶段延深接替的可能性。根据我国矿山实际情况，目前的阶段高度，在开采倾斜及急倾斜矿体时常为 40~80m，开采缓倾斜矿体时，阶段高度常为 15~85m，阶段斜长为 50~60m。国外矿山阶段高度一般为 80~120m，个别已达 200m。这是由于国外矿山的机械化水平较高，特别是广泛采用无轨设备开采，用斜坡道取代天井，不存在高天井开掘及设备器材运搬困难的问题。

我国个别矿山将阶段高度加大到 100~120m。为解决开采技术上的困难，将一个阶段划分成上下两个副阶（中）段。副阶段之间沿走向开掘副阶段运输平巷，并与副井及风井连通。由于副阶段水平不出矿，仅起通风、行人及器材运输的作用，巷道断面较小，也不需开掘井底车场系统。上副阶段的矿石通过下副阶段相应的矿块天井出矿。当用充填法开采时，采场从下副阶段一直采到上副阶段，不留副阶段间的矿柱。这种方法对于设有井下破碎站的矿山，并不增加提升费用。阶段高度的增加，可加大矿井的开拓矿量，对于阶段之间的衔接，是有很大好处的。有些用箕斗提升的矿井，为减少开拓工程量，也采用开副中段的办法，副中段的矿石通过溜井进入箕斗矿仓。

阶段沿走向很长，此时根据采矿方法的要求，将矿体沿走向每隔一段距离划分成一个块段，称为矿块。矿块是地下采矿最基本的回采单元，它也应具有独立的通风及矿石运搬系统。多数采矿方法在矿块内要开掘天井以贯通上下阶段，所以矿块之间沿走向常以天井为界。

开采水平或近水平极厚矿体，若矿体垂直厚度几乎与阶段高度相等时，则矿体厚度就是阶段高度，无须再划分阶段开采。

2.1.3 分区的划分

开采近水平矿体时，如果也按缓倾斜矿体那样划分为阶段开拓，由于阶段间的高差太小，如用竖井开拓时，井底车场不能布置；如用沿脉斜井开拓，则倾角小于8°时，空车串车不能靠自重下放。因此，近水平矿体开拓时都不划分阶段而采用盘区开拓。

图2-4是盘区开拓的一种方案。它是在矿体倾斜方向的中部，沿走向方向开掘一条主要运输平巷3；如果采用中央并列式通风，则还应平行开掘一条主要回风平巷8，并与主井、风井相通。两条平巷将矿体划分为上山和下山两部分，再分别将上山和下山两部分矿体沿走向每200~400m划分成一个盘区，各盘区的上下边界分别是井田的上下边界和主要运输平巷（或主要回风平巷）。

盘区沿走向的长度，主要由采区运输平巷内的运输方式来确定。盘区沿倾斜往往较长，可达数百

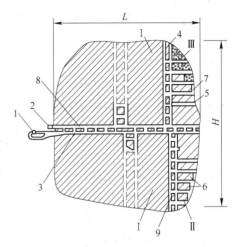

图2-4　盘区和采区
Ⅰ—盘区；Ⅱ—采准盘区；Ⅲ—回采盘区；
L—矿体走向长；H—矿体倾斜长；
1—主井；2—风井；3—主要运输平巷；
4—盘区上山；5—采区运输平巷；6—区段；
7—切割上山；8—主要回风平巷；9—盘区下山

米，这时还要将盘区沿倾斜方向划分成若干条带，这些条带称为采区。采区是盘区开拓时的独立回采单元。为解决盘区内的通风及矿石、器材、设备的运搬，要在盘区的中央或一侧开掘一对盘区上（下）山，其中一条作运输及进风之用，矿石通过采区运输平巷进入盘区上（下）山，再通过盘区车场进入主要运输平巷；另一条作盘区回风之用，与主要回风平巷相连。如果矿体距地表较浅，可将风井开在上部边界，将主要回风平巷布置在矿体上部边界，构成边界式通风系统，如图2-5所示。

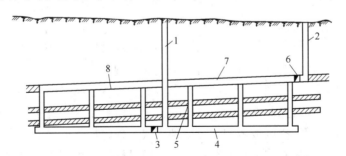

图2-5　用盘区石门及采区溜井开拓近水平矿层群
1—主井；2—风井；3—主要运输平巷；4—盘区石门；5—采区溜井；
6—总回风平巷；7—盘区回风上山；8—盘区回风下山

主要运输平巷开掘的位置，对近水平矿体开采是一个重要问题。如果矿体底板平整，起伏变化不大，则可在脉内沿矿体底板开掘；反之，则应在底板岩石中开掘，以利运输。为了解决倾角太小，盘区上（下）山中矿石运输的困难（非煤矿山由于矿石块度太大，很少使用皮带运输），特别在矿层群开拓时，常把主要运输平巷开掘在底板岩层中，并用

盘区石门替代盘区上（下）山，各矿层间用采区溜井与盘区石门连通，矿石通过盘区石门运到井底车场。

盘区开拓在煤矿、石膏矿、煤系磁铁矿等近水平沉积矿床中常被采用。

2.2　金属矿地下开采的顺序与步骤

2.2.1　金属矿地下开采顺序

2.2.1.1　矿田内井田间的开采顺序

一个矿田可由若干个井田组成。在确定矿田内各井田的开发顺序时，应遵循先近后远、先浅后深、先易后难、先富后贫、综合利用的原则。

先近后远是指应该先开发那些外部运输条件好，距水源、电源较近的矿井，以减少初期投资，缩短基建时间。

先浅后深是指应该优先开采那些埋藏较浅，勘探程度较高的矿井，而将埋藏较深、勘探不足的矿井留待后期开发，以期早日取得良好的经济效益。

先易后难是指应该先开采那些地质条件变化不大，开采技术条件较好，采矿方法容易解决的矿井，以便早日形成生产能力。

先富后贫是指应该优先开采那些品位较高的矿段，以便早日收回基建投资，取得较好的经济效益。在矿田开发时，就应该研究对矿床内的各种共生和伴生的有用矿物进行全面回收，综合利用，多种经营（例如一些磷矿可做磷肥及磷加工工业），这是我国目前矿山企业提高经济效益的重要措施。

2.2.1.2　井田内阶段间的开采顺序

开采急倾斜及倾斜矿体时，阶段间的开采顺序通常采用下行式，即阶段间由上向下，由浅部向深部依次开采的顺序，如图 2-6（a）所示。这样可以减少初期的开拓工程量和初期投资，缩短基建时间。另外，由浅部向深部开采，有利于逐步探清深部矿体的变化，逐步提高深部阶段矿体的勘探程度，符合矿床勘探的规律。

由下向上，由深部向浅部的开采顺序称上行式，如图 2-6（b）所示。这种开采顺序，特别对矿体较厚的倾斜及急倾斜矿体，在下部已采阶段的空区上方回采，极不安全。一般只有用胶结体充填下部采空区或者留大量矿柱，或开采薄矿体时才有可能。例如，国家急需深部某个部位的优质矿石或品种时在技术上采取措施后，可用上行式开采。开采急倾斜矿体采用上行式开采时，下部采空区可用来排放上部阶段的废石。

有少数矿山，在同一个矿体范围内，在浅部用露天开采的同时，深部进行地下开采（一般用充填法或空场采矿法采后充填采空区），称为露天和地下联合开采。这种联合开采大大地强化了矿床的开采，露天剥离的废石可用作充填，能确保开采工作的安全进行。适合于这种露天和地下联合开采顺序的矿床，应是储量很大、深部有富矿体或国家急需的矿种，这种开采顺序已引起重视。

一个矿井中，同时回采的阶段数最好是 1~2 个，最多也不应超过 3 个。增加同时回采的

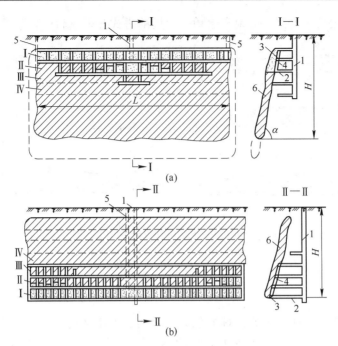

图 2-6　井田中阶段间的开采顺序

(a) 下行式开采；(b) 上行式开采

Ⅰ—采完阶段；Ⅱ—回采阶段；Ⅲ—采准阶段；Ⅳ—开拓阶段；

1—主井；2—石门；3—平巷；4—天井；5—副井；6—矿体；

α—矿体倾角

阶段数，可以增加采矿工作线的长度（崩落法例外），增大矿井产量，但可能造成管理分散、风流串联污染，占用的设备、管线、轨道增多，巷道维护的长度增大等一系列的缺点。

2.2.1.3　阶段中矿块间的开采顺序

阶段中各矿块间的开采顺序可以是前进式、后退式和混合式。

（1）前进式开采顺序。从主井（主平硐）附近的矿块开始，向井田边界方向的矿块依次回采的开采顺序，称为前进式开采，如图 2-7 Ⅰ所示。这种开采顺序的优点是，当主井开掘到阶段水平，再掘进少量阶段运输平巷后，即可进行矿块的采准工作，这样初期基建工程量少，投产早；缺点是当阶段运输平巷采用脉内布置时，整个阶段回采期间，阶段运输平巷处于采空区下部，而当矿岩不稳固时，巷道维护条件差，维护费用高。此外，用脉内采准时，采掘相互干扰，影响生产。

（2）后退式开采顺序。从井田边界的矿块开始，向主井（主平硐）方向依次开采的顺序，称为后退式开采，如图 2-7 Ⅱ所示。这种开采顺序必须将阶段运输平巷一直开掘到井田边界后，方可准备矿块。其优点与前进式开采相反。这种开采顺序，特别对地质变化复杂的矿体，为进一步探清阶段内的矿体变化，创造了有利条件，可避免因意外的地质变化给矿井生产带来的影响。

（3）混合式开采顺序。走向较长的井田，初期急于投产，先采用前进式开采，待阶段运输平巷开掘到井田边界后改用后退式开采，或者前进式开采和后退式开采同时进行，这种开采顺序称为混合式开采。它避免了单一使用前进式开采或后退式开采的缺点。

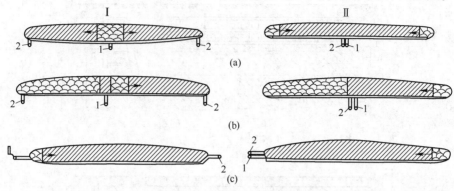

图 2-7　阶段中矿块的开采顺序平面图
(a) 双翼回采；(b) 逐翼回采；(c) 侧翼回采
Ⅰ—前进式开采；Ⅱ—后退式开采；
1—主井；2—风井

在生产实际中，当矿体地质条件变化大、走向长度不大时，以采用后退式开采为宜；当矿体走向长度较大、矿体地质条件变化不大，而又要求早日投产时，以采用前进式开采为宜。

当阶段的运输巷道和回风巷道均在脉外较稳固的岩体中时，矿块之间开采顺序不受巷道维护条件的限制，在这种情况下许多矿山多采用混合式开采顺序，可增加阶段矿石产量。

由于各矿块的地质条件有优有劣，矿体有厚有薄，矿石有富有贫，在生产实际中，为了产量和品位的平衡，矿块的开采顺序也不是绝对地依次前进或后退。当用崩落法回采时，为保持覆盖岩层的连续性，减少矿石的损失、贫化和巷道的维护费，自然是应当尽可能地依次回采。

多数井田开拓时，主井设在井田的中央部位，将井田用阶段石门划分为两翼，每一翼都同时回采矿块，称为双翼回采，如图 2-7 (a) 所示。个别情况下，由于矿岩破碎巷道维护困难，或者有自燃发火的矿体，要求矿井加快开采速度等原因，在一个阶段内也可先采完一翼后，再采另一翼，称为逐翼回采，如图 2-7 (b) 所示。逐翼回采是单翼回采，它可能布置的矿块数减少，矿井生产都集中在一翼，使矿井的通风和运输负荷加重，但管理集中。有的矿井，由于受地形限制等原因，井筒只能布置在井田的端部，这种开采方式称为侧翼回采，如图 2-7 (c) 所示。侧翼回采也是一种单翼回采，常用于矿体走向不长的井田。

2.2.1.4　相邻矿体间的开采顺序

脉状矿床和沉积矿床的矿体，常可能成群（两个或两个以上）出现而且往往脉（层）间距不大。对于这类近距离矿脉（层）群，应按一定的顺序进行开采。

急倾斜矿体开采后，上下盘围岩都可能要发生垮落和移动，其移动的界线以移动角来表示，即上盘围岩移动角 β 和下盘围岩移动角 γ，如图 2-8 所示。当矿体倾角 α 等于或小于下盘围岩移动角 γ 时，下盘围岩就不移动。应该指出，这种围岩移动对地表的影响，一般应从矿体的最深部位算起，而对于相邻的矿脉（层）间开采的影响，则局限于一个阶段高度的范围内。

根据围岩移动规律，在开采近距离矿脉（层）群时，当矿体倾角小于或等于下盘围岩移动角时，采用先采上盘矿脉后采下盘矿脉的下行开采顺序，对下盘矿脉开采不会造成影响，如图2-8（a）所示。若采用先采下盘（层）矿的上行开采顺序时，就可能对上盘（层）矿脉造成破坏，如图2-8（b）所示。当矿体倾角大于下盘围岩移动角时，在层间距较小的情况下，不论先采上盘（层）或下盘（层）矿，都有可能影响另一层的开采，如图2-8（c）所示。

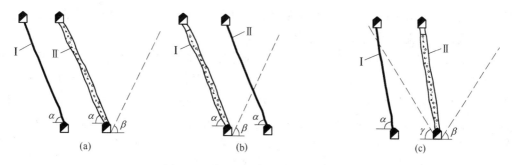

图2-8 阶段内相邻矿体的开采顺序

（a），（b）矿体倾角小于或等于围岩移动角；（c）矿体倾角大于围岩移动角

Ⅰ，Ⅱ—相邻的两条近距离矿脉；

α—矿体倾角；β—上盘围岩移动角；γ—下盘围岩移动角

但一般说来，仍以先采上盘（层）矿脉为宜。根据许多矿山的实测，在相同的岩层条件下，下盘围岩移动角要比上盘的围岩移动角大些，即下盘围岩移动的影响范围要比上盘小些。另外，如果能将上阶段冒落的围岩，通过及时处理空场，将它放到下阶段的空场或者及时用废石充填部分采空区，都可以改变其影响范围。如果需要疏干上盘矿脉的含水层，或者由于品位、品种调节的需要，要先采下盘矿脉时，应研究上行开采的可能性。

开采缓倾斜及近水平的多层矿时，一般都是采用下行式开采或同时开采的方式，但当两层矿间距较大时也有例外。用崩落顶板的方法开采水平及近水平矿体时，矿层顶板先形成冒落带，待顶板冒落后，松散的岩块填满冒落空区，上部岩层就不再冒落，但有一定的下沉量，使上覆岩层折断，形成裂隙带；其下沉量及裂隙数量，越往上越减少，裂隙带再往上就形成了下沉带。这一下沉带的岩层只有下沉，没有裂隙，仍保持岩层的整体性，如图2-9所示。

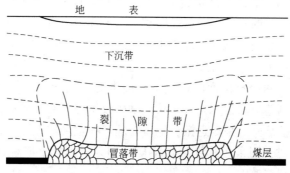

图2-9 顶板岩层移动示意图

根据我国有关部门对一些矿山的观测结果，冒落带和裂隙带的高度与顶板岩层的坚固程度有关。我国某些矿山由于特殊原因，也有采用上行开采的。实践表明，用上行开采时，上层只要在下层开采后形成的裂隙带的上部或中部，虽然顶板略为破碎，矿层与顶板有空区现象，但仍能顺利地采出。

不论采用上行开采或下行开采，都应贯彻贫富兼采、厚薄兼采、大小兼采、难易兼采的原则。

2.2.2　金属矿地下开采的步骤

矿床进行地下开采时，一般都要按照矿床开采四步骤，即按照开拓、采准、切割、回采的步骤进行，才能保证矿井正常生产。

（1）开拓。从地表开掘一系列的巷道到达矿体，形成矿井生产所必不可少的行人、通风、提升、运输、排水、供电、供风、供水等系统，以便将矿石、废石、污风、污水运（排）到地面，并将设备、材料、人员、动力及新鲜空气输送到井下，这一工作称为开拓。矿床开拓是矿山的地下基本建设工程。为进行矿床开拓而开掘的巷道，称为开拓巷道，例如竖井、斜井、平硐、风井、主溜井、充堵井、石门、井底车场及硐室、阶段运输平巷等，这些开拓巷道都是为全矿或整个阶段开采服务的。

（2）采准。采准是在已完成开拓工作的矿体中掘进巷道，将阶段划分为矿块（采区），并在矿块中形成回采所必需的行人、凿岩、通风、出矿等条件。掘进的巷道称为采准巷道。一般主要的采准巷道有阶段运输平巷、穿脉巷道、通风行人天井、电耙巷道、漏斗颈、斗穿、放矿溜井、凿岩巷道、凿岩天井、凿岩硐室等。

（3）切割。切割工作是指在完成采准工作的矿块内，为大规模回采矿石开辟自由面和补偿空间，矿块回采前，必须先切割出自由面和补偿空间。凡是为形成自由面和补偿空间而开掘的巷道，称为切割巷道，例如切割天井、切割上山、拉底巷道、斗颈等。

不同的采矿方法有不同的切割巷道，但切割工作的任务就是辟漏、拉底、形成切割槽。采准切割工作基本是掘进巷道，其掘进速度和掘进效率比回采工作低，掘进费用也高。因此，采准切割巷道工程量的大小，就成为衡量采矿方法优劣的一个重要指标；为了进行对比，通常用采切比来表示，即从矿块内每采出 1000t（或 10000t）矿石所需掘进的采准切割巷道的长度。利用采切比，可以根据矿山的年产量估算矿山全年所需开掘的采准切割巷道总量。

（4）回采。在矿块中做好采准切割工程后，进行大量采矿的工作，称为回采。回采工作开始前，根据采矿方法的不同，一般还要扩漏（将漏斗颈上部扩大成喇叭口），或者开掘堑沟；有的要将拉底巷道扩大成拉底空间，有的要把切割天井或切割上山扩大成切割槽。这类将切割巷道扩大成自由空间的工作，称为切割采矿（简称切采）或称为补充切割。切割采矿工作是在两个自由面的情况下以回采的方式（不是掘进巷道的方式）进行的，其效率比掘进切割巷道高得多，甚至接近采矿效率。这部分矿量常计入回采工作中。

回采工作一般包括落矿、采场运搬、地压管理三项主要作业。如果矿块划分为矿房和矿柱进行两步骤开采时，回采工作还应包括矿柱回采。同样，矿柱回采时所需开掘的巷道，也应计入采准切割巷道中。

2.2.3 三级矿量

开拓、采准、切割和回采这四个开采步骤的实施过程，也是矿块供矿能力的逐步形成和消失过程，四者之间应保持正常的协调关系，以使矿山保持持续均衡的生产。如果配合失调，就会导致回采矿块接替紧张，使矿山生产被动，产量下降，乃至停产。为此，每个矿山必须做到开拓超前于采准，采准超前于切割，切割超前于回采，这种超前关系是指在时间上和空间上的超前。例如，在矿山正常生产时期，就可能有一个或两个阶段进行回采和切割，有一个阶段进行采准和开拓，另有一个阶段专门进行开拓。

掘进和采矿是矿山的两项主要工作，要采矿必须先掘进。因此，必须正确处理好采矿与掘进关系，以"采掘并举，掘进先行"的方针指导矿山生产，才能使矿山持续均衡生产。为了协调开拓、采准、切割之间的关系，应当采用网络计划方法。

为了考核矿山的采掘关系，保证各开采步骤间的正常超前关系，依据矿床开采准备程度的高低，将矿量划分为三个等级，即开拓矿量、采准矿量及备采矿量。因此，有关部门对矿山三级矿量的界限和保有期限做出了规定。

2.2.3.1 开拓矿量

凡按设计规定在某范围内的开拓巷道全部掘进完毕，并形成完整的提升、运输、通风、排水、供风、供电等系统的，则此范围内开拓巷道所控制的矿量，称为开拓矿量。图2-3是一个用充填法开采中厚矿体的矿山，图中第Ⅳ阶段若完成了井筒、阶段石门、井底车场巷道、硐室及阶段运输巷道的开掘，并完成了设备的安装，则第Ⅳ阶段水平以上的矿量均为开拓矿量。开拓矿量包括该范围内的采准矿量和备采矿量，但在保有期内不能回收的各种保安矿柱，不能计入开拓矿量。

2.2.3.2 采准矿量

在已完成开拓工作的范围内，进一步完成开采矿块所用采矿方法规定的采准巷道掘进工程的，则该矿块的储量称为采准矿量。采准矿量是开拓矿量的一部分。图2-3中，第Ⅲ阶段中部的矿块和第Ⅲ阶段以上的各矿块（包括正在回采的矿块）储量，均属采准矿量。

2.2.3.3 备采矿量

在已进行了采准工作的矿块内，进一步全部完成所用采矿方法规定的切割工程，形成自由面和补偿空间等工程的，则该矿块内的储量称为备采矿量。备采矿量是采准矿量的一部分。图2-3中，第Ⅱ阶段中已完成拉底工程等的矿块储量（包括正在回采的矿块），即为备采矿量。不同的矿山，不同的采矿方法，对实现采准矿量及备采矿量所规定完成的各种采准巷道、切割巷道及切采工程并不相同，这也反映了矿山和地质条件的复杂性。

我国有关部门以矿山年产量为单位，对矿山三级矿量保有年限有一般规定，见表2-1。允许各矿经批准对三级矿量的保有期限，根据矿床赋存条件、开拓方式、采矿方法、矿山装备水平、技术水平及矿山年产量等情况，有一定的灵活性。如矿石和围岩不稳固的矿山，巷道维护困难，以及开采有自燃发火的矿体时，其采准矿量和备采矿量的保有期可以少些；对于小型矿山，也可适当降低要求。应该指出，过长的保有期限，会造成矿山资金的积压。

表 2-1　三级矿量表

三级矿量	保有期限	
	黑色金属矿山	有色金属及化工矿山
开拓矿量	3~5 年	>3 年
采准矿量	6~12 月	1 年
备采矿量	3~6 月	0.5 年

根据三级矿量保有期，可以算出各级矿量应有的保有量。

2.2.3.4　三级矿量保有量计算方法

三级矿量保有量计算包括以下三种。

（1）开拓矿量计算：

$$q_k = \frac{at_k(1-\gamma)}{k}$$

式中　a——矿井年产量，t/a；

　　　t_k——开拓矿量的保有期，a；

　　　γ——废石混入率，%；

　　　k——矿石回收率，%。

（2）采准矿量计算：

$$q_z = \frac{at_z(1-\gamma)}{k}$$

式中　t_z——采准矿量保有期，a。

（3）备采矿量计算：

$$q_b = \frac{at_b(1-\gamma)}{k}$$

式中　t_b——备采矿量保有期，a。

2.3　金属矿地下开采的损失与贫化

2.3.1　损失与贫化的概念

关于矿石的几个概念有：

（1）矿石的损失。在开采过程中，由于种种原因使矿体中一部分矿石未采下来或已采下来而散失于地下未运出来，此现象称为矿石损失。损失的工业矿石量与工业矿量之比，称为损失率。采出的工业矿石量与工业矿量之比，称为回收率。损失率和回收率均用百分数表示。两者之和为1。

（2）矿石的贫化。开采过程中，由于采下的矿石中混入了废石，或由于矿石中有用成分形成粉末而损失，致使采出的矿石品位低于工业矿石的品位，此现象称为矿石的贫化。采出矿石品位降低值与原工业矿石品位的比值，称为贫化率，用百分数来表示。

（3）岩石（废石）的混入。在矿床的开采过程中，由于技术原因，采出的矿石中不可能完全都是工业矿石，必有一部分废石混入到采出矿石中来，增加了采出矿石量，此现象称为岩石混入或混入岩石。混入的岩石量与采出的矿石量之比，称为废石混入率（混入废石率）。

当然，前已叙及，开采过程中也不可能采出全部工业矿石，也有一部分永久损失。

2.3.2　损失与贫化的计算

图 2-10 中，圈定的工业矿石量为 Q（其品位 α），开采过程中只有部分矿石被采出，采出矿石量为 Q'（其品位 α'）。采出的矿石中有部分废石 R（其品位 α''）混入到采出矿石中来，同时也有部分工业矿石 Q_S（其品位 α）损失掉。

图 2-10　储量变化示意图

2.3.2.1　损失与贫化指标计算公式

矿石的损失与贫化指标有以下四个。

（1）损失率 q：

$$q = \frac{Q_S}{Q} \times 100\% = \frac{Q - Q''}{Q} \times 100\%$$

式中　q——损失率，%；

　　　Q——工业矿石量，t；

　　　Q_S——损失工业矿石量，t；

　　　Q''——采出工业矿石量，t。

（2）回收率 p：

$$p = \frac{Q''}{Q} \times 100\%$$

（3）贫化率 ρ：

$$\rho = \frac{\alpha - \alpha'}{\alpha} \times 100\%$$

式中　α——工业矿石品位，%；

　　　α'——采出矿石品位，%。

（4）废石混入率 γ：

$$\gamma = \frac{R}{Q'} \times 100\%$$

式中　R——混入废石（岩石）量，t；

　　　Q'——采出矿石量，t。

根据矿床开采过程中矿石量平衡得

$$Q' = Q + R - Q_S$$

根据矿床开采过程中金属量平衡得

$$Q'\alpha' = Q\alpha + R\alpha'' - Q_S\alpha$$

式中　α''——混入废石的品位，%。

将以上两式联立整理得

$$Q - Q_S = Q' - R$$
$$(Q - Q_S)\alpha = Q'\alpha' - R\alpha''$$

代入整理得

$$\frac{R}{Q'} = \frac{\alpha - \alpha'}{\alpha - \alpha''}$$

上式中左侧恰好为废石混入率

$$\gamma = \frac{R}{Q'} \times 100\% = \frac{\alpha - \alpha'}{\alpha - \alpha''} \times 100\%$$

需要说明的是：当混入的废石（围岩）品位为零时，在数值上废石混入率和贫化率相等。

2.3.2.2　损失与贫化计算

根据矿石的品位，矿石的损失与贫化计算有以下四种。

（1）贫化率：根据贫化率定义式

$$\rho = \frac{\alpha - \alpha'}{\alpha} \times 100\%$$

（2）岩石（废石）混入率：根据上面推导得

$$\gamma = \frac{\alpha - \alpha'}{\alpha - \alpha''} \times 100\%$$

（3）损失率：把 $R = Q' + Q_S - Q$ 代入 $Q'\alpha' = Q\alpha + R\alpha'' - Q_S\alpha$

整理得　矿石损失率：$q = \dfrac{Q_S}{Q} = \left(1 - \dfrac{\alpha' - \alpha''}{\alpha - \alpha''} \times \dfrac{Q'}{Q}\right) \times 100\% = 1 - p$

（4）矿石回收率：

$$p = \frac{Q''}{Q} = \frac{Q - Q_S}{Q} = 1 - \frac{Q_S}{Q} = \frac{\alpha' - \alpha''}{\alpha - \alpha''} \times \frac{Q'}{Q} = \frac{Q'}{Q}(1 - \gamma) \times 100\%$$

上式说明：以上计算所需工业指标工业矿石量为 Q 与品位 α、围岩品位 α'' 由地质部门给出，采出矿石量 Q' 与品位 α' 由质检部门通过计量运输汽车或火车上的矿石量，并通过采样化验获得其品位。

2.3.3　减少矿石损失与贫化的意义

在矿床开采过程中，由于地质、开采技术及生产管理等各种原因，不可能将井下的工业储量全部采出，并运至地面，从而产生矿石损失。

造成矿石损失的原因是多方面的，但主要还是地质因素、开采技术水平及生产管理水平的原因。产状复杂多变、受地质构造破坏多的矿床，开采损失就要大些；采矿方法及回采工艺选用不当，可能造成较大的开采损失。

覆岩下放矿时，组织管理不善，也会引起大量矿石损失。此外，为保护井筒和地表，要留下保安矿柱，也是造成矿石损失的原因之一。矿石大量损失，直接引起矿山工业储量的减少，使摊到每吨采出矿石的基建费用增加，导致矿石成本增高。

从矿石采出到提取出金属或有用成分，还要经过选矿和冶炼（加工）过程。在选冶过程中，同样还有损失。

在矿床开采过程中，由于上下盘围岩及矿体中的夹石被崩入采下的矿石中，覆岩下放矿时围岩混入采下的矿石中、高品位富矿及粉矿的丢失等原因，造成采出矿石品位降低，采出矿石中的废石量与采出矿石量之比，称为废石混入率。贫化率反映了矿石品位的降低程度，废石混入率反映了废石的混入程度，两者具有不同的含义。就两者的数值而言，当混入的废石不含有用成分时，其数值是相等的。

废石混入采下的矿石，增加井下的运输费和提升费，进入选矿厂，又增加选矿加工费。原矿品位的降低，可能使选矿厂的金属（或有用成分）实收率降低，甚至使最终产品的品位降低。有些矿石，如高炉富铁矿、硫铁矿、磷矿等作为商品矿销售时，会增加用户的外部运输费；如果围岩中含有有害成分时，混入后会降低矿石的使用价值。

矿石的损失和贫化指标，表示地下资源的利用状况，是评价矿床开采是否合理的两项重要指标。

2.3.4 降低矿石损失与贫化的措施

地下矿产资源是不能再生的，开采地下矿产时应尽可能地降低损失与贫化，更好地利用地下矿产资源，减少因矿石贫化与损失而引起的经济损失。要降低矿石损失与贫化，必须从地质、设计、管理等方面采取综合措施才能取得良好效果。

（1）加强地质勘探工作，弄清矿床赋存规律及开采技术条件，给设计及生产部门提供确切的矿产体状、形状、品位及其变化规律等资料。

（2）选择合理的采矿方法、结构参数及回采工艺，这就要求对矿山的岩体力学方面加强研究和测定，使设计的矿块尺寸、矿柱尺寸和地压管理方法建立在科学的基础上。特别是在新矿山投产后，矿体才开始被揭露，应尽快通过试验，找到最优的采矿方法及其合理的结构参数，从采矿方法角度降低矿石的损失与贫化。

（3）在基建和生产过程中加强生产探矿，认真对矿体进行二次圈定，使采准切割、落矿的设计建立在可靠的地质资料基础上。

（4）合理选择矿体的开采顺序，及时回采矿柱，处理空场。

（5）加强矿山的生产管理，建立有关的规章制度，成立专门管理机构，对矿石开采损失与贫化进行经常性的监测、管理和分析研究，如覆岩下放矿的组织和管理、极薄矿脉开采时的采幅管理等。

（6）合理采用新技术、新工艺和新设备。

—— 本 章 小 结 ——

本章主要介绍了矿床地下开采单元的划分，矿块、阶段、矿田、井田的概念，矿田、井田两者间的关系；盘区、采区、开拓、采准、切割、回采的概念；三级矿量及损失、贫化的概念及计算公式，三级矿量在时间、空间、数量上的关系；矿体的地下开采顺序。

复习思考题

2-1 什么是矿块、阶段？

2-2　什么是矿田、井田，两者间有什么关系？

2-3　什么是盘区、采区？

2-4　什么是开拓、采准、切割、回采？

2-5　什么是三级矿量，三级矿量在时间、空间、数量上有什么关系？

2-6　什么是损失、贫化？

2-7　金属矿床地下开采有哪些步骤？

2-8　回采的工艺过程包含哪些部分？

2-9　井田间的开采顺序、阶段间的开采顺序和矿块间的开采顺序是怎样的？

2-10　倾斜矿体开采单元的划分方法有哪些？

2-11　近水平矿体开采单元的划分方法有哪些？

2-12　相邻矿体间开采顺序如何确定？

2-13　造成矿床开采矿石损失的原因有哪些？

2-14　贫化率和岩石混入率的区别有哪些？

2-15　降低损失与贫化有什么措施？

3 金属矿地下开采

开拓方法

矿床埋藏在地下数十米至数百米，甚至更深。为了开采地下矿床，必须从地面掘一系列井巷通达矿床，以便人员、材料、设备、动力及新鲜空气能进入井下，采出的矿石、井下的废石、废气和井下水能排运到地面，要建立矿床开采时的行人、运输、提升、通风、排水、供风、供水、供电、充填等系统，这一工作称为矿床开拓。这些系统不一定每个矿山都有，例如，用充填法开采时才有充填系统，用平硐开拓时可不设机械排水系统。

矿床开拓是矿山的主要基本建设工程。一旦开拓工程完成，矿山的生产规模等就已基本定型，很难进行大的改变。矿井开拓方案的确定是一项涉及范围广，技术性、政策性很强的工作，应予以重视。

按照开拓井巷所担负的任务，可分为主要开拓井巷和辅助开拓井巷两类。用于运输和提升矿石的井巷称为主要开拓井巷，例如作为主要提运矿石用的平硐、竖井、盲竖井、斜井、盲斜井及斜坡道等；用于其他目的的井巷，一般只起到辅助作用的称为辅助开拓井巷，如通风井、溜矿井、充填井、石门、井底车场及阶段运输平巷等。

矿床开拓方法都以主要开拓井巷来命名，例如，主要开拓巷道为竖井时，称为竖井开拓法。地下矿床开拓方法很多。作为开拓方法分类，应力求简单，概念明确，并且要能够适应新技术发展的需要。一般把开拓方法分成两大类，即单一开拓法和联合开拓法。

凡在一个开拓系统中只使用一种主要开拓井巷的开拓方法称为单一开拓法；在一个开拓系统中，同时采用两种或多种主要开拓井巷的开拓方法称为联合开拓法。例如上部矿体采用平硐开拓，下部矿体采用盲竖井开拓，这就构成了联合开拓法。

开拓方法的分类，见表 3-1。

表 3-1 开拓方法分类表

开拓方法分类		主要开拓巷道类型	典型的开拓方法
单一开拓法	（1）平硐开拓法	平　硐	（1）下盘穿脉平硐开拓法； （2）上盘穿脉平硐开拓法； （3）下盘沿脉平硐开拓法； （4）脉内沿脉平硐开拓法
	（2）斜井开拓法	斜　井	（1）脉内斜井开拓法； （2）下盘斜井开拓法； （3）侧翼斜井开拓法
	（3）竖井开拓法	竖　井	（1）下盘竖井开拓法； （2）上盘竖井开拓法； （3）侧翼竖井开拓法； （4）穿过矿体竖井开拓法
	（4）斜坡道开拓法	斜坡道	（1）螺旋式斜坡道开拓法； （2）折返式斜坡道开拓法

续表 3-1

开拓方法分类		主要开拓巷道类型	典型的开拓方法
联合开拓法	(1) 平硐与井筒联合开拓法	平硐与竖井或斜井	(1) 平硐与竖井（盲竖井）联合开拓法； (2) 平硐与斜井（盲斜井）联合开拓法
	(2) 竖井与盲井联合开拓法	竖井、盲竖井或盲斜井	(1) 竖井与盲竖井联合开拓法； (2) 竖井与盲斜井联合开拓法
	(3) 斜井与盲井联合开拓法	斜井、盲竖井或盲斜井	(1) 斜井与盲竖井联合开拓法； (2) 斜井与盲斜井联合开拓法

　　随着井下无轨采矿设备的出现，开始出现斜坡道开拓的矿井。斜坡道是用于行走无轨设备的斜巷，无轨设备可以从地面直驶井下工作地点，但斜坡道施工工程量大，只有特大型矿山用斜坡道运送矿石。

3.1　单一开拓法

3.1.1　竖井开拓法

　　主要开拓巷道采用竖井的开拓方法称为竖井开拓法。当矿体倾角大于 45°或小于 15°，且埋藏较深时，常采用竖井开拓法。由于竖井的提升能力较大，故常用于大中型矿井。竖井开拓法在矿床开采中被广泛采用。

　　竖井内的提升容器可以是罐笼或箕斗，或既有罐笼又有箕斗，这些井筒分别称为罐笼井、箕斗井和混合井。罐笼提升灵活性大，但生产能力低；箕斗井提升能力大，但不能提升人员和材料，装矿、卸矿系统复杂。一般认为，矿石年产量在 30 万吨以下，井深在 300m 左右时，采用罐笼提升；矿石年产量超过 50 万吨，深度大于 300m 时，通常采用箕斗提升；当开拓深度较大、地质条件复杂、施工困难时，为减少开拓工程量和适当减少井筒数目，可考虑采用混合井。

　　竖井根据其与矿体的位置的不同，可分为有下盘竖井、上盘竖井、侧翼竖井和穿过矿体的竖井四种。

3.1.1.1　下盘竖井开拓法

　　图 3-1 是位于矿体下盘岩石移动界线以外的下盘竖井开拓法。每个阶段从竖井向矿体开掘阶段石门通达矿体，这种开拓法是竖井开拓中应用最多的方法。

　　下盘竖井井筒处于不受矿体开采影响的安全位置，不需留保护矿柱。其缺点是竖井越深，特别是矿体倾角较小时，石门长度越大。

3.1.1.2　上盘竖井开拓法

　　图 3-2 是将竖井布置在矿体上盘岩石移动界线以外的上盘围岩中的上盘竖井开拓法。每个阶段从竖井向矿体开掘阶段石门，阶段石门穿过矿体后再在矿体或下盘岩石中

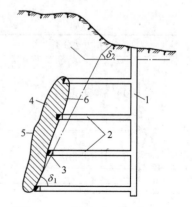

图 3-1　下盘竖井开拓法

1—竖井；2—石门；3—平巷；4—矿体；
5—上盘；6—下盘；
δ_1—下盘岩石移动角；δ_2—表土移动角

开掘阶段运输平巷。

上盘竖井开拓法的缺点是一开始就要开掘很长的阶段石门，基建时间长，初期投资大。因此，上盘竖井开拓法只有在下列条件下才考虑采用：

（1）地形特殊，下盘和侧翼难以布置工业场地；

（2）下盘围岩地质复杂，例如有大破碎带、溶洞、流沙层或涌水量很大的含水层等，无法布置工业场地；

（3）工业场地、选矿厂及外部运输线路都选在上盘方向，这样用上盘竖井开拓法在经济上可能是有利的。

3.1.1.3 侧翼竖井开拓法

侧翼竖井开拓法是将主竖井布置在矿体走向一端的端部围岩或下盘围岩中的开拓方法，此时从竖井向矿体开掘阶段石门后只能单向掘进阶段运输平巷，故矿井的基建速度慢，如图3-3所示。侧翼竖井开拓一般在下列条件下采用：

（1）矿床的地质和地形条件只允许在侧翼布置竖井；

（2）矿体走向长度不大，地下运输费用的增加和开拓时间加长的缺点不突出；

（3）采用侧翼竖井时可使地下运输方向与地面运输方向一致，减少地面运输费用。

3.1.1.4 穿过矿体竖井开拓法

当矿体倾角很小、平面投影面积很大时，可采用竖井穿过矿体开拓法。若采用下盘竖井开拓，则石门长度非常长，如图3-4所示。采用竖井穿过矿体开拓法需留保安矿柱。当矿体埋藏深度不大、矿体倾角很小时，保安矿柱矿量不大，矿石损失有限。例如，在开采水平及缓倾斜矿体时较广泛采用这种方法。

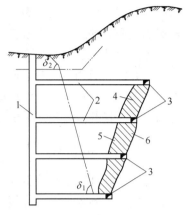

图3-2　上盘竖井开拓法
1—竖井；2—石门；3—平巷；4—矿体；
5—上盘；6—下盘；
δ_1—上盘岩石移动角；δ_2—表土移动角

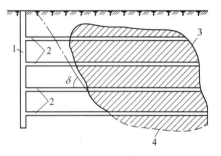

图3-3　侧翼竖井开拓法
1—竖井；2—石门；3—矿体；
4—地质储量界线；
δ—端部岩石移动角

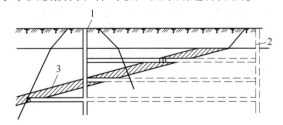

图3-4　穿过矿体的竖井开拓法
1—穿过矿体的竖井；2—下盘竖井位；3—保安矿柱

3.1.2 斜井开拓法

用斜井作为主要开拓巷道的开拓方法称为斜井开拓法。它主要适用于倾角为15°~45°

的矿体，埋藏深度不大，表土不厚的中小型矿山。但采用胶带运输机的斜井可适用于埋藏较深的大型矿井，且可实现自动化。斜井开拓法与竖井开拓法相比具有施工简便、投产快等优点，但开采深度及生产能力受提升能力限制，不能太大。

斜井根据所用的提升容器，对倾角有不同的要求：胶带运输机不大于18°，串车提升不大于30°，箕斗和台车大于或等于30°。但是倾角大的斜井施工和铺轨都很复杂，一般使用很少。斜井按其与矿体的相对位置，可分为下盘、脉内、侧翼三种。

3.1.2.1　脉内斜井开拓法

脉内斜井开拓法是将斜井开掘在矿体内靠近底板的位置上，如图3-5和图3-6所示。它适用于矿体倾角稳定、底板起伏不大，矿体厚度不大的缓倾斜矿体。斜井不应该通过较大的断层。

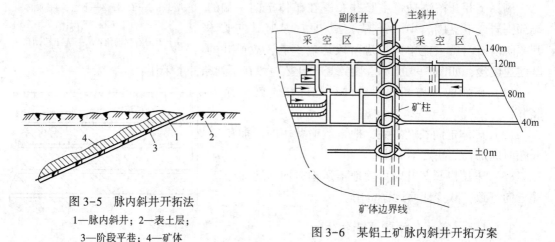

图3-5　脉内斜井开拓法
1—脉内斜井；2—表土层；
3—阶段平巷；4—矿体

图3-6　某铝土矿脉内斜井开拓方案

脉内斜井开拓法的优点是开拓工程量小，投产快，斜井可起到补充勘探作用，还可获得副产矿石。其缺点是必须在斜井的两侧留井筒保护矿柱；此外，当矿体倾角发生变化时，影响提升工作。

图3-6是某铝土矿用串车提升的脉内斜井开拓方案实例。该矿属于中小型矿山，矿体倾角13°~18°，采用串车提升。脉内斜井开拓法一般在下列情况下才考虑采用：

（1）矿石价值不高的薄矿体；
（2）矿石稳固，下盘围岩不稳固，下盘斜井维护困难；
（3）矿井急需在短期内投产；
（4）想要借助斜井进行补充勘探。

3.1.2.2　下盘斜井开拓法

图3-7是将斜井布置在矿体下盘围岩中的下盘斜井开拓法。斜井通过阶段石门与矿体联系。石门长度视围岩稳固程度确定，要求斜井上部矿体开采时产生的矿山压力不致影响斜井的维护，一般不小于5m。考虑这段距离时，还应该考虑到斜井车场布置与阶段运输平巷联系所需的距离。

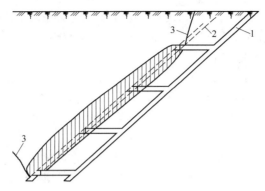

图 3-7 下盘斜井开拓法

1—主斜井；2—矿体侧翼辅助斜井；3—岩石移动界线

当矿体倾角小于或等于所选用的提升容器要求的极限倾角时，斜井倾角与矿体倾角相同；反之，斜井必须呈伪倾斜开掘，如图 3-8 所示。

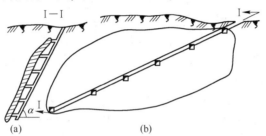

图 3-8 伪倾斜斜井开拓示意图

（a）垂直走向投影图；（b）沿走向投影图

伪倾斜斜井倾角 γ，矿体倾角 α，伪倾斜斜井水平投影与走向线的夹角 β，如图 3-9 所示。γ、α、β 三者关系式为

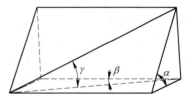

$$\tan\gamma = \sin\beta \times \tan\alpha$$

图 3-9 伪倾斜角与倾斜角关系示意图

3.1.2.3 侧翼斜井开拓法

侧翼斜井开拓法是将斜井布置在矿体侧翼端部岩石移动界线以外的侧翼斜井，如图 3-10 所示。这种开拓方法主要是用于矿体受地形或地质构造的限制，无法在矿体的其他部位布置

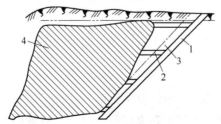

图 3-10 侧翼斜井开拓法

1—斜井；2—石门；3—矿体侧翼岩石移动角；4—矿体

斜井时；特别是矿体走向不大时，侧翼式开拓法有可能减少运输费用和开拓费用。

胶带运输机斜井开拓在我国有应用，最大长度已达 800m 以上。

实例 某金矿下盘斜井开拓方案。

（1）矿体。沿主断层 F 生成的矿化带称为 282 矿带。在 4000m 长的矿化带中共分五个矿体，均产生在主断裂面底盘的强、弱黄铁绢英岩化的碎裂岩和黄铁绢英岩中，与主断裂面垂直距离一般在 5~15m，最远的为 25m，越向深处相距越近。按现有地质资料分析，矿体走向沿北东有侧伏之势。

1 号矿体规模较大，产状与主断裂基本一致，走向约北东 60°倾向东南，矿体倾角 38°~43°，矿体延伸大于走向长，控制走向长约 110m，现已控制的矿体斜深 450m；矿体厚度多在 1~2m。

1 号矿体底部（下盘）见有 2 号矿体，1 号矿体与 2 号矿体间距不等，最近的为 3~4m，远的为 12~15m，斜长 420m；矿体平均厚度 4.2m；矿体倾角 42°。

（2）生产地质工作。根据初期提交的地质报告，设计者认为矿山投产以后，为了确保生产正常进行，维持采掘平衡，必须加强生产地质工作。随着矿山逐年延深，使地质勘探程度满足三级矿量所需的级别，并且不断探边、摸底，找盲矿体，扩大矿石资源，努力降低贫化与损失，以延长矿山寿命。

开拓期间，在各水平中段沿脉平巷掘穿脉探矿，间距为 40m。回采时，穿脉加密到 20m 的间距，并以坑内钻探在各穿脉内分别向上、向下打扇形钻孔，探明两水平中段之间的矿体，其网度为 20m×（20~30）m。

（3）矿床开拓。该矿 292 矿体分上下两层，埋藏在地表以下至 -110m 水平，矿体倾角为 38°~45°，矿体走向长 110m，斜长 130m。矿体顶底板岩石比较坚硬，$f = 11~12$，围岩及矿体均稳定。

本次设计矿段为 282 矿体在 77 线至 83 线之间，矿体走向为北东—南西，厂区小选矿厂位于矿体走向西侧，设计中为了保证井上运输方向一致，避免反向运输，选择在 77 线南翼下盘斜井开拓方案。

斜井口位置坐标为 $x = 327m$，$y = 803m$，$z = 150m$，方向角为南东 46°30′。斜井与矿体走向呈伪倾斜，倾角 27°。选用提升机为 JT1600×1200—24 型，提升矿石及岩石、材料及下放人员。矿车采用 0.5m³ 翻斗车。主斜井一期工程斜长 300m，其中支护 56m，其余的不需支护净断面 5.9m²，支护处掘进毛断面 8.7m²，双轨巷道断面为 15.39m²。

风井为斜井，井口位置在 83 线附近，井口坐标为 $x = 682m$，$y = 438m$，$z = 23m$。风井布置在矿体下盘，倾角 30°，断面 5.2m²。

该矿为小型矿山，施工力量较薄弱，选用斜井开拓法，施工不需要特别设备，可自行组织施工，本方案施工简便易行，各中段石门长度均在 25m 左右，基建工程量少，见效快。斜井方案可满足日产 150t 的提升能力（即年产 5 万吨矿石的生产能力）。

中段高为 30m，中段运输平巷为下盘沿脉，穿脉间距为 40m。

3.1.3 平硐开拓法

以平硐为主要开拓巷道的开拓方法称为平硐开拓法。平硐开拓法只能开拓地表侵蚀基准面以上的矿体或部分矿体。矿体赋存高度较大时，可以采用多个平硐开拓，一般最低的平硐称为主平硐，它担负上部各阶段矿石的集中运输任务，上部各阶段的矿石都通过溜井（个别矿用地表明溜槽）溜放到主平硐。上部各阶段平硐可以与地面贯通，也可不贯通，但为了施工、排废石和通风方便，多数矿山都与地表贯通。

主平硐与上部各阶段间人员、材料和设备的运送，有时通过辅助井筒（竖井、斜井、盲竖井、盲斜井）提升，有时也通过地面公路连通上部各平硐口。

平硐开拓法在我国矿山中应用较广，主平硐最长的有超过 7000m。这类长平硐开拓时，为缩短基建时间，常采取在平硐的中部位置开掘措施（斜、竖）井的办法进行多头掘进。

平硐开拓法具有施工简单，速度快，无须开掘井底车场，以及不要提升、排水设备等优点，凡具备平硐开拓条件的矿山一般都优先选用平硐开拓法。

平硐开拓法根据平硐与矿体的相对位置关系有穿脉平硐开拓法和沿脉平硐开拓法，主要是取决于外部运输及工业场地与矿体联系的方便程度。

3.1.3.1　穿脉平硐开拓法

主平硐与矿体垂直或斜交的平硐称为穿脉平硐。根据平硐进入矿体时所在的位置可分为下盘穿脉平硐和上盘穿脉平硐两类。

图 3-11 为下盘穿脉平硐开拓法示意图。主平硐 1 开掘在 598m 水平，阶段高度 40m，主平硐以上各阶段的矿石通过主溜井 2 溜放至主平硐，由电机车牵引矿车运至选矿厂。主平硐与各阶段之间由辅助竖井 3 连通，以解决人员、材料及设备的上下。

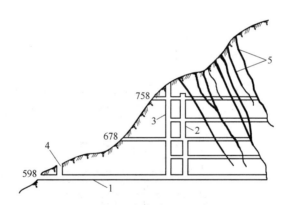

图 3-11　下盘穿脉平硐开拓法
1—主平硐；2—主溜井；3—辅助竖井；4—入风井；5—矿脉

图 3-12 为上盘穿脉平硐开拓法示意图。主平硐从矿体上盘进入矿体，为使其不受下部矿体开采时岩层移动的影响，开采平硐下部的矿体时，需要留保安矿柱。

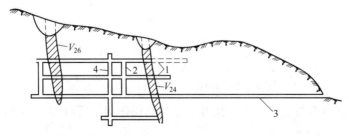

图 3-12　上盘穿脉平硐开拓法
1—阶段平巷；2—溜井；3—主平硐；4—辅助盲竖井

3.1.3.2　沿脉平硐开拓法

平硐开掘方向与矿体走向平行的平硐称为沿脉平硐。根据其所在位置可分为脉外平硐和脉内平硐两类。

图 3-13 为下盘沿脉平硐开拓法示意图。根据地形和工业场地的条件，采用沿脉平硐开拓工程量最小，因为沿脉平硐实质上就是阶段运输平巷。

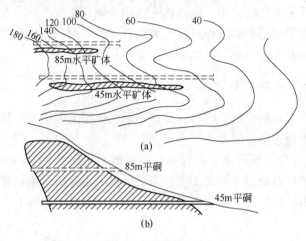

图 3-13　下盘沿脉平硐开拓法
(a) 坑内外对照图；(b) 纵投影图

图 3-14 为脉内沿脉平硐开拓。主平硐及各阶段平硐都开掘在矿体内，上阶段矿石分别通过溜井 3、4、5 溜放到主平硐 1，人员、设备和材料升降由辅助盲竖井 2 担负。

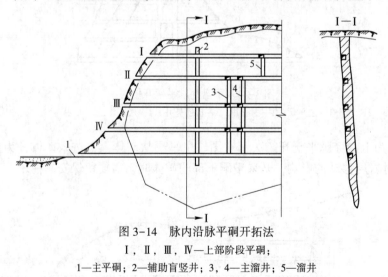

图 3-14　脉内沿脉平硐开拓法
Ⅰ, Ⅱ, Ⅲ, Ⅳ—上部阶段平硐；
1—主平硐；2—辅助盲竖井；3, 4—主溜井；5—溜井

这种开拓方法具有投资少、出矿快并可起到勘探作用，所以多为小型矿山所采用。

3.1.4　斜坡道开拓法

近几十年来，以铲运机为代表的地下无轨采矿设备广泛使用。铲运机集铲装、运输、卸载三功能于一体，不需经过中转环节，因而工作简单、效率高、产量大。特别是大型地下自卸汽车的广泛应用，斜坡道就是适应无轨设备通行而产生的。

斜坡道是一种行走无轨设备的倾斜巷道。用斜坡道作为主要开拓巷道的开拓方法称为斜坡道开拓法。斜坡道一般宽 4~8m，高 3~5m，坡度为 10%~15%。使用大型设备时斜坡道弯道半径大于 20m，使用中小型设备时则要大于 10m，路面结构根据其服务年限可以是混凝土路面或碎石路面。斜坡道开拓法适用于开采大型或特大型的矿体；斜坡道形式有螺旋式和折返式两种。

图 3-15 为螺旋式斜坡道开拓法图，它的几何图形是圆柱螺旋线或圆锥螺旋线，其优点是开拓工程量小，但施工困难，行车时司机视距小、安全性差。图 3-16 为下盘沿走向折返式斜坡道开拓法示意图，它是由直线段和曲线段（折返段）联合组成的，直线段变换高程，曲线段变换方向。直线段坡度一般不大于 15%，曲线段近似水平。其优缺点与螺旋式斜坡道开拓法相反。

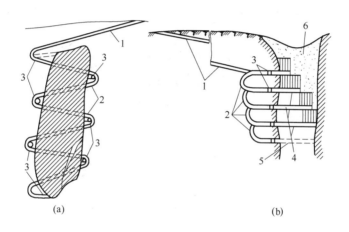

图 3-15　螺旋式斜坡道开拓法

（a）环绕柱状矿体螺旋道开拓；（b）下盘螺旋道

1—斜坡道直线段；2—螺旋斜坡道；3—阶段石门；4—回采巷道；5—掘进中巷道；6—崩落覆岩

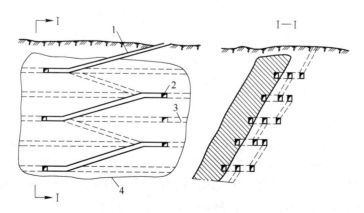

图 3-16　折返式斜坡道开拓法

1—斜坡道；2—石门；3—阶段运输巷道；4—矿体沿走向投影

3.2　联合开拓法

采用两种或两种以上的主要开拓巷道联合开拓一个井田的方法称为联合开拓法。

用平硐开拓时，平硐以下矿体的开拓及某些埋藏较深的矿床，或者生产矿井深部发现新矿体时，限于提升力的关系，对深部矿体采用盲井开拓都可构成联合开拓法。

联合开拓法根据井筒类型的不同可分为：平硐与盲井（盲竖井、盲斜井）联合开拓法，竖井与盲井（盲竖井、盲斜井）联合开拓法，斜井与盲井（盲竖井、盲斜井）联合开拓法，斜坡道联合开拓法。

3.2.1　平硐与盲井（盲竖井、盲斜井）联合开拓法

图 3-17 示出了一个地平面以上矿体采用平硐开拓，平硐以下矿体采用盲竖井或斜井开拓的平硐与盲井联合开拓法。

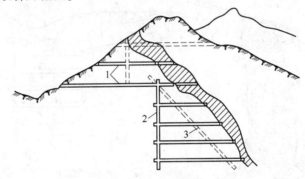

图 3-17　平硐与盲竖井联合开拓法
1—主平硐；2—盲竖井；3—盲斜井井位

受地形限制，采用盲井开拓，下部矿体可以大幅度减少石门长度，但是增加了提升系统，加大了工程量和运输的转运环节。一般应用在下列条件：

（1）矿体部分赋存在地平面以上，部分赋存在地平面以下；上部采用平硐溜井开拓法，采用平硐与盲井（盲竖井、盲斜井）联合开拓法开拓地平面以下的矿体。

（2）矿体全部赋存在地平面以下，但地表地形限制不能开掘明竖井或明斜井，故采用平硐与盲井（盲竖井、盲斜井）联合开拓法开拓地平面以下的矿体。

实例　某贵金属矿的平硐盲竖井开拓方案，如图 3-18 所示。

（1）矿床和矿体地质情况。99 号矿脉位于某断裂东部，东西长 320m，脉宽 0.2~4m，出露标高+200~+420m；走向 465 线以东为 NE56°，以西为 75°，矿体连续走向长 350m，为舒缓波状，倾向 NW；矿体在剖面上呈"S"状，为急倾斜矿体；矿体厚度 0.25~3.14m，平均厚度 1.69m，厚度变化系数 42%~48%，倾角为 83°~89°。矿床类型属中温热液充填交代型。根据资料及监测数据，该区涌水量最大为 4.35L/s，水文情况较简单。矿体和围岩均稳固，矿石 f=6~8，围岩 f=8~10。

（2）开拓方案。本矿的设计范围是以 99 号脉为主，走向在 457~478 线之间，标高在+215~+55m 的地段。+215m 以上部分已部分的开采，虽然尚存部分矿量，因资料不清，

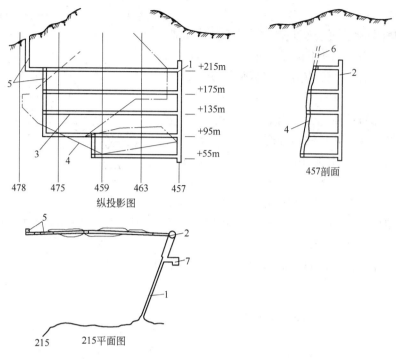

图 3-18 某贵金属矿的平硐盲竖井开拓方案

1—平硐；2—盲竖井；3—平巷；4—矿体投影；5—接力回风井；

6—上部已经土法开采部分；7—硐室

不在本设计范围之内。设计规模要求矿石生产能力为 100t/d。基于上述条件，选用平硐（+215m）下盘侧翼盲竖井开拓方案，矿体的另一侧设回风井。原+215m 处有一地探平硐，硐口有较好的工业场地。设计拟将原平硐加以改造，使其断面为 2.4m×2.5m；主井为直径 3m 的圆井，混凝土支护，主回风巷为接力式，规格为 2.8m×2m，使用喷浆支护；风井设有人行梯，兼做安全通道。

主井供提升矿岩，下放材料、上下人员及入风使用。采用单层罐笼带平衡锤，所有车场均为尽头式。平硐口坐标是 $x = 185.54$，$y = 829.823$，$z = 215.412$；主井布置在 457 线，其坐标是 $x = 468.7$，$y = 873$，$z = 220$，中段高度 40m。平硐采用 zk1.5-600/100 架线式电机车。竖井提升用 2JT1200/1024 型双筒卷扬机，2 号轻型罐笼；矿车为 Y0.5FC（6）型侧翻式。

（3）井下与地表运输。矿岩从各作业地点放出后，汇集于每中段车场，经卷扬机提升到 215m 车场，编组后由电机车运往硐口，然后翻入硐口附近的专用矿仓，再经汽车运往选矿厂；通风方式为对角通风（在+215m 安装抽出式风机）；废石由电机车直接运往排废石场地。钢轨运输路线技术条件：轨距 600mm，路线坡度 3‰～5‰，线路最小弯道半径 6～8m；采用 11～15kg/m 钢轨。

3.2.2 竖井与盲井（盲竖井、盲斜井）联合开拓法

一般在下述情况下，应考虑用竖井与盲竖井或盲斜井联合开拓法：

（1）矿体埋藏深度较大，或者井田深部发现了新矿体，现有井筒在深部开拓对提升能

力不能满足要求；

（2）矿体深部倾角显著改变，或石门长度大大增加。

图3-19为竖井与盲竖井的联合开拓法。上部矿体采用明竖井1开拓，深部开拓用多段盲竖井2。深部采用多段盲井开拓可加大提升能力，缩短石门长度。

倾斜与缓倾斜矿体深部的开拓可采用上盘明竖井与下盘盲斜井联合开拓法，如图3-20所示。

700m以上采用竖井开拓法，如图3-20（a）所示。竖井与矿体相交处的下部矿体采用下盘盲斜井开拓。出矿采用斜井、竖井两段提升。深部采用盲斜井开拓可缩短石门长度；上部矿体采用明斜井开拓法，如图3-20（b）所示。当明斜井长度相当长时，掘进明竖井，将一段斜井提升改为斜井、竖井两段提升。

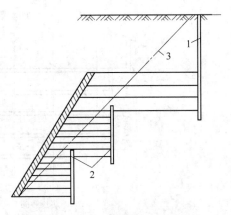

图3-19　竖井与盲竖井的联合开拓法
1—竖井；2—盲竖井；3—下盘移动线

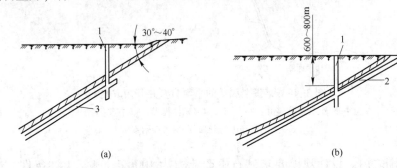

(a)　　　　　　　　　　　　　　(b)

图3-20　竖井与盲斜井联合开拓法
（a）竖井盲斜井开拓法；（b）斜井竖井开拓法
1—上盘明竖井；2—明斜井；3—盲斜井

实例　某铜矿上部竖井下部盲竖井联合开拓方案，如图3-21所示。

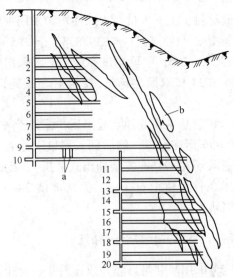

图3-21　某铜矿上部竖井下部盲竖井联合开拓方案
a—溜井；b—矿体

（1）地质概况。该矿为中小规模的接触带矽卡岩型的铁、铜矿床，矿体赋存于斑状花岗岩、大石桥地层带，矿体规模与矽卡岩体的富集程度成正比。矿体规模小、形态复杂、个数多，成群发育矿体一般为似层状、柱状、筒状和瘤状等。

该区井下水源来自地表水和裂隙水等，水量较大。该区矿体倾角为50°~70°，围岩属中等稳固，围岩节理较发育、易片落，但下盘花岗岩较稳固，$f=8~10$，井下涌水量较大。

（2）矿床开拓。根据矿体赋存条件及矿体埋藏较深的特点，采用竖井与盲竖井联合开拓方案。竖井断面（竖井与盲竖井）均为矩形，上下竖井均用单层双罐提升，竖井内设有两个罐笼间，一个人行间。

（3）井下运输。各中段的矿石自溜到矿仓后进行装车，用架线式电机车运到中段井底车场，再经自动分配道岔，重车自行分存于车场两边。重车线的矿车由钢绳牵引上罐器推进罐笼（重车同时将空车推出罐笼），然后提升到地表。该矿井的9中段和10中段车场均为环形车场；明竖井和盲竖井距离为200m，由1.5t电机车运输各中段井口均有电动推车上罐器，使竖井的提升能力得到充分发挥；9中段和10中段设有一对溜矿井，起到调节生产能力的作用。

（4）矿井排水。由于矿井较深，采用接力式排水。

（5）矿井供风。一期工程在地表设有两台40m³空压机，到盲竖井生产时，将供风设备迁到井下9中段。该矿由于开拓方法选择和工程布局合理，从地表到选矿厂运输采用架空索道（高山地区），矿石和材料运输方便，在建矿后几十年的生产过程中产量一直保持稳定。由于开采顺序安排合理、管理得当，即使开采到20中段，也没有因地压活动而损失矿量或影响生产。

3.2.3 斜井与盲井（盲斜井、盲竖井）联合开拓法

斜井与盲井（盲斜井、盲竖井）联合开拓法的原因和竖井与盲井（盲竖井、盲斜井）联合开拓法相同。

图3-22是某铁矿采用上盘斜井与盲斜井开拓急倾矿体的实例。斜井倾角11°~16°，采用多段皮带运输机提升。矿体厚30~90m。矿体上部为疏干的湖底，地形起伏很大，难以布置主井和工业场地。辅助竖井位于疏干的小岛上。皮带运输机总长近1800m，皮带速度2.03m/s，皮带运输机运输能力400t/h。矿山年产量250万吨。

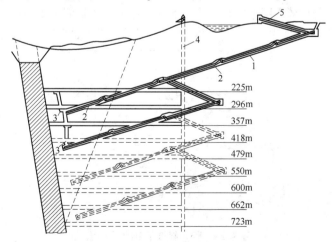

图3-22 上垂斜井与盲斜井联合开拓法

1—斜井；2—皮带运输机；3—地下破碎装载机组硐室；4—辅助竖井；5—皮带走廊

实例　某矿斜井与盲竖井开拓方案。

（1）上部开拓系统简介及深部（联合）开拓方案的提出。某贵金属矿上部开拓采用下盘伪斜井开拓，斜井倾角26°，段高30m。该矿建成投产以来生产能力一直保持在150t/d的水平，当斜井掘到四中段（+35m），生产中段向下采到三中段及四中段的一小部分时，矿山保有的三级矿量尤其是开拓量严重不足，而矿山上部开拓工程的主斜井长达300m，开采垂深达128m，目前斜井提升能力已见紧张，因此深部开拓问题必须立即着手解决。上部斜井断面2.6m×2.6m，提升采用JT1200/1028型卷扬机，电机功率75kW；中段车场采用吊桥与斜井衔接。

（2）矿床地质情况。矿体上盘为胶东群变质岩，主要岩石为变质岩、斜长角闪岩，其次为大理岩、石墨片岩等；下盘为玲珑期黑云母花岗岩。因受多期构造活动影响，矿区构造复杂。夏甸构造破碎带是经过多次活动而成的，大致为北东向断层，走向20°~40°，倾向东南，倾角40°~45°；破碎带宽125m，最宽达350m，长达900m，它是矿区主断裂面。矿体主要有1号、2号，均呈不规则透镜体，赋存标高+140~+218m，部分矿体出露地表，矿体厚度1~8m，分支、复合、夹缩现象较常见，但基本连续矿体走向长度220m，矿体位于主断裂面下盘10m处，矿体倾角较稳定，倾角30°。矿体上下盘围岩均为黄铁绢英岩和碎裂岩。

该矿区水文地质条件较简单，大部分为裂隙水，目前测得涌水量为600m³/d，预计到−218m处涌水量可达1200m³/d。

（3）开采技术条件。矿岩为中等稳固，无黏结性，无自燃性，矿石自然安息角为45°，矿石松散系数1.6，1m³矿石质量2.87t。

（4）开拓方案。根据矿体赋存条件及水文地质条件比较简单等特点，矿床的深部开拓方案初步拟定为下盘盲斜井开拓和下盘盲竖井开拓两种方案。经比较，选用下盘盲斜井开拓方案。

3.2.4　斜坡道联合开拓法

斜坡道联合开拓法就是以斜坡道作为主井或副井，与其他开拓巷道斜坡道联合开拓矿体的方法。

图3-23中，上部矿体采用竖井开拓法，下部矿体采用折返斜坡道开拓法。斜坡道可采用自行设备运输，也可采用带式运输机，图3-23中竖井下部矿石是采用带式运输机提升。

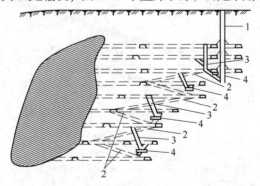

图3-23　竖井斜坡道联合开拓法

1—竖井；2—折返式斜坡道；3—溜井；4—破碎装载机组硐室

—— 本 章 小 结 ——

　　矿体是赋存在地下的,矿床开采首先应开拓。开拓是建立地下矿体与地面联系的通道,形成地面与地下联系的开拓、行人、通风、运输、提升、供水、排水和供压等八大系统。本章主要介绍了单一开拓中的竖井开拓法、斜井开拓法、斜坡道开拓法、平硐开拓法和联合开拓法中的平硐与盲井开拓法、竖井与盲井开拓法、斜井与盲井开拓法。

复习思考题

3-1　矿床开拓应达到什么目的?

3-2　什么是主要开拓巷道,开拓巷道有哪些,其作用是什么?

3-3　什么是开拓工程?

3-4　平硐溜井开拓方法有哪几种方式,平硐溜井开拓方法的特点?

3-5　竖井开拓法有哪几种方式,竖井开拓法的特点?

3-6　平硐溜井开拓法的适用条件是什么?

3-7　竖井开拓法的适用条件是什么?

3-8　斜井开拓法有哪几种方式,斜井开拓法的适用条件是什么?

3-9　斜井开拓法有什么特点?

3-10　斜坡道有哪几种形式,各自的特点?

3-11　为什么有时将主要开拓巷道布置在上盘?

3-12　联合开拓法有哪几种方式,为什么用联合开拓法?

3-13　比较平硐和井筒的特点。

3-14　比较竖井和斜井的特点。

3-15　比较井筒与斜坡道的特点。

4 主要开拓巷道

4.1 主要开拓巷道类型的选择

4.1.1 各种主要开拓巷道的特点

4.1.1.1 平硐与井筒的比较

与井筒开拓相比，平硐开拓具有以下优点：

（1）施工简单，基建速度快；

（2）掘进费用低，不需开掘井底车场和硐室，因此基建投资少；

（3）平硐用电机车运输，比井筒开拓用绞车提升的费用低，而且不需要提升设备、井架及绞车房；

（4）采用自流排水，排水费低，无须水泵、水仓等设施；

（5）平硐运输要比井筒提升安全可靠，正是由于平硐开拓有许多优点，所以不少矿山宁可选用数千米长的平硐开拓矿体，也不采用井筒开拓法。

4.1.1.2 竖井与斜井的比较

竖井与斜井具有以下特点。

（1）提升能力。竖井长度比斜井小，允许的提升速度大，因此，生产能力比斜井大得多。但是用钢绳胶带运输机的斜井，也具有较大的生产能力，而且生产能力不受井筒长度的影响。

（2）开拓工程量。竖井断面比斜井小，长度也比斜井短；斜井开拓的石门长度比竖井短，斜井井底车场比竖井简单，掘进工程量小。

（3）施工技术。竖井施工技术和掘进装备比斜井复杂，斜井施工比较简单。

（4）生产经营费。竖井提升速度快，提升长度小、阻力小，因此提升费用比斜井低。斜井由于长度大、钢绳、管道长度大、阻力大，维修量大，因此其提升和排水费均比竖井大。

（5）安全方面。斜井维护条件差，特别是用钢绳提升时，易发生脱轨和断绳跑车事故；竖井井筒维修条件好，提升故障少。

综上所述，从使用角度来看，竖井优越性较大；从施工技术和施工速度来看，斜井优越性较大。在实际工作中，大中型矿山使用竖井较多，小型矿山使用斜井较多。

4.1.1.3 斜坡道与井筒的比较

斜坡道与竖井、斜井相比，其突出的优点是掘进快，投产早。斜坡道掘进时采用包括凿岩台车和铲运机在内的一整套无轨自行设备，效率很高，掘进速度也很快。一般开采浅部矿体时，两年左右的时间就可投产。一条单一斜坡道既可作主井出矿，又可作副井运送材料和人员等，只要配以通风系统就可形成生产系统。当开采较深矿体时，可另开掘竖井出矿，斜坡道作为副井，通行各种无轨设备，并运送材料和人员。

斜坡道的缺点是巷道工程量大，比竖井掘进量多 3~4 倍。此外，无轨设备投资大，维修技术复杂，采用内燃机动力无轨设备通风费用高也是一个缺点。

4.1.2 选择主要开拓巷道类型时应考虑的主要因素

选择主要开拓巷道类型时应综合考虑以下主要因素。

（1）地形条件。矿床埋藏在地表侵蚀基准面以上时应尽可能选择平硐，平硐以下的矿体可用盲竖井或盲斜井开拓。当盲井井口距地表高程不很大时，有的矿山将盲井卷扬机房设在地表，避免开凿复杂的井下卷扬硐室。

（2）矿井规模及开采深度。选用竖井或者斜井，首先取决于选用的提升容器在矿床开采深度范围内能否满足矿井的生产能力。一般竖井提升和斜井用胶带运输机时能在较大的开采深度下满足较大的矿井生产能力，适用于大型矿井。斜坡道开拓可以达到较大的生产能力，但深度加大时（一般不宜超过 400m），无轨设备运输费用升高，经济上不合理。串车、台车提升的斜井，适合于中小型生产能力的矿山。在选择主要开拓巷道类型时应先进行提升能力计算和设备选型。

（3）矿体倾角。用竖井开拓缓倾斜矿体时，深部石门长度增大，而缓倾斜矿体用斜井开拓时，石门长度很短。仅从这一点考虑，急倾斜矿体宜用竖井，倾角 10°~40° 的矿体宜用斜井，倾角小于 18°、规模较大时可用胶带运输机的斜井。但最终还应综合考虑，由矿山的生产能力、矿体的埋藏深度和围岩物理力学性质来选定。

（4）围岩物理力学性质。井巷通过流沙层、含水层、破碎及不稳固岩层时，需要采取一些特殊掘进措施，在这方面竖井施工要比斜井、斜坡道有利得多，因此应考虑采用竖井。

上述各因素常是相互影响的，要进行综合考虑和技术经济比较来选定主要开拓井巷的类型。

4.2 主要开拓巷道位置的确定

主要开拓井巷是矿山出矿与建立地面和井下联系的重要通道，是矿井的咽喉。因此，必须保证各开拓井巷处于安全位置上，不受地下开采和地面各种不安全因素的威胁。主要开拓井巷位置一旦确定，它与地面生产系统、外部运输的联系及地面和井下矿石的总运输工作量也就确定了。所以，主要井巷位置，不仅对矿井生产的安全，而且对矿山经济效益都是至关重要的。

生产实践表明，确定主要开拓井巷的位置是矿山设计中的一项重要问题。影响主要井巷位置确定的因素很多，一般说来垂直矿体走向方向位置的确定主要取决于安全性，避免受岩层移动的影响；沿走向方向井位主要取决于技术经济指标，力求井下运输功最小。

4.2.1 岩石移动对位置确定的影响

地下矿体被采出以后，便形成了采空区，破坏了原岩应力的平衡状态，使采空区上部和周围的岩石逐渐发生变形、移动乃至冒落，这一过程总称为岩层移动。岩石移动达到地表可表现为地表连续均匀下沉，不产生裂缝；也可表现为地表出现大裂缝、位移或者塌落，如图4-1所示。

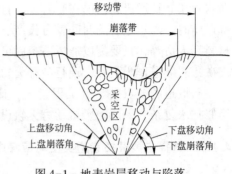

图 4-1　地表岩层移动与陷落

4.2.1.1　崩落角与移动角

地表岩层移动范围可分为以下三带。

（1）塌落带：此带内岩体崩落成大小不等的碎块。

（2）裂缝带：此带内岩体基本连续，但被裂缝所切割。

（3）下沉带：岩体只产生塑性变形，保持连续而无裂缝。下沉带又分为危险下沉带和无危险下沉带。

有的矿区通过观测认为，地表累计下沉值不超过10mm地带为无危险下沉带。

地表裂缝带和塌落带合称为崩落带，危险下沉带圈定的地表范围称为地表岩石移动带。地下岩体移动面实际上是一个复杂的曲面，而不是平面，但为了便于说明问题可假设为平面。崩落带用崩落角圈定。崩落角是采空区上方地表最外侧的裂缝位置和地下采空区边界的连线与水平线之间在采空区外侧的夹角。根据位置不同，崩落角分为上盘崩落角、下盘崩落角及端部崩落角，如图4-1所示。一般下盘崩落角大于上盘崩落角。

移动带用移动角圈定。移动角是地表危险下沉带边界、地下采空区边界连线与水平线之间在采空区外侧的夹角。岩石移动角变化范围很大，它取决于岩体物理力学性质、构造、含水性、矿体倾角和开采深度等。整体性好的岩体移动角一般为45°~70°，整体性差的岩体则为30°~65°。

4.2.1.2　安全开采深度

主要开拓巷道位置一经设定，在其有效的服务期限内，包括地面设施在内，是不允许再受岩石移动或地表沉陷等破坏性现象扰动的。因此，为确保主要开拓巷道及井口设施的安全，必须把它布置在岩石移动界限以外的安全地带，埋在地下的矿床一旦被采出后，便在相应的空间形成了采空区。采空区周围的岩层，由于失去原有岩体应力的平衡，会引起上部岩层的地压活动，经过一定的时间后，这段时间的长短与周围岩石的物理力学性质及采空区的形状、大小等有关，岩层逐渐发生变形、移动乃至破坏塌陷。当陷落的岩石由于松散、体积膨胀而将采空区和陷落空间一起填满时，则其上部的岩层就不会再继续移动下沉，其破坏区域也就不会进一步扩展。如果采空区较小或距地表较深，开采后破坏区域不会波及地表的深度，称为安全开采深度，如图4-2所示。

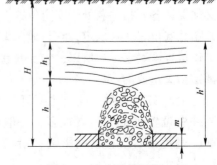

图 4-2　安全开采深度

　　安全开采深度的计算方法，一般应大于采空区上部的崩落岩层和下沉（移动）岩层厚度之和，即

$$H > h + h_1$$

式中　H——安全开采深度；

　　　h——采空区上部岩层的崩落高度；

　　　h_1——崩落带上部下沉的岩层厚度。

　　采空区上部岩层的崩落高度取决于采空区的地压状态、岩石性质和崩落条件，为矿体厚度的 100~500 倍；崩落带上部下沉（移动）的岩层厚度为

$$h_1 = (0.04 ~ 0.05)h$$

　　一般认为，要使岩层下沉（移动）不波及地表，安全开采深度必须是：当采空区不充填时，$H>200\text{m}$；采空区用干式充填时，$H>80\text{m}$；采空区用湿式充填时，$H>30\text{m}$，此处 m 为矿体厚度。

4.2.1.3　岩石移动带与保安矿柱的圈定

　　为了保护地表工业设施与井口安全，在矿床开采设计时，一般应根据矿体的勘探资料，圈出各个矿体的岩石移动带，并将各开拓井巷、地面建筑物和构筑物布置在这个移动带以外。考虑到设计选取的岩石移动角可能大于实际的岩石移动角，为安全起见，在岩石移动带之外还应留出一个安全距离。这个安全距离要根据地表建筑物和构筑物的用途、重要性及产生变形的后果等因素来确定，地表工业设施与井口最好建于移动带外 30~60m，甚至 120m 以外。地表移动带的圈定，如图 4-3 所示。

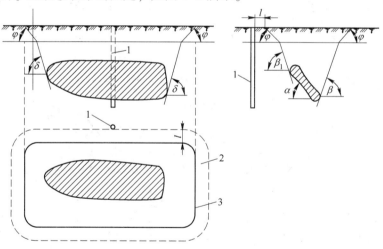

图 4-3　岩石移动带圈定

α—矿体倾角；φ—表土移动角；β—上盘岩石移动角；β_1—下盘岩石移动角；

δ—矿体走向端部岩石移动角；l—安全距离；

1—井筒；2—保安带；3—岩石移动带

　　若由于条件限制，地表工业设施、井口等必须建于移动带内，则必须留保安（护）矿柱，以保护地表工业设施与井口安全。保安矿柱内的矿石一般成为永久矿石损失。有的矿山在生产末期对保安矿柱实行局部开采。保安矿柱形式，如图 4-4 所示。

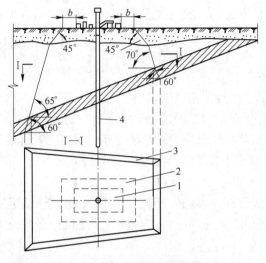

图 4-4 保安矿柱的形式示意图

1—地表工业场地；2—保安带；3—保安矿柱；4—井筒；

b—安全距离

下面详细分析移动带与保安矿柱的圈定。

A 岩石移动区的圈定

多数情况下，采空区的规模都较大，采空区距离地表又不远，若采出空区不加入人为的支护或充填，则上部岩层将会继续大规模活动，乃至使地表发生陷落和移动，形成倒锥形的陷坑。图 4-5 示出了矿体的倾角及偏角不同时采动后其地表的陷落和移动状况。

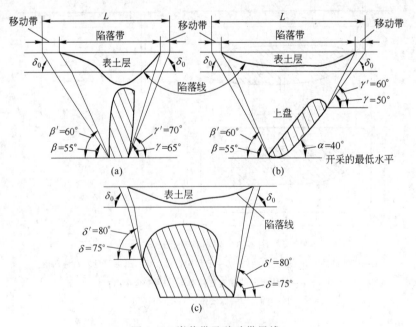

图 4-5 崩落带及移动带界线

（a）垂直走向剖面 α>γ 及 γ 情况；（b）垂直走向剖面 α<γ 及 γ′情况；（c）沿走向剖面

α—矿体倾角；γ′—下盘崩落角；β′—上盘崩落角；δ′—走向端部崩落角；γ—下盘移动角；

β—上盘移动角；δ—走向端部移动角；δ₀—表土移动角，L—危险带采空区上部地表发生陷落和移动的范围，分别称为崩落带和移动带。崩落带内除明显的塌陷之外，出现大小裂缝；移动带则是在崩落带的外围，由崩落带边界起至移动变形消失的地点为止。

从采空区最低边界到地表崩落带和移动带边界的连线和水平面之间所构成的夹角，分别称为崩落角和移动角，如图4-5所示。崩落角和移动角的大小，与采空区上部存在的各种岩石的物理力学性质、层理、节理、水文地质构造、岩层的厚度、倾角、开采深度及所用的采矿方法等密切相关。

一般来说，矿体上盘岩石的移动角 β 小于下盘岩石的移动角 γ，而走向两端岩石的移动角 δ 又比下盘岩石的移动角大，这是针对同一种岩石而言。表土在上述三个方向移动带的大小是相等的。各种岩石的崩落角和移动角，见表4-1。

表4-1 各种岩石的移动角

岩 石 名 称	垂直矿体走向的岩石移动角/(°)		走向端部的岩石移动角 δ /(°)
	β（上盘）	γ（下盘）	
第四纪表土	45	45	45
含水中等稳固片岩	45	55	65
稳固片岩	55	60	70
中等稳固致密岩石	60	65	75
稳固致密岩石	65	70	75

崩落带和移动带的大小与崩落角和移动角的大小成反比。移动角越大，则移动带越小，岩石的崩落角大于岩石的移动角，故设计时常按岩石的移动角和移动带来作为危险界线。

具体圈划崩落带和移动带的方法，如图4-6所示。它是在一些垂直矿体走向的地质横剖面和沿矿体走向的地质纵剖面上（图中 A—A、B—B 等），从最低一个开采水平的采空区底板起，按选定的各种岩石崩落角和移动角，划出矿体上盘、下盘及矿体两端的崩落和

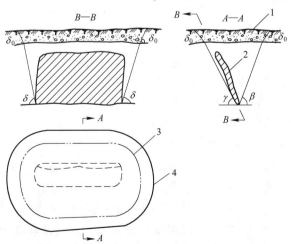

图4-6 地表移动区界线和保护带界线的划定

1—表土层；2—矿体；3—地表移动区界线；4—保护带界线

移动界线。如遇上部岩层（表土）发生变化，则按变化后岩层（表土）的崩落角和移动角继续向上划，并一直划到地表。这样划后将各剖面上的这些交点分别用光滑的曲线连接成闭合图形。此闭合图形所圈定的范围，便是地表和相应各个阶段的崩落带和移动带。

移动带原则上应从开采储量的最深部划起。矿体形态比较复杂，或矿体倾角小于岩石的移动角时，应从矿体的最突出部位划起。没有勘探清楚的矿体或矿体埋藏很深并计划作分期开采时，则按可能延深的部位或分期开采的深度起圈划移动带。

地表移动带内是危险区域：主要开拓巷道、井口设施、地面建筑物、构筑物、铁路及河道等布于其内时，将有可能遭到变形或破坏。

B　建筑物和构筑物的保护等级

主要开拓巷道及井口各种建筑物、构筑物等，为确保其安全，免遭破坏，一定要布置在移动带以外的安全地带。至于这些设施在地表移动界线以外应保持多大的安全距离，视建筑物和构筑物的用途、服务年限及保护要求等做出具体决定。根据地表移动所引起的后果性质，将要保护的各种设施划分为两个保护等级。凡因受到岩土移动破坏致使生产停顿，或可能发生重大人身伤亡事故，造成重大经济损失的，列为 I 级保护；其余的被列为 II 级保护。

每一等级的具体保护对象，列于表 4-2 中。冶金矿山设计规定：受 I 级保护的建筑物和构筑物，其移动界线外的安全距离应不小于 20m；受 II 级保护的建筑物和构筑物，安全距离不小于 10m，如地表有河流、湖泊，则安全距离应在 50m 以上。

表 4-2　地表建筑物和构筑物保护等级表

保 护 等 级	建筑物和构筑物的名称
I	(1) 提升井筒、井架、卷扬机房； (2) 发电厂、中央变电所、中央机修厂、中央空压机站、主扇风机房； (3) 车站、铁路干线路基、索道装载站、锅炉房； (4) 储水池、水塔、烟囱、多层住宅和多层公用建筑物
II	未设提升装备的井筒——通风井、充填井、其他次要井筒、架空索道支架、高压线塔，矿区专用铁路线、公路、水道干线、简易建筑物

确定保护对象的安全距离时，应该考虑岩石移动角的偏差、勘探钻孔的偏斜和矿体轮廓圈定的误差所带来的影响。因为岩石移动角一般是从条件类似的矿山借鉴来的，从长期实践观察，一个矿山的移动角本身误差就可能达到 3°，而且它是在开采以后才显现出来。钻孔方向受地质、机械和施工等因素影响，均不同程度地偏离设计位置，深度越大，倾角偏差也越大；再加上移动界线是从开采深部或矿体最突出部位划起，这个部位的储量，往往是推算出来的，可靠性较差，故在最终确定安全距离时必须留有一定的余地。

当主要开拓巷道、建筑物和构筑物等其布置不能满足上述要求时，井下采空区必须在回采期间做充填处理。及时充填采空区能减弱乃至控制岩层的变形，并加大岩石的移动角。根据资料统计，采空区充填后，中等稳固岩石的移动角可增至 65°~75°，而稳固岩石的移动角则可增至 75°~80°。由于岩石移动角的增大，岩石移动范围将相应缩小。然而，采用这种方法并不能像留保安矿柱那样可以维护位于矿体陷落范围内井筒的安全，它只能是控制或限制岩层崩落，并不能完全消除崩落，除非采用胶结充填料充填。

C　保安矿柱的圈定

由于某种原因，主要开拓巷道、建筑物和构筑物等只能布置在地表移动带以内；或者在地下开采之前，地面已经存在一些比较重要的建筑物、文物、河流、湖泊之类，它们不便于拆迁，则为保护这些设施不受变形破坏，一般都要在其下部留设保安矿柱。

保安矿柱的形状和尺寸，要用作图法来圈定。圈定的方法和采空区划作地表移动带的方法是相类似的，但它是从上向下圈划，图4-7是圈定方法的实例。

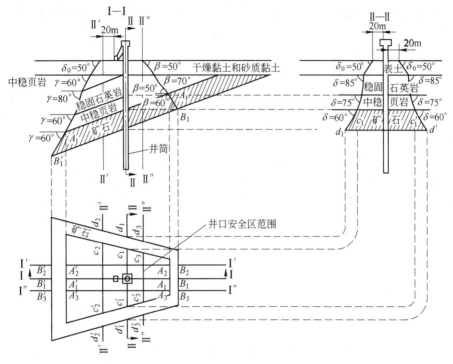

图4-7　保安矿柱的圈定方法

（1）在井口平面图上，以20m的安全距离划出保护对象的保护带。

（2）在沿井筒中心所作的垂直矿体走向Ⅰ-Ⅰ剖面上，井筒左侧根据下盘岩石移动角，从保护带的边界线由上向下作移动线；井筒右侧根据上盘岩石移动角从上向下作移动线，分别交矿体顶底板于 $A_1B_1A'_1B'_1$ 四点，这四个点就是井筒保安矿柱沿矿体倾斜方向在此剖面上的边界点。类似这样的剖面作多个，就可得到多个边界点。

（3）将上述这四个边界点投影到平面图Ⅰ-Ⅰ剖面线上，便得保安矿柱在这个剖面上的平面边界点 $A_1B_1A'_1B'_1$。用同样的方法作其他剖面的平面边界点，分别连接后便得保安矿柱在平面图上的边界线。

（4）同理，在平行走向的Ⅱ-Ⅱ剖面上作移动线，也可同样得到在矿体走向方向上顶底板的边界点 $c_1d_1c'_1d'_1$、投影到平面图上的平面边界点及平面边界线。

（5）将两个方向作出的平面边界线，分别按顶底板延接，围成的闭合图形即为整个保安矿柱的轮廓界线。

保安矿柱的边界应标记到总平面布置图、开拓系统平面图和剖面图，以及有关的阶段平面图上。

必须指出：留下的保安矿柱只能等矿井结束才可能回采。这时，回采的安全条件很差，难度很大，矿石损失率高，劳动生产率低，有的甚至已无法回采，形成永久损失。因此，在确定井筒位置时应尽量避免留设保安矿柱，特别是开采矿石价值或品位较高、储量不大的矿床。

留设保安矿柱还有不可靠的地方，在于它所承受的地压较大，矿柱本身也会产生移动和变形。尤其是用不充填的采矿方法回采矿块时，危险性更大。保安矿柱留在深部，还有可能成为冲击地压和岩爆的根源，给深部开采带来危险。所以，当开采深度超过 500m 时，一般不宜留保安矿柱。

4.2.2 垂直走向方向位置的确定

垂直矿体走向方向上的位置，依据不同的地表地形和矿床埋藏条件，可以布置在矿体的下盘、上盘、脉内（斜井）或穿过矿体（竖井），其中后两者是必须留保安矿柱的。既不留保安矿柱，又能体现安全、有效、经济的准则，则主要开拓巷道必须布置在矿体上下盘移动界线以外的安全地带，并符合按保护等级确定的安全距离。

从上下盘位置对比看，上盘的岩石移动角小于下盘的岩石移动角，也就是上盘位置的阶段石门比下盘位置的阶段石门长，这从经济上是对下盘位置有利；且下盘位置基建时间短，投产速度快，初期投资也比上盘少。但在下列条件下，竖井布置在上盘岩石移动带以外是合理的。

（1）根据地面的地形条件，选矿厂和矿井地面工业建筑物等只宜布置在矿体的上盘一侧；为便于与地面联系，避免反向运输，此时应将竖井布置在上盘。

（2）矿体上盘地势平坦，下盘地势陡峻，如果将竖井布置在矿体下盘，不但井深增加，而且井口受到滚石和滑坡等威胁。

（3）若矿体下盘的工程地质条件很复杂，影响凿井施工速度、凿井成本及工程安全，划定上下盘井筒位置时，事先必须将深部或边界矿体切实勘探清楚，以免造成压矿。

圈划垂直矿体走向方向上的安全位置，对于非层状规则矿体，其每个相邻剖面上所划出的结果都是不同的。具体确定每个剖面上的安全位置时，要同时考虑相邻剖面上位置的影响。

除竖井以外的其他主要开拓巷道，确定其在垂直矿体走向方向上的位置时，要结合各主要开拓巷道的特点、作用，做具体分析选定。例如，平硐就要结合进一步探清两盘矿体来定其合理位置。

4.2.3 沿走向方向位置的确定

主要开拓井巷沿走向位置不同，所需要的运输功不同。运输功（或运输工作量）的含义是指运输矿石量和运输距离的乘积，其单位是"t·km"，主要开拓井巷沿走向的位置还应该考虑选在矿石的地下运输功和地面运输功最小的位置上。运输功的大小代表着运输费用的多少，运输功最小的位置就是运输费用最低的位置。

在确定井筒位置时还应考虑尽量避免地面运输和地下运输之间有反向运输，否则不必要的运输费用会增加。但也要考虑到，一般情况下井下的单位运输费用要比地面运输费用高的因素。

　　假设有一个厚度均匀、埋藏稳定的连续矿体，不难证明，如果将井筒布置在矿体沿走向中心位置上，较之布置在其他任何位置上，井筒两翼的运输功的总和是最小的。又如有两个矿量相等并相隔一定距离的矿体，井位选在两矿体中心连线任何位置上运输功均不变。

　　矿山的地形、地质条件是复杂的，运输功最小的井筒位置往往不能满足地形和地质的要求。因此，只能作为一个考虑的因素。但是，对于地质和地形条件简单的矿山，应该作为一个主要因素来考虑。

　　沿矿体走向方向上，主要开拓巷道可以布置在矿体的中央或侧翼。侧翼是指布置在矿体侧翼岩石的移动界限以外，或侧端下盘的岩石移动界限以外。

　　布置在中央可以加快阶段的准备时间，开展双翼回采，缩短运矿距离，而侧翼布置只能适得其反。对这两种位置的选择，也得取决于地形和地面布置条件、矿体埋藏条件及生产经营费用。当其他条件都允许时，应从减少矿石的运输费用来考虑。合理的井筒位置应使矿石的地下与地面的总运输功为最小。

　　要减少总运输功，首先是应使地下与地面之间无反向运输；其次，由于在同样的条件下，地下的运输费用一般高于地面的运输费用。因此在按运输功条件确定主要开拓巷道的位置时，应着重考虑减少地下的运输功。

　　按运输功条件确定主要开拓巷道的位置时，可假设各个矿块的矿石均由横巷运出，到达横巷与阶段运输平巷的交接点待运。这时可沿主要运输平巷划一条直线，将各矿块的待运矿量作为货载投放到这条直线上，如图4-8所示。

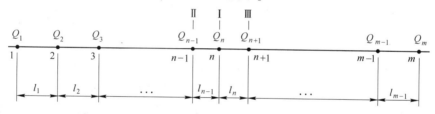

图4-8 求货载最小运输功的点

　　如果有这样的一个点，该点的出矿量为 Q_n，加上它左边所有的矿石量总和 $\sum Q_{左}$ 大于其右边所有的矿石量总和 $\sum Q_{右}$；或者，加上它右边所有的矿石量总和 $\sum Q_{右}$ 大于其左边所有的矿石量总和 $\sum Q_{左}$，即

$$\sum Q_{左} + Q_n > \sum Q_{右}$$
$$\sum Q_{右} + Q_n > \sum Q_{左}$$

则这个出矿点，便是最小运输功的合理位置。

　　以上是从一个阶段出矿的分析。多个阶段出矿条件下，求最小运输功位置的方法也是一样，只是这条直线要取矿体沿走向的总长。然后把各个阶段上各矿块的待运矿量，分别按投影投放到这条长直线上，再按上述的关系式计算最小运输功的合理位置。

　　若各矿块的矿量不是集中到阶段运输平巷，而是从许多分散的、逐渐移动的点上运出（例如，从沿走向推进的长壁式采矿法工作面上运出），则这种情况下的最小运输功位置，应定在矿量的等分线上。

$$Q_{左} = Q_{右}$$

　　分析认为，上述方法也适合于平硐开拓方案中选择直交矿体走向的平硐合理位置。

4.2.4　影响位置确定的因素

主要开拓巷道的类型确定以后，接着就应确定它的具体位置。

主要开拓巷道是联系井下与地面运输的桥梁，起着矿井生产咽喉的作用；各种通风、排水、供水、压气等管路及动力设施均由此导入地下，内外运输线路密集，附近又是其他各种生产和辅助设施的基地，矿井生产要以此作为核心。因此，主要开拓巷道位置的确定就显得极为重要，它的选择将对矿井生产起着长远的影响。

另外，主要开拓巷道的位置一经选定，直接关系到矿井建设的基建工程量、基建投资和基建时间，且矿井建设的施工条件及此后长年累月的生产经营费用也就定了下来，除非改建一般改变不了。正因如此，矿山生产及矿山设计部门都把正确选择主要开拓巷道的位置，作为矿井建设的头等重要的任务。

选择主要开拓巷道的合理位置，其基本准则必须是：基建和以后的生产经营费用应为最小；地形位置要安全可靠；探明的工业储量要都能够开采出来。既尽可能不留保安矿柱，又要有足够的工业场地且方便施工、掘进条件要良好。

在具体确定位置时应考虑下列各项因素的影响。

4.2.4.1　地表地形

主要开拓巷道既然为地表联系井下的桥梁，则其出口必须有足够的工业场地，以便按作业流程布置各种建筑物、构筑物、调车场、内部运输线路，堆放场地和废石场等；并应尽可能不占或少占农田，减少不必要的土石方工程量。

井巷出口的标高应比当地历年最高洪水位高出 3m 以上，以防止被洪水淹没；从出车要求，井口标高要稍高于选矿贮矿仓的卸矿口，以使重车做下坡运行。

井巷出口的位置应保证其自身及有关建筑物、构筑物不受山坡滚石、滑坡、雪崩及塌陷等危害，并应尽量选在烟尘尘源的上风方向。

4.2.4.2　地质构造、岩层条件和水文地质条件

主要开拓巷道必须开在岩层稳固、地质构造和水文地质条件简单的地段，避开含水层、受断层破坏和不稳固的岩层，特别是岩溶发育的岩层和流沙层。在初步确定井位以后，一般都应打检查钻孔，查明工程地质情况，拟定开掘主要开拓巷道的合理位置的地段应作地形地质纵剖面图，验明地质构造，为更好地确定主要开拓巷道的合理位置、方向及支护形式建立依据。

4.2.4.3　地下开采要求

主要开拓井巷的位置应该尽量使井下的运输方向和地面的运输方向相一致，以使井下地面总的运输功为最小（运输功是指货运质量与运输距离的乘积，单位是 t·km），这是减少生产经营费用的基础。另外，随着地下矿床的开采，采空区上部的岩层将发生陷落和移动。为保证安全，主要开拓巷道必须开在岩层的陷落和移动范围以外，并留足够的安全保护距离；否则，对这些巷道需要留设保安矿柱，引起保安矿柱内的矿石开采困难。

4.2.4.4　矿床的勘探程度、储量及勘探远景

确定主要开拓巷道位置之前，矿床储量原则上必须全部勘探清楚，以便作最合理的方案选择。但对深部及边缘矿区一时还不能探清的，也应提出远景储量的范围，以便有可能在后期开拓中加以延接或利用。

4.2.4.5　其他

如矿井生产能力，牵涉到井下井底车场的布置、开拓方式和井巷断面地确定；井巷的服务年限，关系到这些巷道是临时权宜还是永久设置，对主要开拓巷道位置确定都有影响。

4.2.5　影响具体位置确定的因素

主要开拓井巷是矿井生产的咽喉，它把地面生产和运输系统、地下运输和生产系统连接起来，因此在选定位置时除首先考虑岩石移动与运输功外，还必须考虑地形和地质条件，有时地质地形条件是影响确定井位的主要因素。在地形和地质条件方面应特别注意以下几点。

（1）井（硐）口附近应有足够的工业场地，并且地面工业场地运输和外部运输联系方便。工业场地应有良好的工程地质条件，并且要求平整工业场地的土石方工作量较小，便于布置各种建筑物和构筑物。一般井下运输工作条件比地表困难，改变地表地形与地表运输条件比地下容易，所以设计井位时应优先考虑为井下运输创造良好条件。

（2）井（硐）口位置应不受山崩、雪崩、垮山、滚石及洪水等的威胁，要求井（硐）口标高高出历史最高洪水位 3m。

（3）应该使井口工业场地尽量少占耕地，不占或少占良田。

（4）应尽量避免井筒穿过流沙层、含水层、断层、溶洞及岩层破碎地区。

正确确定主要开拓井巷位置不仅重要，而且是一项错综复杂的工作，应结合矿山具体条件，认真研究确定。

从垂直（直交）走向和沿走向两个方向上相交，按一般情况就可以确定出主要开拓巷道在安全和经济上的合理位置。至于这个位置是否切实可行，还要具体研究地表地形、矿山地面运输、工业场地的布置、巷道穿过的岩层条件及开拓期限等。

地表地形在某种程度上起着极为重要的影响，并且在很大程度上还决定着井口的地面运输。当地形有利时，可以从井口铺设窄轨铁路通向选矿厂，其土石方工程量均比较少；当地形不利时，则甚至要用架空索道来转运。

地面工业场地，是指需要在井口周围布置采矿生产设施、矿石加工的地面工艺设施及修理设施等。这些设施一般要按生产流程的要求进行合理的布置，需要占有较大的场地。尤其是选矿厂的位置，对主要开拓巷道位置的确定有着决定性的影响。按照一般情况，选矿厂按其工艺流程的需要应设在有 5°～20°坡度的山岳地带，而且要与就近的外部运输有比较简便的连接。选矿厂位置还要考虑方便排沙和水电供给问题，它在众多设施布置中较为特殊。选矿厂位置一经选定，有时为简化地面矿石运输，将井筒直接开在选矿厂储矿仓的上侧，使从井筒提升上来的矿石直接卸入储矿仓；或者通过简捷途径将矿石从井口运向

选矿厂，而不是绕运或井下地面迂回运输，因此在最终选定井筒位置时要和选矿厂厂址的选择一起考虑。

从岩层的地质条件考虑，主要开拓巷道所穿过的岩层性质，直接关系到巷道掘进施工与维护的难易，并影响到以后整个矿床开采期间的安全。主要开拓巷道必须避开断层破碎带、流沙层及溶洞性含水岩层。因为在这些岩层中掘进，不仅松散破碎，而且一般含水，有的甚至可能与上部地面河床保持裂隙相通，致使掘进非常困难，并且还潜藏着一定的危险。

为了可靠地确定主要开拓巷道的位置，事先都应在其定点周围，即距井筒中心不超过15m的地方，钻进若干个钻孔进行检查，钻孔的深度要超出井深3~6m。至于斜井，则至少要打三个彼此间距小于50m、与井筒中心线垂直的钻孔，以检查岩层的层位、地质构造、水文地质条件及矿岩的物理力学性质等。具体地说要查清以下几方面的资料：

（1）表土的深度，土质颗粒组成，湿度、孔隙度、容重、自然安息角、内摩擦角、抗压与抗剪强度等；

（2）表土与基岩接触带的厚度、倾角、基岩风化深度、节理发育程度等；

（3）各层基岩的厚度、倾角、岩层地质构造要素、岩石的硬度、容重、内摩擦角及抗压强度等；

（4）有无含水岩层及溶洞，其厚度、含水程度，地下水标高，渗透系数与漏水量，水质分析及地下水的流动方向等。

上述资料都是工程地质设计的基础。只有经钻孔检查分析认可，确认该处地质条件适合于井巷开掘时，才能对该点位置做出最终的选定。

4.2.6　具体位置确定的步骤

主要开拓巷道位置确定的步骤是首先确定其安全位置，其次确定其合理位置，最后确定具体位置。

确定主要开拓巷道位置的方法：在综合考虑各种主要影响因素的基础上，按各种主要影响因素，逐步确定主要开拓巷道的安全、合理与可能的位置。确定主要开拓巷道位置的要点是，将主要开拓巷道布置在矿床开采后形成的岩层移动带之外，从而基本上确定了主要开拓巷道在垂直矿体走向方向上（个别情况下为矿体侧翼方向上）的允许位置，即安全位置。

根据力求矿石运输功最小的原则，又基本上可确定主要开拓巷道在沿矿体走向方向上的合理位置范围；结合地表地形与矿床地质条件确定可能布置主要开拓巷道的位置范围，可确定主要开拓巷道的合理位置。

在矿山生产实践中，用上述方法确定了主要开拓巷道的合理位置后，根据地表地形条件和井筒地质情况确定具体位置，为了解井筒拟定穿过的地层的地质情况，检查是否有不利于井筒掘进与维护的因素，往往要先打检查钻孔。检查钻孔位于选定的井筒位置的附近，与井筒中心线的距离不得超过15m，并超深于井筒3~5m。当主要开拓巷道为斜井时，则至少需要打三个彼此间距小于50m与井筒垂直的钻孔。经钻孔检查，确认该处地质条件适宜开掘井巷后，即可进行主要开拓巷道的掘进施工。

—— 本 章 小 结 ——

主要开拓巷道是指完成从地下提升矿石到地表的开拓井巷，是井下开采中最重要的工程。本章主要介绍了各种主要开拓巷道（竖井、斜井、平硐、斜坡道）的特点，地表移动范围的圈定方法，保安矿柱的圈定方法，主要开拓巷道位置的确定方法和确定步骤；介绍了安全开采深度，岩石移动角、崩落角，建筑物和构筑物的保护级别等概念。

复习思考题

4-1　什么是主要开拓巷道，包括哪些巷道？

4-2　哪些因素影响主要开拓巷道类型选择？

4-3　什么情况下选用平硐开拓法，什么情况下选用竖井开拓法？

4-4　什么情况下选用斜井开拓法，什么情况下选用斜坡道开拓法？

4-5　为什么优先选用平硐开拓法？

4-6　为什么优先选用下盘竖井开拓法？

4-7　什么是安全开采深度，怎么确定？

4-8　什么是崩落带、移动带、崩落角、移动角？

4-9　竖井开拓法和斜井开拓法相比较有什么优缺点？

4-10　国家对建筑物和构筑物的保护级别做了哪些规定？

4-11　主要开拓巷道位置确定的方法有哪些，主要开拓巷道位置确定的原则是什么？

4-12　崩落角和移动角的大小与哪些因素有关？

4-13　井筒的安全位置怎么确定，井筒的合理位置怎么确定？

4-14　确定井筒的具体位置还应考虑哪些因素？

5 辅助开拓工程

任何一个矿井，要保持正常生产，必须要有两个或两个以上通达地面的独立出口，以利于通风及安全出入，主要开拓巷道一般只供提升和运输矿石。辅助开拓巷道主要是提供矿井的通风、上下人员、设备和材料、提升废石。有时任务过于饱满，还将间或提升一部分矿石的任务，辅助开拓巷道还应完成溜矿，输送充填料、布设管道及其他为采矿而开掘的各种专用硐室设施等。辅助开拓巷道包括副井（平硐）、通风井、溜井、充填井、石门、井底车场及井下硐室等。

具体而言，辅助开拓巷道工程的作用有：

(1) 安全出口，安全规程规定要求地下开采不得少于两个安全出口；

(2) 井下通风，需有单独的进风与出风井巷；

(3) 解决提升与水平运输的衔接；

(4) 满足人员上下、设备调配、废石排出、变电、排水、地下破碎装载、充填、机修等要求。

5.1 副井硐与风井硐

5.1.1 副井硐

副井硐是指副井与副平硐，和主井、主平硐是相对应的，也属Ⅰ级保护物。它的作用是辅助主井硐完成一定量的提升任务，并作为矿井的通风和安全通道。副井硐根据需要可安装提升或运输设备、行人管道间格，通过它辅助提升设备、材料和人员，或者提升废石和一部分矿石。

副井硐的配置，在不同的开拓方法中，有不同的配置要求。竖井开拓，用罐笼井作提升井时，一般不开副井，由罐笼井来承担副井的作用；用箕斗井或混合井作提升井时，由于井口卸矿会产生大量粉尘，影响入风，故安全规范规定，不允许箕斗井和混合井作入风井。为解决入风问题，必须开掘副井，与另掘专为排风的通风井构成一个完整的通风系统。罐笼井也需与另掘专为排风的通风井构成成对的通风系统。斜井开拓，主斜井装备串车或台车时，和竖井的罐笼井一样，可以不开副井，利用串车或台车进行辅助提升，并作为入风井使用；主斜井装备箕斗时，必须开掘副井；若主斜井装备胶带运输机，在胶带运输机一侧又铺设轨道作辅助提升时，可以不开副井；仅装备胶带运输机，仍需单独开掘副井。副井为竖井时提升容器为罐笼，罐笼可以是单层或双层、单罐或双罐。副井中应设管缆间和梯子间，人梯应随时保持完好，以作备用安全出口。副井为斜井时，可用串车或台车提升。

对于平硐开拓，其辅助开拓系统有多种形式。

（1）通过副井（竖井或斜井）联系平硐水平以上的各个阶段。此副井可以开成明井，直接与地面联系；也可开成盲井经主平硐与地面联系。提升量大的矿山应尽量采用明井。

（2）在主平硐水平以上每个阶段或间隔一个阶段用副平硐与地面联系。这种副平硐可用来通风或排弃废石；若兼作其他辅助运输使用时，要从地表修筑山坡公路或装备斜坡卷扬，以便和工业场地相联系。

（3）采用上面两种结合形式，即用副竖井提升人员、设备和材料，而用副平硐排放废石。

副井硐的具体位置，应在确定开拓方案时和主井硐的位置做统一考虑。副井硐位置确定的原则也和主井硐相同，所不同的只是副井硐与选矿厂关系不大，不受运矿因素的影响。副井硐与主井硐的关系，既可集中布置，又可分散布置，如图5-1所示。

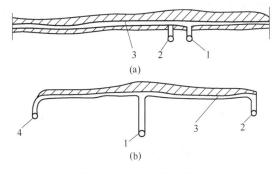

图 5-1 主副井布置形式
（a）集中布置；（b）分散布置
1—主井；2—副井；3—平巷；4—风井

如果地表地形和运输条件允许，副井应尽可能和主井靠近，两井之间保持不小于30m的安全防火间距，这种布置形式称为集中布置。如果地表地形条件和运输条件不允许作集中布置，则副井只能根据工业场地、运输线路和废石场位置等另外选点，两井筒间会相隔很远，这种布置形式称为分散布置。

集中布置有以下优点：

（1）地面工业场地布置集中，可减少平整工业场地的土石方工程量；

（2）两井井下的井底车场可以联合，既减少基建工程量又便于生产管理；

（3）井筒相距较近，开拓工程量少，能缩短基建时间；

（4）井筒布置集中，有利于集中排水；

（5）井筒间容易贯通，有利于通过副井对主井进行反掘，加快主井的延接。

集中布置也存在以下缺点：

（1）两井相距较近，若一井发生火灾或其他灾变，将会危及另一井筒的安全；

（2）如果副井为入风井，主井为箕斗井，两井相距很近，则副井入风易受主井井口卸矿时的粉尘污染，对于这种情况，主井井口最好安设收尘设施或在主副井之间设置隔尘设施。

图5-2是某铅锌矿用上盘竖井开拓时主副井中央集中布置的实例。该主副井布置在矿体上盘的中央，相距45km，主井净直径4m，用3.1m³的双箕斗提升矿石；副井净直径

5.5m，供提升人员、设备、材料及废石，副井与东西两侧的回风井构成完整的通风系统，由副井入风，东西两回风井回风，形成中央对角式通风系统。

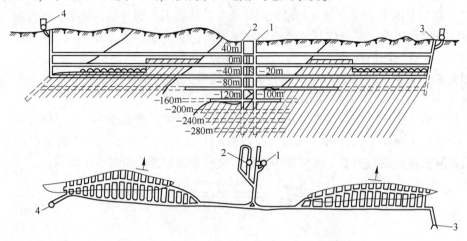

图 5-2　某铅锌矿的主副井中央集中布置实例
1—主井；2—副井；3—东风井；4—西风井

分散布置的优缺点，恰好与集中布置相反。

一般大中型矿山，矿石运输量和辅助提升工作量均较大，只要地表地形条件和运输条件许可，以取集中布置更为有利。

井筒开拓时，副井的深度一般要超前主井一个阶段。而平硐开拓法，副井的高度一般要满足最上面一个阶段的提升要求。

5.1.2　风井硐

5.1.2.1　概述

每个矿井都必须有进风井和出（回）风井。副井及用罐笼提升的主井均可作入风井，也可作回风井。箕斗主井一般不得作进风井用，但可作回风井用。由于用抽出式通风时，回风井要密闭，用压入式时进风井要密闭，而提矿主井及其井架、井口建筑密闭困难，因此有条件时可设专用风井。风井的类型有竖井、斜井，也有平硐，所以一般风井是泛指通风井与通风平硐。每一个生产矿井，从满足通风的要求上，至少要有一个进风井（进风平硐）和一个回风井（回风平硐）。凡井口不受卸矿污染、不排放废石的井筒或平硐，如罐笼井、不受溜井卸矿污染的主平硐等，都可用作进风井；而回风井则需要专门开掘。从节省基建工程量着眼，有时也可利用矿体端部的采场天井作回风井用。此时，天井的断面和它的完好程度应该满足回风要求。回风井一般不应考虑作正常生产时的辅助提升和主要行人通道。专用风井的数量与矿井采用的通风系统有关。采用全矿井统一的通风系统，至少要有两个供通风用的井硐；采用分区通风的矿井，则每个分区也至少要有两个供通风用的井硐，分区之间通风是互相独立的。通常在下列条件下考虑采用分区独立的通风系统。

（1）矿床地质条件复杂，矿体分散零乱，埋藏浅，作业范围广，采空区多且与地表贯通。这时，用集中进风和集中回风可能风路过长、漏风很大，不利于密闭；而用分区通风可减少漏风，减少阻力且便于主扇迁移。

（2）围岩或矿石具有自燃危险的、规模较大的矿床。

（3）矿井年产量较大，多阶段开采，为了避免风流串联，采用分区通风。

通风井的位置与通风的布置形式有关。主井为箕斗井时，以箕斗井作回风井，改由副井进风；主井为罐笼井时，以罐笼井作进风井，另掘回风井回风。两井相距不得近于30m；如井口采用防火建筑，也不得近于20m。

按进风井和出风井的位置关系，风井布置有中央并列式、对角式和侧翼对角式三种。

5.1.2.2 通风方式

（1）中央并列式。中央并列式入风井和回风井采用集中式布置在矿体中央，如图5-3（a）所示。主井为箕斗井时，由主井回风；主井为罐笼井时，为减少漏风，最好由主井进风副井回风，此时人员若从副井进出会处于污风流中。

（2）中央对角式。中央对角式入风井位于井田中央，两个回风井位于井田的两端。图5-3（b）是主井为罐笼井作入风井时的布置图。如果主井为箕斗井时则需另开副井作进风，如图5-4所示。

（3）侧翼对角式。侧翼对角式入风井布置在井田的一端，回风井布置在井田的另一端，由罐笼井入风，如图5-5所示。同样，如果用箕斗提升，还要另开副井进风。

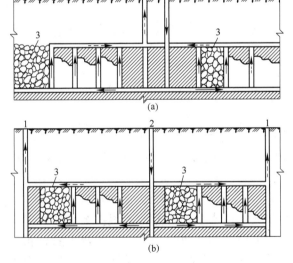

（a）

（b）

图5-3 中央并列式与对角式布置

（a）中央并列式；（b）对角式

1—副井；2—主井；3—已采完矿块

图5-4 副井进风中央对角式布置平面图

1—主井；2—进风副井；3—出风井

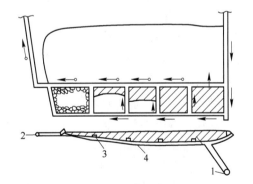

图5-5 侧翼对角式布置

1—主井；2—副井；3—天井；4—沿脉平巷

5.1.2.3 中央式和对角式的比较

（1）中央式的优点：具有主副井集中式布置的优点；入风井和回风井布置在岩石移动带内时可共用一个保安矿柱；入风井和回风井可很快连通，形成通风系统，采用前进式回采时能提前出矿。

（2）中央式的主要缺点：具有集中式布置的缺点；通风风路长，风压比对角式的大

30%～40%，而且风压随回采工作面推进而不断变化；进风井和回风井相距很近，特别是采用前进式回采时采空区易产生漏风和短路，脉内回风巷道也难以维护。

（3）对角式的优点：风压较小而且稳定，漏风量小，通风工作简单可靠，通风费用较低，安全；出口多，井下发生事故时，安全性较好；当一翼风机发生故障时，可利用另一翼风机维持通风。

（4）对角式的缺点：井筒间的联络巷道很长，而且必须在回采工作开始前掘通，因此基建时间长，投资大；若采用后退式采矿，脉内回风巷道难以维护；需要掘进两条风井，掘进费用较高。

5.1.2.4 通风方式选择

阶段运输平巷在脉内掘进的矿山采用前进式回采时，多采用对角式通风，后退式回采时多采用中央式通风。金属矿山多采用对角式通风，因为冶金矿山走向一般都不大，使对角式的缺点不突出。

从金属矿山的应用现状来看，对角式布置较为普遍。大型矿山一般采用双翼对角式，即在井田中央布置主、副井，井田两翼各布置回风井。这些回风井可以布在两翼的侧端，或两翼的下盘；可以开竖井，也可以掘斜井，根据地形地质条件和矿体赋存条件来决定。中小矿山，因矿体沿走向长度不大，一般采用单翼对角式，且常利用矿体两翼所掘探井，改造成作回风井使用。

中央式布置最适宜在下列条件下选用：

（1）矿体走向较短、埋藏较深，或因受地形、地质构造限制，不便在矿体边界开掘井筒；

（2）需用进风井作辅助提升，或由于延深井筒的需要；

（3）为使地面工业场地集中，减少井筒的保安矿柱矿量；

（4）为加速矿井投产，采用前进式开采。

开采浅部矿体采用对角式通风的小型矿山，可用有梯子间的通风小井代替边部的副井。开采浅部极薄与薄矿体时，也可沿走向开几个通风小井将上部阶段巷道与地表连通，实行分区通风。

井田范围很大的大型矿山，有时也开掘几个专用通风井筒实行分区对角式通风。

通风井巷经济断面是从经济性、合理性和施工技术上的可能性等因素综合分析来确定，经济性是指井巷的掘进费、服务期间内的维护费和通风动力费等三种费用的总和最小。合理性是指所确定的井巷断面能够满足风速极限的要求；施工技术上的可能性是指所确定的断面在掘进技术上方便可行。根据计算和实际工作经验，井巷断面越大，通风阻力越小，通风费用也越少。但井巷断面越大，掘进维护费用越大。所以在选择通风巷道断面时，应全面考虑这两方面的因素，使各种费用的总和最小。合理断面还必须经过风速检验。

通风要求可按下式验算

$$V = \frac{Q}{S_0} \leqslant V_R$$

式中 V——井筒中的风速，m/s；

　　　　Q——通过的风量，m^3/s；

S_0——风井断面积，m^2；

V_R——风井允许风速，m/s，可查有关设计手册。

5.2 阶段运输巷道

5.2.1 概述

矿床开拓如按开拓巷道的空间位置，可分为立面开拓和平面开拓。竖井、斜井、风井、溜井、充填井，以及矿石破碎系统等的布置，包括确定其位置、数量、断面形状及尺寸等，属于立面开拓。井底车场、硐室、阶段运输巷道、石门等的布置，则属平面开拓。

阶段平面开拓又分为运输阶段和副阶段。运输阶段一般是指形成完整的阶段运输，通风和排水系统，并和井筒有直接运输连接的阶段水平。在运输阶段内，开掘有井底车场、硐室、阶段运输巷道、石门等工程，它能将矿块运搬的矿石直接运出地表，或将矿块生产所需要的、设备、材料、人员等，不经转运直接运往矿块下部水平。副阶段则是指上下运输阶段之间增设的中间阶段。副阶段和运输阶段的区别是：它不和井筒直接连接，需通过其他巷道才能与运输阶段相连接。

运输阶段按运输的方式不同，又可分为一般运输水平和主要运输水平。凡采用分散运输，即从每个阶段内采场放出的矿石，直接经运输平巷运往井底车场，有独立运输功能的均属一般运输水平，主要运输水平是指上部各阶段的矿石通过其他运输方式集中运往此运输水平，而后运往井底车场或破碎系统。

5.2.2 阶段运输巷道的布置要求

阶段运输巷道的布置需要和石门、采区变电所、炸药库等工程的布置共同研究确定。

阶段运输巷道是为阶段开拓服务的，应从整个阶段的运输、行人、通风、排水、供水、供压、充填等系统来研究它的布局。对规模不大的矿体，从节约开拓费用角度，也常将主要运输平巷与探矿平巷或采准运输平巷相结合，使其既适应开拓要求，又满足为探矿工作服务。

阶段中主要运输平巷布置的合理与否，不仅影响到开拓工程量和它所承担项目的服务效果，而且也直接影响到井下工作人员的安全与工作条件。

阶段运输巷道的布置就是要确定其形式、规格、位置、数量、断面形状及尺寸等，解决好这些问题的前提是必须满足以下各项要求。

(1) 必须满足阶段运输能力的要求，矿山为了保证计划年产量的完成，按计划每个生产阶段都分配有生产任务。主要运输平巷的运输能力必须和采场的生产能力及井底车场的通过能力相适应，在规定的时间内将矿岩、设备、材料运往相应的地点，并根据生产的发展需要，留有一定的备用余地。

(2) 要适应阶段内矿体的平面形状和矿岩的稳固条件，主要运输平巷一般都是沿矿体下盘边界线布置，以适应探矿和装矿要求，考虑到矿体的平面形状变化，也可以布置在下盘脉外。脉外布置平巷，能尽量保持巷道的直线性，对方便运输、铺道、增强通风、防火与安全有利；巷道应尽量布置在稳固的矿岩内，以利于巷道维护及后阶段的矿柱回采。

（3）要避开地压的影响，主要运输平巷当开采本阶段时作运输巷道使用，到开采相邻的下阶段时又作回风或充填巷道使用。由此可见，主要运输平巷必须完整保持到下一阶段回采结束。采用崩落法的矿山，就要考虑回来下阶段时采场地压的影响。为了不使运输平巷的可靠性受到破坏，事先设计选位时，应尽可能避开崩落移动范围。

（4）应贯彻探采结合的原则，布置阶段探矿巷道时，应该尽量照顾到以后生产需要，使它既能满足于探矿，又有利于阶段开拓和矿块采准。在生产使用时，也应尽量利用探矿巷道，使探采总的掘进工程量达到最小。

（5）要结合所用的采矿方法和矿柱回采方法，主要运输平巷既是开拓巷道，以后又为阶段内各矿块的采切和回采服务。因此，主要运输平巷的布置必须结合所用采矿方法的特点，使它既适应矿房回采，又适应矿柱回采。

（6）满足装矿、运输、通风、防火等工艺要求，采场出矿点位置与出矿方式一经确定，出矿点与主要运输平巷之间的巷道形式，就要适应运输形式和装矿要求。如用电机车牵引出矿，为使横巷出矿与平巷运输互不干扰，装矿点与平巷之间的布置就要适应列车运行的要求。用铲运机出矿，要保证铲运机在直道的条件下铲取矿岩。沿铲运机回转半径布置线路，在通风防火要求上，主要运输平巷要有明确的进风和回风路线，并有切断和隔离的可能。上下阶段同时回采时，本阶段的新鲜风流不能受其他阶段污风的污染。

除此之外，平面开拓系统要求简单紧凑、工程量小、开拓时间短、工作条件好。

对于主要运输平巷的具体布置，包括按阶段生产能力、运输类型及其在巷道内的回车方式等确定主要运输平巷的布置形式；和按通风和充填系统、矿岩稳固条件及采矿方法要求等确定主要运输的条数、线数、尺寸及位置。

5.2.3 阶段运输巷道的布置形式

5.2.3.1 单一沿脉布置

单一沿脉布置可分为脉内布置和脉外布置。按线路布置形式又可分为单轨会让式和双轨渡线式。

单轨会让式线路布置形式，如图 5-6（a）所示。除会让站外运输巷道皆为单轨，重车通过，空车待避或相反。因此，通过能力小，多用于薄矿体或中厚矿体中。

当阶段生产能力增大时，采用单轨会让式难以完成生产任务。在这种情况下采用双轨渡线式布置，如图 5-6（b）所示。在运输巷道中设双轨线路，在适当位置用渡线连接起来，这种布置形式可用于年产量 20 万~60 万吨的矿山。

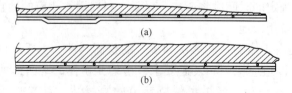

（a）

（b）

图 5-6 单一沿脉平巷布置

（a）单轨会让式；（b）双轨渡线式

在矿体中掘进巷道的优点是能起探矿作用和装矿方便，并能顺便采出矿石，减少掘进费用。但矿体沿走向变化较大时，巷道弯曲多，对运输不利。因此，脉内布置适用于规则的中厚矿体、产量不大、矿床勘探不足和品位低不需回收矿柱的条件。

当矿石稳固性差、品位高、围岩稳固时，采用脉外布置，有利于巷道维护，并能减少矿柱的损失。对于极薄矿脉，应使矿脉位于巷道断面中央，以利于掘进时适应矿脉的变化。如果矿脉形态稳定主要考虑巷道维护时，应将巷道布置在围岩稳固的一侧。

5.2.3.2 下盘沿脉双巷加联络道布置

下盘沿脉双巷加联络道布置分为下盘环形式和折返式，如图 5-7 所示。

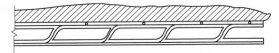

图 5-7 下盘沿脉双巷加联络道布置

下盘沿走向布置两条平巷，一条为装车巷道，一条为行车巷道，每隔一定距离用联络道联结起来，采用环形联结或折返式联结，这种布置是从双轨渡线式演变来的。其优点是行车巷道平直有利于行车，装车巷道掘在矿体中或矿体下盘围岩中，巷道方向随矿体走向而变化，有利于装车和探矿。装车线和行车线分别布置在两条巷道中，生产安全、方便，巷道断面小有利于维护；缺点是掘进量大。因此，这种布置多用于中厚矿体和厚矿体中。

5.2.3.3 沿脉平巷加穿脉布置

沿脉平巷加穿脉布置一般多采用下盘脉外平巷和若干穿脉配合，如图 5-8 所示。从线路布置上看，采用双线交叉式，即在沿脉巷道中铺双轨，穿脉巷道中铺单轨。沿脉巷道中双轨用渡线联结，沿脉和穿脉用单开道岔联结。

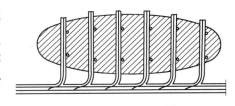

图 5-8 沿脉平巷加穿脉布置

沿脉平巷加穿脉布置的优点是阶段运输能力大，穿脉装矿生产安全、方便、可靠，还可起探矿作用；缺点是掘进工程量大，但比环行布置工程量小。因此，这种布置多用于厚矿体，阶段生产能力为 60 万~150 万吨/年。

5.2.3.4 上下盘沿脉巷道加穿脉布置（即环形运输布置）

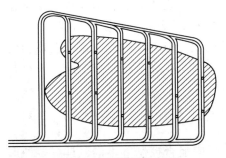

图 5-9 环形运输布置

环形运输布置从线路布置上看设有重车线、空车线和环行线，环行线既是装车线，又是空、重车线的连接线，如图 5-9 所示。从卸车站驶出的空车，经空车线到达装矿点装车后，由重车线驶回卸车站。环行运输的最大优点是生产能力可以很大，穿脉装车生产安全方便，也可起探矿作用；缺点是掘进工程量很大。因此，这种布置通过能力可达 150 万~300 万吨/年。

这种布置多用在规模大的厚矿体和极厚矿体中，也可用于几组互相平行的矿体中。当开采规模很大时，也可采用双线的环形布置。

5.2.3.5　平底装车布置

平底装车布置方式主要是随着采用高效率的装矿设备和平底装车结构的出现而发展起来的。这种布置有两个主要特点：一是装矿设备直接在运输水平装车；二是装矿点之间的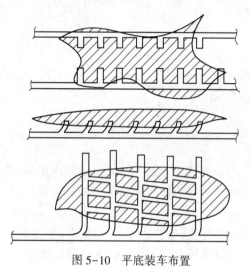距离不可能很远，一般只有 6～8m。这种布置方式在井下运输采用汽车、装车采用铲装机、主要开拓巷道采用斜坡道的开拓运输方式的发展而发展迅速，其特点是不需布置复杂的底部结构，避免了回采底部结构使损失与贫化增大，同时减少了采准工程量。矿石直接装入井下运输汽车，经斜坡道运输到地表，减少了中间倒运环节，降低了提升运输费用。

必须指出，上述仅是一些基本的布置形式，而在实际布置中矿体的形态、厚度和分布等往往是复杂多变的，生产上要求也是不同的，因此，阶段运输巷道的布置也必须根据具体条件灵活掌握。平底装车布置如图 5-10 所示。

图 5-10　平底装车布置

5.3　溜　井

溜井是指利用自重从上往下溜放矿石的巷道，它在平硐开拓或竖井开拓的矿山获得广泛应用。习惯上所指的溜井有两种：一种是供上部阶段转放矿石或废石到下部阶段或下部矿仓，为一个或多个阶段服务的，称为主溜井，它属于辅助开拓巷道；另一种是供采场内转放矿石到阶段运输巷道，为一个或多个采场服务的，称为采场溜井，它属于采准巷道。

溜井放矿简单可靠，管理方便，尤其是在开采水平与主要运输水平之间，高差越大、穿过矿岩越稳固，就越显出这种放矿的优越性。如平硐开拓矿山，将主平硐以上各阶段采下的矿石，经溜井转放到主平硐，可以实现集中运输。竖井开拓矿山，将几个阶段的矿石集中溜放到下部某一阶段，可以实现集中破碎和集中出矿。这对于节省提升、运输设备，节约动力及材料消耗，都将发挥重要的作用。但也要看到，溜井放矿对于黏结性很大的矿石，或选矿对破碎程度有特殊要求的，并不能适用。溜井放矿的缺点是一旦当溜井出现故障，将会影响到阶段运输能力和竖井的提升能力。因此，正确选择和设计溜井的形式、结构参数、生产能力及合理位置等，将又是矿床开拓工作中的一项重要任务。

5.3.1　溜井的结构形式

溜井按其开掘的倾角、溜放阶段的数目及溜放过程中能否控制等不同，具有多种形式。图 5-11（a）、（e）属单阶段型；图 5-11（b）、（c）、（d）、（f）、（g）属多阶段型；

图 5-11（a）、（b）属垂直型；图 5-11（e）、（f）属倾斜型；图 5-11（c）、（d）为控制型；图 5-11（b）、（f）、（g）为非控制型。

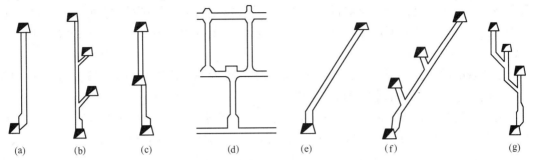

图 5-11　溜井的结构形式

（a）单阶段垂直溜井；（b）多阶段分枝垂直溜井；（c）多阶段分段控制垂直溜井；
（d）多阶段分段溜井；（e）单阶段倾斜溜井；（f）多阶段分枝倾斜溜井；（g）多阶段瀑布溜井

与倾斜溜井相比，垂直溜井易于施工，便于管理，矿石呈中心落矿，对井壁的冲击磨损小，磨损主要在上口；但中心落矿冲击力大，矿石容易冲碎。倾斜溜井通向溜井的石门长度较长，溜井大量磨损在溜井底壁。

与多阶段溜井相比，单阶段溜井的施工与管理都较简单，而且可以在溜井内储矿，这对降低矿石在溜井内的落差，减轻矿石对溜井壁的冲击磨损，调节上下阶段矿石的运输量，都是十分有利的。多阶段卸矿溜井中储矿高度受到限制，由于落差高，放矿冲击力大，对溜井壁的磨损也较为严重。

与多阶段分枝溜井相比，分枝溜井的分枝处不易加固，但易堵塞；分枝对侧溜井壁的磨损比较严重，而且分枝较多时难以控制各阶段的出矿量。采用分段控制溜井每个阶段都要设置闸门与转运硐室，它可以控制各阶段的矿石溜放，限制矿石在溜井中的落差，减轻矿石对溜井壁的冲击与磨损；但对这些设施的安装与控制，使生产管理更为复杂化。

瀑布式溜井是上阶段溜井与下阶段溜井间通过斜溜道相连，矿石以瀑布的形式从斜溜道溜下。这种结构形式相对缩短了矿石在溜井中的落差高度，对减轻溜井壁的冲击磨损能起一定的作用，但给施工和处理堵塞工作带来很大困难。所以，除岩层整体性好、稳固、坚硬的地段，以及生产规模不大的矿山有使用外，一般应用较少。

5.3.2　溜井的结构参数

溜井按其结构上部为溜矿段，下部为储矿段，与各阶段水平连接处设有接口。储矿段供调节生产出矿用，断面比溜矿段要大。多阶段溜井的储矿段设在最下一阶段的分枝点以下。

溜井的结构参数是指溜矿段与储矿段的断面形状、尺寸、倾角及长度。

溜井的断面形状通常取圆形或矩形。圆形断面稳定性好、利用率高、易于开掘，垂直溜井一般开成圆形。倾斜溜井开成圆形有困难，特别是用双溜口的储矿段，故一般改用矩形，斜溜道用拱形。

溜矿段的断面尺寸主要取决于被溜放矿石的最大块度，并与矿石的黏结性、湿度、含粉量的多少有关。溜矿段的直径或最小边长与溜过矿石的最大合格块度之比，称为通过系数，当通过系数大于 3 时，溜井一般不会堵塞。溜井的直径或最小边长也就取等于矿石最大合格块度乘以通过系数。当矿石的黏结性增高、湿度增大、粉矿量增多时，断面尺寸应适当加大。储矿段的断面尺寸，由于要求调节出矿，减少溜口堵塞，其直径或最小边长通常比溜矿段大 1.5~2m。

溜矿段的倾角，要按上部加压情况下的溜放条件考虑，比矿石的自然安息角要大，即大于 50°。储矿段的倾角则大于粉矿堆积角。

溜矿段的长度取决于溜井所服务的阶段数目、阶段高度、溜井所在位置的矿岩稳固性，以及溜井的掘进方法等。岩性好，掘进容易，且溜井内需储存矿石时，长度可取大；不储矿时考虑溜井受冲击磨损，不宜取大。目前，垂直溜井的最大长度已达 600m 以上。倾斜溜井的长度一般达 100~250m，个别矿山到 330m。

溜井储矿段的高度，应根据该段的直径及所溜矿石的粉矿堆积角来决定，可在 8~30m 范围内选取，通常取 10~15m，但要考虑有 0.1~0.2 倍的储矿波动。扩大的储矿段与溜矿段之间，要以 45° 或 60° 的收缩角接界。

5.3.3　溜井与阶段水平的接口

溜井根据与上下阶段水平的接口分上口、中口和下口。上口专供卸矿，下口专供装矿，中口则通过斜溜道供中间阶段卸矿。

5.3.3.1　溜井的上口结构

溜井与它所服务的最上部一个阶段水平的连接口称为溜井上口。溜井上口为卸矿石的卸矿口。

卸矿口的结构形状有喇叭形与直筒形两种。在正常情况下采用翻车机硐室卸矿（见图 5-12），或采用底卸式矿车自卸（见图 5-13），均用喇叭形卸矿口。喇叭口的尺寸根据该卸矿方式来定。一般情况下采用翻转车厢式卸矿硐室（见图 5-14），或曲轨侧卸式矿车自卸（见图 5-15），因其卸矿长度短，均采用直筒形卸矿口。

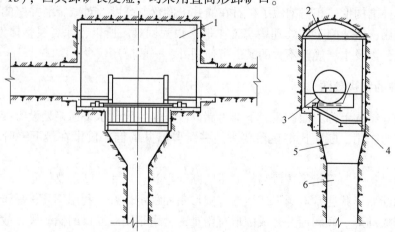

图 5-12　翻车机硐室

1—硐室；2—吊车梁；3—翻车机；4—格筛；5—溜井上口；6—溜井

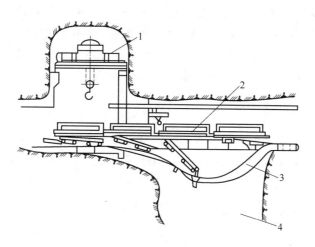

图 5-13　底卸式矿车卸矿示意图
1—吊车；2—底卸式矿车；3—卸载曲轨；4—溜井

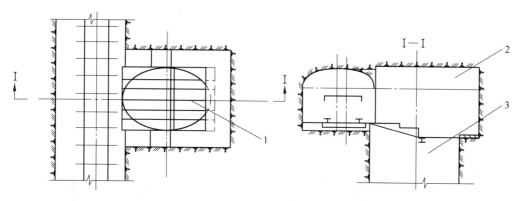

图 5-14　翻转车厢式矿车卸矿硐室
1—格筛；2—卸矿硐室；3—溜井

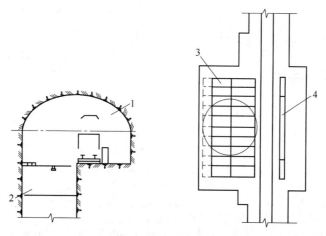

图 5-15　曲轨侧卸式矿车卸矿硐室
1—卸矿硐室；2—溜井；3—格筛；4—卸载曲轨

为防止粉矿堆积，喇叭口的倾斜坡度要大于 55°。卸矿口要装设格筛，以阻止不合格的大块卸入溜井。格筛一般要安装成 15°~20° 的倾角，使不能过筛的大块能滚到格筛两侧或卸矿方向进行处理，格筛采用钢轨、钢管、锰钢条等加工制成。格筛两侧及卸矿应留出不小于 0.6m 的工作平台，作处理大块用。

5.3.3.2 溜井的中口结构

多阶段溜井与它所服务的中间阶段的接口称为溜井中口。

溜井中口的卸矿硐室与溜井之间用斜溜道连接，有长溜道和短溜道，如图 5-16 所示。斜溜道的倾角应大于矿石的自然安息角，一般取 45°~55°。

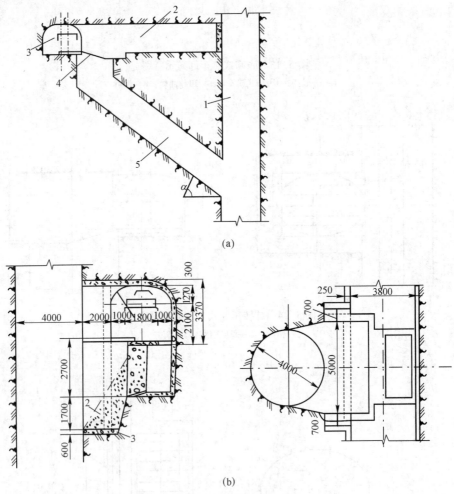

图 5-16 溜井的中口结构（单位为 mm）

（a）长溜道连接；（b）短溜道连接

1—溜井；2—施工平巷；3—卸矿硐室；4—格筛；

5—斜溜道；α—溜道倾角

斜溜道的长度，按溜井与卸矿硐室之间保持 4~8m 安全岩柱的要求来确定，但不宜过长，以减轻矿石对井壁的冲击和磨损。斜溜道的宽度取等于或大于矿石最大合格块度的

4~5 倍，但不宜小于 2.5m；高度取等于或大于矿石最大合格块度的 3~4 倍，但不宜小于 2m。

斜溜道与溜井间的尖角接口应根据岩石情况进行支护。

5.3.3.3 溜井的下口结构

溜井下部与装矿硐室或箕斗装载硐室相连接处的出口结构称为溜口。溜口下安有闸门。溜口是溜井放矿的咽喉，矿石经常在溜口处堵塞。因此，欲使溜井正常工作，溜口的结构参数必须正确选择设计。

溜口按形状分为筒形溜口和楔形溜口（见图 5-17 中的 1、4 和 2、3）；按溜口数目又可分为单溜口和双溜口。楔形溜口较筒形溜口更容易堵塞，故设计中多采用筒形溜口。

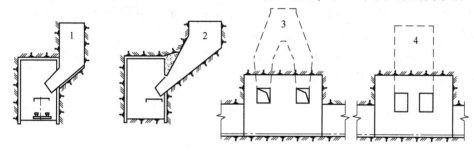

图 5-17 溜口的结构形式
1—筒形单溜口；2—楔形单溜口；3—楔形裤衩式溜口；4—筒形双溜口

筒形溜口的结构参数如图 5-18 所示，分述如下。

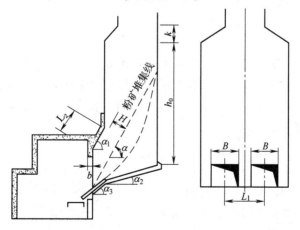

图 5-18 溜井储矿仓及溜口结构参数简图

(1) 溜口宽度 B：溜口最小宽度应按所溜放矿石的性质、块度及装运设备的规格来确定，一般按下式计算

$$B \geqslant 3d$$

式中 d——矿石最大块度，mm。

(2) 溜口高度 H：即溜口额墙至粉矿堆积线之间的距离，一般取

$$H = (0.6 \sim 0.8)B$$

（3）粉矿堆积角 α：指粉矿在储矿段底部长期堆积压实的最大倾角。其实测数值在 $50° \sim 80°$ 之间，通常取 $65° \sim 75°$。

（4）溜口顶板倾角 α_1：当溜口底板堆积粉矿后，应保证溜口仍有一定的高度，使矿石顺利流通。因此，溜口顶板倾角应等于或大于粉矿堆积角。

（5）溜口内坡角 α_2：指储矿段底板的倾角。为使储矿段底板能堆积一定厚度的粉矿，以保护底板井使溜口顺利放矿，其角度应小于溜放矿石的自然安息角，通常取 $\alpha_2 \leqslant 35°$。

（6）溜口倾角 α_3：为保证顺利放矿，但又不致发生跑矿，溜口倾角一般比矿石的自然安息角大 $2° \sim 4°$，即 $\alpha_3 = 38° \sim 45°$。

（7）溜口斜脖长度 L_2：为控制放矿速度，保证闸门安全，斜脖不宜太长或过短，一般取 $L_2 = 0.8 \sim 1.2 \mathrm{m}$。

（8）溜口额墙厚度 b：额墙受矿石的冲击磨损很严重，为保证放矿闸门的安全，额墙应有足够的厚度，一般取 $500 \sim 800 \mathrm{mm}$。

（9）双溜口中心距 L_1：当使用单向双溜口放矿时，应使两溜口与溜井中心对称。溜口中心距离一般取矿车长度的整数倍，即

$$L_1 = nL$$

式中　L——矿车全长，m；

　　　n——矿车数，$n = 1, 2, \cdots$。

（10）溜口与矿车关系：按行车规范，溜口底板下缘与矿车规格之间应保持如下关系（见图5-18）：$\alpha_1 = 150 \sim 200 \mathrm{mm}$，$\alpha_2 = 200 \mathrm{mm}$。

图5-18中的储矿段高度 h_0 可根据储矿段断面直径、溜口底板倾角及粉矿堆积线计算确定。k 为储矿高度的波动系数，$k = (0.1 \sim 0.2) h_0$。

5.3.4 溜井放矿闸门

矿石溜放到运输水平时，需向矿车装矿。常用的装矿方式是从放矿溜井通过漏口闸门或振动出矿机，有时用电耙运搬通过装车平台（缓倾斜矿体或耙矿巷道直接位于运输巷道顶板）装车。在极少情况下，可从放矿巷道底板用装载机将矿石装入矿车，装矿对放矿效率和运输工作都有很大的影响。

5.3.4.1 漏斗闸门装矿

多数底部结构是通过漏斗闸门进行装矿。漏斗闸门形式很多，要根据下列因素选择：通过漏口的放矿数量及使用时间、放矿强度、矿石块度及其形状、矿车规格及容积、运输巷道的规格及支护方法等。

放矿漏斗闸门的结构，应满足下列要求：

（1）闸门动作可靠，关闭和启动迅速，关闭后不漏粉矿，不飞块矿；

（2）闸门的主要构件简单可靠，维修方便；

（3）漏口规格需与矿车尺寸相适应；

（4）漏口装置必须保证装矿工作的安全。

放矿漏口由闸门、底板和侧壁三部分组成。漏口底板倾斜角通常为 $30° \sim 50°$，要根据矿石性质决定：当矿石块度较大时，底板倾角为 $30° \sim 40°$；如果块度较小且有粉矿时，其

倾角为 40°~50°；对于干燥矿石，底板倾角可小些，而潮湿矿石则要求大些。

根据规程要求，漏口底板的末端应深入矿车 150~200mm，且应高出矿车 200mm。漏口宽度主要根据矿石的合格块度和车体长度确定，一般等于矿石合格块度的 3~4 倍，即当合格块度为 400mm 时，漏口宽度为 1.2~1.6m；合格块度为 500~600mm 时，其宽度为 1.5~2.0m。此外，漏口的宽度要保证在矿车不移动位置情况下，就能将矿车装满。

漏口闸门的开闭，可用人力直接操纵或以压气为动力进行操纵。目前，我国地下矿山最常用的闸门结构有木板和金属棍闸门、扇形闸门、指状闸门和链状闸门。

A　插棍和插板闸门

插板闸门这是一种简易漏口闸门，通常在开采薄矿体或放矿量少时采用，如图 5-19 所示。插棍式闸门只能在矿石块度较大且无碎粉矿时使用。

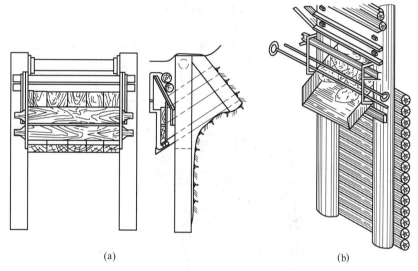

(a) 　　　　　　　　　　　　　(b)

图 5-19　插板式和插棍式漏口闸门

(a) 插板式；(b) 插棍式

B　扇形闸门

扇形闸门是一种结构比较完善的应用较广的重力放矿闸门。单扇形闸门多用于矿石块度较小、溜口矿石流较易控制时，如图 5-20 所示。图 5-21 为双扇漏口闸门，双扇形闸门便于调节放矿口大小和处理漏口堵塞，放矿时先打开小扇形闸门。当出现大块堵塞或需要加快装车速度时，可短暂打开大扇形闸门。当矿车装满到 90% 左右时，只用小闸门继续控制放矿。扇形闸门不易撒漏矿石。

C　指状和链状闸门

指状和链状闸门大多属于大型闸门，用来控制大型矿车装车。漏口规格通常为 1.5m×1.5m，放出矿石块度可达 0.7~0.8m。指状闸门用弯曲钢轨焊接而成，钢轨间距 10~15cm，如图 5-22 (a) 所示。闸门开启用压气缸，关闭靠自重，这种闸门放矿强度大，放出块度大，装车快。链状闸门通常由 5~7 条长 1.2~1.6m 的链条组成，每个链节质量可达 20kg，如图 5-22 (b) 所示。链条挂在钢梁上，下端挂有圆柱状重锤。闸门用压气缸开启，靠自重关闭。与指状闸门相比，链状闸门漏粉矿少，放出块度可更大，维修简便，放矿可靠。

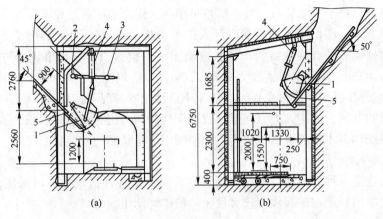

图 5-20　风动单扇形闸门（单位为 mm）

（a）下开式闸门；（b）上开式闸门

1—扇形闸门；2—疏通杆；3—疏通杆手柄；4—闸门启闭压气缸；5—溜口底板

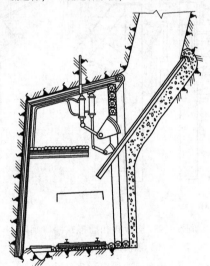

图 5-21　双扇形漏口闸门

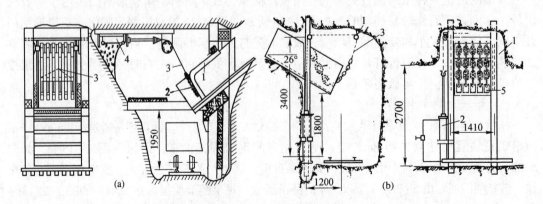

图 5-22　指状和链状闸门（单位为 mm）

（a）指状漏口闸门：1—钢轨；2—链子；3—钢丝绳；4—气缸

（b）链状闸门：1—链条；2—气缸；3—钢绳；4—滑轮；5—重锤

5.3.4.2 漏口给矿机装矿

从 20 世纪 60 年代起，我国已在相当范围内采用漏口给矿机装矿。目前应用较多的是振动式给矿机，使用滚筒叶片式给矿机的较少。振动式给矿机，可用于任何硬度和易结块的矿石，如图 5-23 所示。

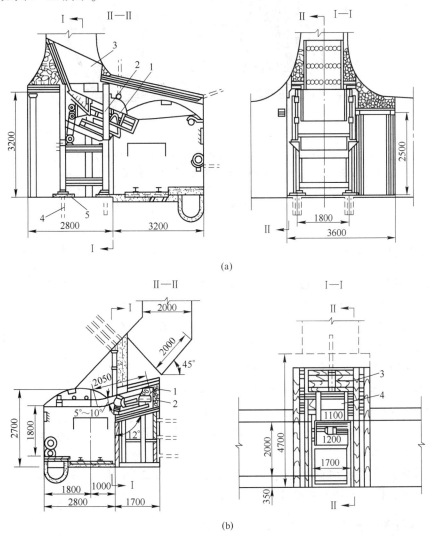

图 5-23 振动给矿机装矿（单位为 mm）

(a) A-1 型给矿机：1—给矿机；2—组合式框架；3—侧面钢板；4—锚杆；5—混凝土

(b) B-1 型给矿机：1—溜槽；2—缓冲器；3—闸门的风动气缸；4—闸板

我国目前采用的振动给矿机的电机功率为 1.5~30kW，长×宽 =（1830mm×810mm）~（5200mm×1360mm），机重 300~400kg，振动台面倾角 10°~20°，设计生产能力 300~750t/h。

图 5-24 所示的滚筒叶片式漏口给矿机是保加利亚制造的，紧靠近倾斜的溜槽下方安装一个直径不大的带短叶片的滚筒，滚筒转动时矿石沿溜槽滚动。为防止矿石自行滚落，

在漏口上面的一根横轴上悬吊几段钢轨，钢轨末端压在矿石上面。轴的一端加长，在排除溜槽堵塞时，应使全部钢轨移至该端轴上。矿石块度小于 400mm 时，这种给矿机装满一辆容积为 $1.7m^3$ 的矿车只需 7~8s。

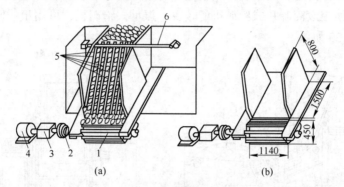

图 5-24　滚筒叶片式给矿机装矿（单位为 mm）

(a) 全貌示意图；(b) 溜槽和滚筒叶片装置尺寸（适于合格块度 400mm）

1—带叶片的滚筒；2—联轴节；3—减速器；4—驱动电动；5—钢轨；
6—轴的一部分，排除堵塞时钢轨移至这部分轴上

5.3.5　溜井的检查巷道

在溜井储矿段的邻侧应设置检查天井和检查平巷，如图 5-25所示。它们的作用是观察溜井的储矿状况、处理溜井堵塞；当加固溜井储矿段时，应搭设安全平台或封闭溜井上部，供检修溜井时上下人员及运送材料。

检查巷道通常布置在储矿段的变坡处、溜井断面的变化处及溜井的转折点等容易发生堵塞的地段。检查平巷从放矿方向的侧面和溜井的储矿段接通，平巷内应设置密闭防护安全门、高压水管、压气管等，以防止溜井卸矿时粉尘进入及供必要的处理操作。

检查天井应布置在运输平巷进风的一侧，与溜井之间留 8~10m 的保安岩柱。天井内要设置行人梯子间。

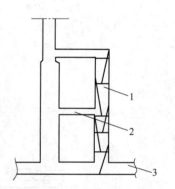

图 5-25　溜井的检查巷道
1—检查天井；2—检查平巷；
3—运输平巷

5.3.6　溜井位置的选择

溜井的位置一般宜选在矿量比较集中的地段，以便于检查管理；尽量使上下阶段的运矿距离缩至最短，但又不构成反向运输。

溜井所在位置的岩石应坚硬、稳固、整体性好，应避开断层破碎带及岩溶、涌水构造发育的地带，并尽可能布置在下盘的移动带以外，以免留设保安矿柱。

溜井的装卸口应尽量避开主要运输平巷，以减少对运输的干扰和粉尘对新鲜空气的污染。

供溜放到箕斗提升井出矿的主溜井，应结合地下破碎硐室及箕斗装载设施的布置一并考虑。

图 5-26 是某铅锌矿采用溜井放矿、箕斗提升的集中出矿系统实例。该矿采用中央主、

副井开拓，主井用箕斗提升矿石。为了在井下完成粗碎（将最大块度为 500mm 的矿石破碎至 200mm 以下），在-220m 水平设置了地下破碎硐室。上部阶段的矿石分别经 1 号、2 号溜井溜至-160m 阶段，再用电机车转运至主副井附近的 3 号溜井，集中溜入破碎硐室。经破碎后暂时储存，然后通过计量从箕斗井中提出地表。

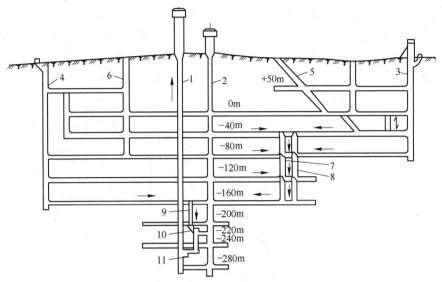

图 5-26　某铅锌矿溜井放矿箕斗提升的集中出矿系统

1—主井；2—副井；3—东风井；4—西风井；5—斜井；6—废石井；7—1 号溜井；8—2 号溜井；
9—3 号溜井；10—破碎硐室；11—箕斗装矿硐室

同时开掘两口溜井的目的，也就是考虑了备用。

5.3.7　溜井的生产能力

溜井储矿段在正常情况下要经常储有一定数量的矿石，也即其上口的卸矿能力必须大于下口的放矿能力。溜井的生产能力主要是指溜井的放矿能力。溜井的放矿能力受上下阶段运输能力的影响，波动范围很大。对装有风动放矿闸门的溜井，可以按下式进行计算

$$W = 3600 \frac{\lambda f \alpha \gamma v \eta}{K}$$

式中　W——溜井的生产能力，t/h；

λ——放矿闸门完善程度系数，一般取 0.7~0.8；

f——放矿口的断面积，m^2；

α——矿流收缩系数，一般取 0.5~0.7；

γ——矿石的堆密度，t/m^3；

v——矿石流动速度，一般取 0.2~0.4m/s；

η——放矿效率，一般取 0.75~0.8；

K——碎胀系数。

生产实践表明，在正常情况下，当上、下阶段的运输能力满足卸矿能力与放矿能力时，每个溜井的生产能力可达 3000~5000t/d。

5.4　井底车场

　　井底车场是井下生产水平连接井筒与运输大巷间的一组近似平面的开拓巷道,如图5-27所示。它担负着井下矿石、废石、设备、材料及人员的转运任务,是井下运输的枢纽。各种车辆的卸车、调车、编组均在这里进行,因此,要在井筒附近设置储车线、调车线和绕道等;同时又是阶段通风、排水、供电及服务等的中继站。在这里,设有调度室、候罐室、翻车机操纵室、水泵房、水仓及变电整流站等各种生产服务设施。

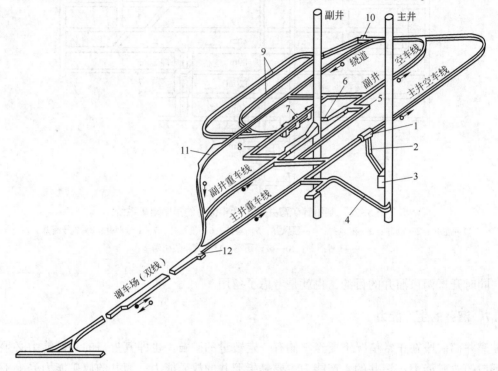

图 5-27　井底车场结构示意图

1—翻车机硐室;2—矿石溜井;3—箕斗装载硐室;4—回收粉矿小斜井;5—候罐室;6—马头门;
7—水泵房;8—变电整流站;9—水仓;10—清淤绞车硐室;11—机车修理硐室;12—调度室

　　井底车场根据开拓方法的不同分为竖井井底车场和斜井井底车场。根据对应井筒的作用分为主井井底车场和副井井底车场;根据井筒类型分为竖井井底车场和斜井井底车场;根据井筒提升设备分为罐笼井井底车场、箕斗井井底车场及混合井井底车场;根据井底车场的形式分为尽头式井底车场、折返式井底车场及环形式井底车场。

5.4.1　竖井井底车场

5.4.1.1　竖井井底车场形式

　　竖井井底车场按使用的提升设备分为罐笼井井底车场、箕斗井井底车场、罐笼-箕斗混合井井底车场和以输送机运输为主的井底车场;按服务的井筒数目分为单一井筒的井底车场和多井筒（如主井、副井）的井底车场；按矿车运行系统分为尽头式井底车场、折返式井底车场和环形井底车场，如图5-28所示。

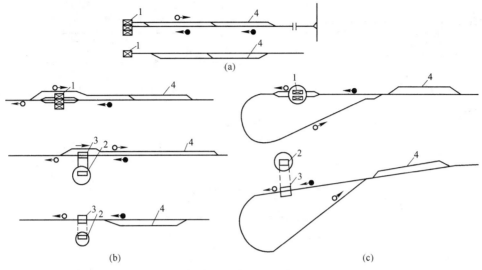

图5-28　井底车场形式示意图

(a) 尽头式；(b) 折返式；(c) 环形

1—罐笼；2—箕斗；3—翻车机；4—调车线路

尽头式井底车场，用于罐笼提升，如图5-28（a）所示。其特点是井筒单侧进、出车，空、重车的储车线和调车场均设在井筒一侧，从罐笼拉出空车后，再推进重车。这种车场的通过能力小，主要用于小型矿井或副井。

折返式井底车场，如图5-28（b）所示。其特点是井筒或卸车设备（如翻车机）的两侧均铺设线路，一侧进重车，另一侧出空车。空车经过另外铺设的平行线路或从原线路变头（改变矿车首尾方向）返回。折返式井底车场的优点主要是：提高了井底车场的生产能力；由于折返式线路比环形线路短且弯道少，因此车辆在井底车场逗留时间显著减少，加快了车辆周转；开拓工程量少，由于运输巷道多数与矿井运输平巷或主要石门合一，弯道和交叉点大大减少，简化了线路结构；运输方便、可靠，操作人员减少，为实现运输自动化创造了条件，列车主要在直线段运行，不仅运行速度高，而且运行安全。

环形井底车场，如图5-28（c）所示。它与折返式相同，也是一侧进重车，另一侧出空车，但其特点是由井筒或卸载设备出来的空车经由储车线和绕道不变头（矿车首尾方向不变）返回。

图5-29（a）也是混合井井底车场的线路布置，箕斗线路为环形车场，罐笼线路为折返式车场，通过能力比图5-29（c）的要大。

图5-29（b）是双井筒的井底车场，主井为箕斗井，副井为罐笼井。主、副井的运行线路均为环形，构成双环形的井底车场。

为了减少井筒工程量及简化管理，在生产能力允许的条件下，也有用混合井代替双井筒，即用箕斗提升矿石，用罐笼提升废石并运送人员、材料、设备的。此时，线路布置与采用双井筒时的要求相同。

图 5-29（c）为双箕斗-单罐笼的混合井井底车场线路布置。箕斗提升采用折返式车场，罐笼提升采用尽头式车场。

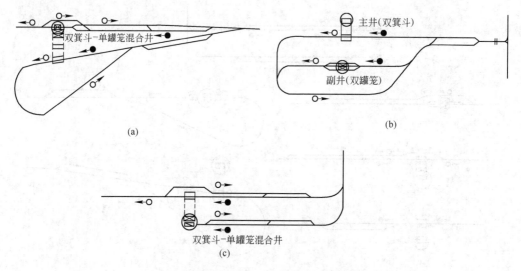

图 5-29　两个井筒或混合井的井底车场
(a) 双箕斗-单罐笼混合井；(b) 主井（双箕斗），副井（双罐笼），双环形井底车场；
(c) 双箕斗-单罐笼混合井，折返-尽头式井底车场

5.4.1.2　竖井井底车场的选择

选择合理的井底车场形式和线路结构，是井底车场设计中的首要问题。影响井底车场选择的因素很多，如生产能力、提升容器类型、运输设备和调车方式、井筒数量、各种主要硐室及其布置要求、地面生产系统要求、岩石稳定性及井筒与运输巷道的相对位置等。因此，必须予以全面考虑。但在金属矿山，一般情况下主要考虑前面四项。

生产能力大的选择通过能力大的形式。年产量在 30 万吨以上的可采用环形或折返式车场，10 万~30 万吨的可采用折返式车场，10 万吨以下的可采用尽头式车场。

当采用箕斗提升时，固定式矿车用翻车机卸载。产量较小时，可用电机车推顶矿石列车进翻车机卸载，卸载后立即拉走，即采用经原进车线返回的折返式车场。在阶段产量较大并用多台电机车运输时，翻车机前可设置推车机或采用自溜坡，此时可采用另设返回线的折返式车场。

当采用罐笼井并兼做主、副提升时，一般可用环形车场。当产量小时，也可用折返式车场。副井采用罐笼提升时，根据罐笼的数量和提升量大小确定车场形式。如果是单罐且提升量不大时，可采用尽头式井底车场。

当采用箕斗-罐笼混合井或者两个井筒（一主一副）时，采用双井筒的井底车场。在线路布置上须使主、副提升的两组线路相互结合，在调车线路的布置上应考虑线路共用问题。如当主提升箕斗井车场为环形时，副提升罐笼井车场在工程量增加不大的条件下，可使罐笼井空车线路与主井线路连接，构成双环形的井底车场。

总之，选择井底车场形式时，在满足生产能力要求的条件下，尽量使结构简单，节省工程量，管理方便，生产操作安全可靠，并且易于施工与维护。因此，车场通过能力要大

于设计生产能力的 30%~50%。

井底车场的布置是否合理，关系到阶段的开拓工程量、开拓费用及开拓时间，并影响以后生产中的阶段运输能力和井筒提升能力。

5.4.1.3 井底车场的线路

（1）储车线长度：

$$L_{储} = Knl_1 + l_2 + l_3$$

式中 $L_{储}$——储车线长度；

    K——储车系数，$K = 1.5~2.0$；

    n——一列车的矿车数；

    l_1——矿车长度，m；

    l_2——电机车长度，m；

    l_3——制动长度，$l_3 = 6~8m$。

（2）调车线长度：

$$L_{调} = nl_1 + l_3$$

式中 n——一列车的矿车数；

    l_1——矿车长度，m；

    l_3——制动长度，$l = 6~8m$。

（3）材料线长度：

$$L_{材料} = (6~8)l_1$$

5.4.2 斜井井底车场

斜井井底车场有折返式和环形式两种。环形式用于箕斗井提升或胶带提升，对于使用串车提升的斜井多用折板式井底车场。

竖井与其井底车场直交，通过马头门连接，斜井与井底车场的连接方式有旁甩式（甩车道）、吊桥式、平场式三种。

（1）甩车道连接，如图 5-30（a）所示。甩车道是一种既改变方向又改变坡度的过渡车道，用在斜井内可从井壁的一侧（或两侧）开掘。当串车下行时，串车经甩车道由斜变平进入车场；在车场内如果从左翼来车，经场线路 1 掉转车头，将重车推进主井重车线 2，再回头去主井空车线 3 拉走空车；空车拉至调车场线路 4，又掉转车头将空车拉向左翼巷道，如图 5-31（a）所示。右翼来车，电机车也要在调车场掉车头，而空车则直接拉走。主副井的调车方法是相同的。

（2）平车场连接，如图 5-30（c）所示。平车场只适用于斜井与最下一个阶段的车场连接，车场连接段重车线与空车线坡度方向是相反的，以利于空车放坡，重车在斜井接口提升。车场内运行线路，斜井为双钩提升，如图 5-31（b）所示。从左翼来车，在左翼重车调车场支线 1 调车后，推进重车线 2，电机车经绕道 4 进入空车线 3，将空车拉到右翼空车调车场 5，在支线 6 进行掉头后，经空车线 6 将空车拉回左翼巷道。

（3）吊桥连接，如图 5-30（b）所示。吊桥连接是指从斜井顶板出车的平车场。它有平车场的特点，但它不是与最下一个阶段连接，而是通过能够起落的吊桥连通斜井与各个

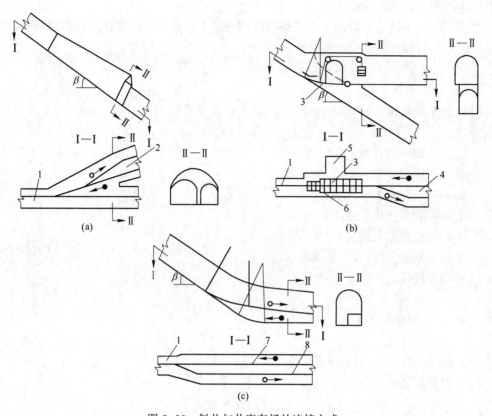

图 5-30　斜井与井底车场的连接方式

（a）甩车道连接；（b）吊桥连接；（c）平车场连接

1—斜井；2—甩车道；3—吊桥；4—吊桥车场；5—信号硐室；6—行人；7—重车道；8—空车道

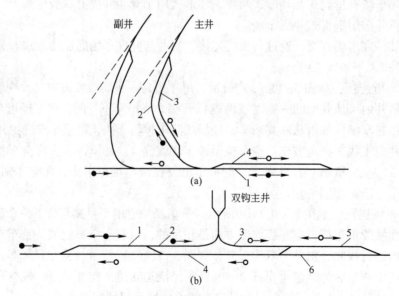

图 5-31　串车斜井折返式车场线路图

（a）甩车道；（b）平车场

阶段之间的运行。当吊桥放落时，斜井下来的串车可以直接进入阶段车场，这时下部阶段提升暂时停止；当吊桥升起时，吊桥所在阶段的运行停止，斜井下部阶段的提升可以继续。

吊桥连接是斜井串车提升的最好方式。它具有工程量最少、结构简单、提升效率高等优点；但也存在着在同一条线路上摘挂空、重车，增加了推车距离和提升休止时间等缺点。使用吊桥时，斜井倾角不能太小，否则，吊桥尺寸过长，质量太大，对安装和使用均不方便，而且井筒与车场之间的岩柱也很难维护；倾角过大，对下放长材料很不方便，而且在转道时容易掉道。根据实践经验，斜井倾角在大于20°时，使用吊桥效果较好。吊桥上要过往行人，吊桥密闭后又会影响上下阶段通风，故只宜铺设稀疏木板，以保证正常工作。

与甩车道比，吊桥的钢丝绳磨损较小，矿车也不易掉道，提升效率高，巷道工程量少，交叉处巷道窄，易于维护；但下放长材料不及甩车道方便。

图 5-32 是箕斗和串车提升主、副斜井的折返式和环行式运行线路。该车场主井线路采用折返式或环形运行，副井串车线路采用尽头式运行。

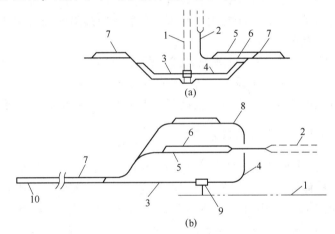

图 5-32　斜井折返式车场和环行式车场

（a）箕斗斜井折返式车场；（b）箕斗斜井环行式车场

1—主井（箕斗井）；2—副井（串车井）；3—主井重车线；4—主井空车线；5—副井重车线；
6—副井空车线；7—调车支线；8—回车线；9—翻车机；10—石门

5.4.3　井底车场生产能力

井底车场生产能力是指一定时间内转运矿石和废石的总和。

$$A = \frac{3600GT}{Ct(1 + K)} \text{t/d}$$

式中　t——列车进入井底车场间隔时间，s；

G——列车有效载重，t；

T——日工作小时数；

C——运输不均衡系数，$C = 1.2 \sim 1.3$；

K——岩石量调整，$K = 0.15 \sim 0.2$。

井底车场生产能力需要留有30%~50%备用。

5.5　硐　室

5.5.1　水仓水泵房

5.5.1.1　地下水泵房及水仓的设置

用竖井、斜井或斜坡道开拓地平面以下的矿床，均需在地下设置水泵房及水仓；使矿坑水能从井底车场汇流至水仓，澄清后由水泵房的水泵排出至地表。

水泵房及水仓的设置由矿井总的排水系统来决定，并与矿井的开拓系统有着密切的关系。一般矿井的排水系统分直接式、分段式及主水泵站式。

直接式是指各个阶段单独排水，此时需要在每个阶段开掘水泵房及水仓，其排水设备分散，排水管道复杂，从技术和经济上是不合理的，应用也较少。

分段式是指串接排水，各个阶段也都设置水泵房，由下一阶段排至上一阶段，再由上一阶段连同本阶段的矿坑水，排至更上一阶段，最后集中排出地表。这种方式的水头是没有损失，但管理非常复杂。

多阶段开拓的矿山，普遍采用主水泵站式，即选择涌水量较大的阶段作为主排水阶段，设置主水泵房及水仓，让上部未设水泵房阶段的水下放至主排水阶段，并由此汇总后一齐排出地表。这种方式虽然损失一部分水头能量，但可简化排水设施，且便于集中管理。

5.5.1.2　主排水阶段水泵房及水仓的布置形式

图 5-33 所示为主排水阶段水泵房及水仓的布置形式，时常设在井底车场内副井的一侧，以其水沟坡度最低处将涌水汇流至内、外水仓。内、外水仓作用相同，供轮流清泥使用。水仓的容积应按不小于 8h 正常涌水量计算。水仓断面积需根据围岩的稳固程度、矿

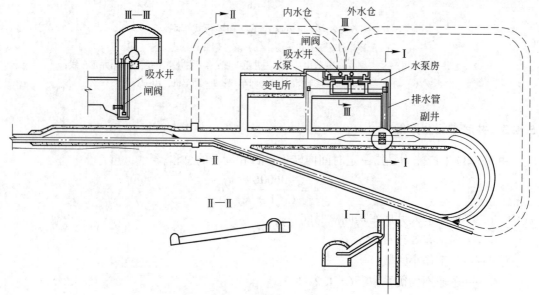

图 5-33　主排水站阶段排水系统

井水量大小、水仓的布置情况和清理设备的外形尺寸等综合考虑确定，一般为 5~10m²，断面高度不大于 2m。水仓入口处应设置水箅子。但采用水砂充填采矿法或矿岩含泥量大的崩落法矿山，水仓入口通道内应设立沉淀池，沉淀池的规格一般为长 3m、宽 3m、深 1m。水仓顶板的标高应比水泵硐室地坪标高低 1~2m。经水仓澄清的净水，导流至吸水井供水泵排送至上一主水泵站或地表。水泵房内必须设置两套排水管道，由管道、井管间接排出地面。对于水泵房及水仓的详细设计规定，可参阅有关的设计参考资料。

5.5.2 炸药库

对于地下开采的矿山，在地面和井下分别设有炸药库。在此只介绍井下炸药库。

5.5.2.1 井下炸药库的形式

井下炸药库有硐室式和壁槽式两种，硐室式应用于大中型矿山，炸药和雷管存放在库房一侧的专用硐室，硐室炸药库的特点是：库容量较大，施工较容易，使用方便，通风条件好，相对来说安全性较差，如图 5-34 所示。壁槽式炸药库的特点是：库容量较小，施工方便，安全性较好，通风条件较差，使用不方便，一般应用在小型矿山，如图 5-35 所示。

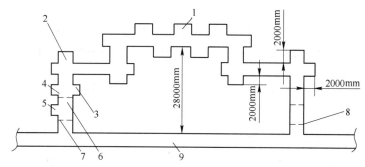

图 5-34　硐室式炸药库
1—库房；2—雷管检查室；3—工具室；4—炸药发放室；5—电气室；
6—防火门；7—栏栅门；8—铁门；9—巷道

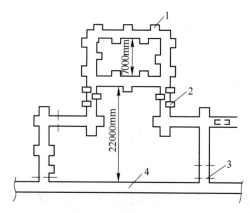

图 5-35　壁槽式炸药库
1—齿槽库房；2—挡墙；3—铁门；4—巷道

5.5.2.2　井下炸药库的要求

对井下炸药库的要求如下：

（1）井下炸药库必须有两个出口，周围的巷道不能使用易燃材料支护；

（2）炸药库必须有单独的通风风流，回风巷与总回风巷相连，必须满足通风要求；

（3）井下炸药库的照明，必须采用防爆灯或矿用密闭灯；

（4）井下炸药库的单个硐室储存炸药为 2t，壁槽为 0.4t，整个炸药库储存炸药量为 3 天的矿山正常炸药需要量，储存爆破器材为 10d 的正常需要量；

（5）井下炸药库除存放炸药和其他爆破器材的硐室或壁槽外，还应设有雷管检查室、消防材料室、工具室、发放室及电器设备等辅助硐室；

（6）井下炸药库内各硐室或壁槽间的距离应符合殉爆距离的要求；

（7）雷管及炸药要分别存放；

（8）井下炸药库要设置在井下偏僻处。

5.5.3　箕斗破碎装载硐室

5.5.3.1　地下硐室的主要类别

地下硐室按其用途不同，可分为地下破碎及装载硐室、水泵房及水仓、地下变电所、地下炸药库、调度室、机修硐室及其他服务性硐室等。这些硐室除了地下炸药库以外，一般都布置在井底车场范围内，并选在稳固的岩层中开掘，随井底车场的形式不同，硐室也有不同的布置方式。布置时除应适应矿井生产能力、井筒提升类型、井底车场的运输方式外，还应满足硐室本身生产工艺要求。

地下硐室的一般布置位置，如图 5-36 所示。图中没有表示地下破碎硐室的位置用箕斗提升的矿山，在地下需要设置破碎系统，应将地下破碎硐室布置在翻车机硐室的下方，箕斗装载硐室的上方，并有专用通道与井底车场水平连接。以下主要介绍生产用破碎装卸硐室。

5.5.3.2　地下破碎装载系统

地下破碎是专供采用深孔落矿的矿山作粗碎使用。经粗碎后得到块度均匀的矿石，转装入箕斗装载硐室，通过计量后由箕斗提升出地表。实践证明，采用地下破碎有利于增大矿石的合格块度，减少采场的二次破碎工作量，并方便箕斗的装载提升，这对于提高采场的生产能力，改善采场的劳动条件是十分有效的。

地下破碎的缺点在于硐室开凿量大，投资大，硐室的通风防尘比较困难。所以只宜在年产量大的大中型矿山、使用大量落矿的采矿方法的矿山，矿石坚硬大块产出率高的矿山使用。

采用地下机械破碎的优点是：

（1）矿块二次破碎工作量减少，可节省爆破器材，降低矿石成本，提高矿块生产能力；

（2）减少矿块二次破碎产生的炮烟和粉尘对井下的污染，改善劳动条件和安全条件；

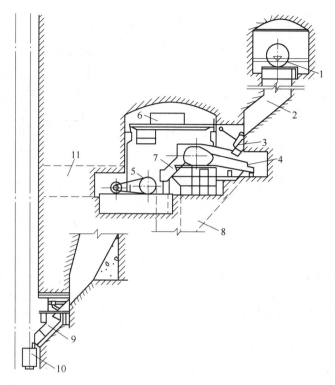

图 5-36 地下破碎系统图

1—卸矿硐室；2—原矿仓；3—手动闸门；4—板式给矿机；5—破碎机；6—吊车；
7—固定筛；8—粗碎矿仓；9—计量硐室；10—箕斗；11—大件道

（3）矿石破碎后可提高箕斗的装满系数，减轻对箕斗的冲击，有利于箕斗装载自动化；

设置地下破碎站也有以下缺点：

（1）必须开掘地下大断面破碎硐室及其附属工程，增大开拓工程量和初期投资；

（2）地下破碎硐室通风防尘条件差，需要采取专门措施；

（3）地下破碎站如要向深部搬迁时会影响矿井的正常生产。

地下破碎系统包括：卸矿硐室、原矿仓、破碎硐室、粗碎矿仓、计量装置及大件道等，如图 5-36 所示。破碎硐室内安置有破碎机、板式给矿机及固定筛。当矿石从卸矿硐室 1 卸入原矿仓 2 时，即可经手动闸门 3，板式给矿机 4，供给固定筛 7 筛析，筛下的碎矿石直接溜入粗碎矿仓 8，筛上的大块转经破碎机 5 破碎后也溜入粗碎矿仓。再经粗碎矿仓的闸门控制进入计量硐室 9，计量后的矿石装入箕斗 10 提升到地表。

5.5.3.3 地下破碎系统的布置形式。

地下破碎系统相对于主井的位置，有靠近主井和靠近矿体两种布置形式，如图 5-37 和图 5-38 所示。

靠近主井布置又可分为分散布置和集中布置，如图 5-37 所示。分散布置是每个阶段独立设立破碎系统；集中布置则几个阶段共用一个破碎系统。这需要根据阶段储量大小，同时出矿的阶段数目多少，以及阶段生产期限的长短来确定。靠近主井布置，矿石转运比较简单，也便于破碎设备的运送和维修，有利管理，应用较多。

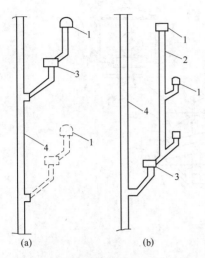

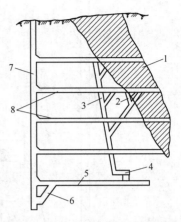

图 5-37　破碎系统靠近主井布置

（a）分散布置；（b）集中布置

1—卸矿硐室；2—主溜井；3—破碎硐室；4—箕斗井

图 5-38　破碎系统靠近矿体布置

1—矿体；2—分溜井；3—主溜井；
4—破碎硐室；5—转运巷道；
6—储矿仓；7—箕斗井；8—石门

靠近矿体布置，一般是选在矿体储量比较集中部位的下盘，由下盘分枝溜井及主溜井集中各阶段的矿石溜放到下部的破碎硐室，经破碎后再用胶带运输机输送到箕斗旁侧的储矿仓，如图 5-38 所示。由此通过箕斗提出地表。采用这种形式主要是由于主井周围岩性较差，而在矿体附近设置又有利于多阶段同时出矿。

当地下破碎系统靠近主井布置时，应使破碎硐室的大件道与主井连通，联络道与副井连通，如图 5-39 所示。这样，有利于在施工时大件设备从主井吊入，开掘下来的废石、人员、材料从副井出入，新鲜风流从副井引进，污风从箕斗井排出。至于硐室作纵向或横向的摆布，则主要取决于所在位置岩石的节理方向及破碎机破碎工作的要求。

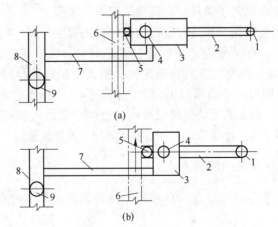

图 5-39　地下破碎硐室与井筒的联系

（a）硐室纵向开大件道；（b）硐室横向开大件道

1—主井；2—大件道；3—破碎硐室；4—粗碎矿仓；5—给矿硐室；
6—上水平运输巷道；7—联络道；8—井底车场；9—副井

图 5-40 中破碎机位于主矿仓上部。矿石从矿车中借助翻罐笼倒入格筛给矿机，小块矿石通过筛孔落入矿仓，筛上大块由给矿机送入破碎机，破碎成小块后入主矿仓。靠近井筒有由两个量斗组成的计量装置，碎矿经运输机送入计量斗再装入箕斗。主矿仓口装有风动扇形闸门，用以控制装入量斗矿石量。量斗卸矿入箕斗也由风动闸门控制。为了缓冲矿石对主矿仓闸门等的冲击和保证不间断提升矿石，主矿仓中矿石不可卸空，为此可设置储矿高度传感器，用以控制矿仓中储存矿石下限高度。

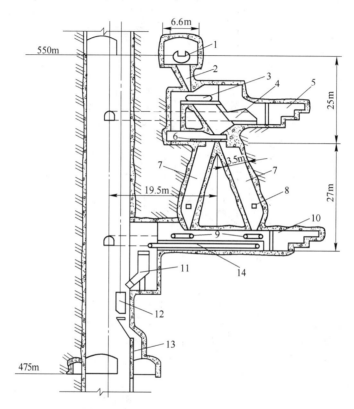

图 5-40 双矿仓一段破碎装载设施图

1—卸车装置；2—矿仓；3—格筛给矿机；4—破碎机；5, 10—降尘硐室；

6—移动漏斗；7—主矿仓；8—储矿高度传感器；9—给矿机；

11—计量装置；12—箕斗；13—撒落矿石仓；14—运输机

为了回收装矿过程中撒落的少量矿石，在箕斗下部设有撒落矿石仓，由下部阶段定期装车运出。

当井筒围岩稳固性很好时，矿仓可更靠近井筒，而让矿石借自重直接进入量斗，不需要再经运输机转运，如图 5-41 所示。图 5-41 中的计量装置 7 可自动控制闸门 4 的启闭，准确控制装入量斗的矿石量。

上述装载设施用于大、中型矿山，矿仓容积取决于箕斗容积与井下运输均衡性。一些矿山采用 15~20t 箕斗时，矿仓容积为 150~350m³。小型矿山装载设施规格较小，量斗装载矿石的质量只有几吨。一般地，矿车容积与箕斗容积相等或为倍数，矿石提升与井下运输需紧密联系。

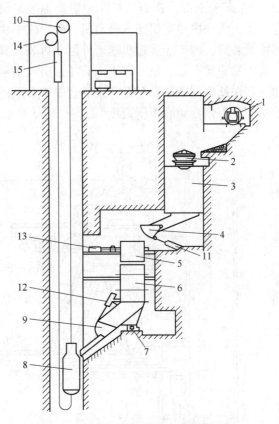

图 5-41　无运输机井下破碎装载设施

1—卸车装置；2—圆锥式破碎机；3—矿仓；4—闸门；5—分矿漏斗；6—量斗；

7—计量装置；8—箕斗；9—装矿闸门；10—摩擦提升机；11，12—闸门气缸；

13—风动马达；14—包角天轮；15—平衡锤

5.5.3.4　地下破碎系统硐室

A　破碎硐室

破碎硐室是地下破碎系统中的主要工程，体积大、振动强烈、粉尘浓度高，开掘时必须选在稳固性良好的岩层中，避开含水层、断层和破碎带，并尽可能使硐室的长轴方向和岩层走向相垂直，与井筒之间应留不小于 10m 的保护岩柱。

硐室内要安装：破碎机、给矿机、起重设备、通风防尘设备、筛分设备、配电设备等。设备间要留有安全间隙、检修场地，要设有操作系统。硐室要有两个出口，并设有独立的通风系统，其平面布置如图5-42 所示。

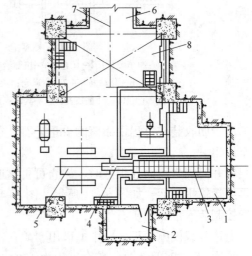

图 5-42　破碎硐室平面布置图

1—给矿硐室；2—操作室；3—板式给矿机；4—固定筛；

5—颚式破碎机；6—大件道；7—轨道；8—检修场地

B 箕斗装载硐室

矿石破碎后，通过箕斗提升，必须在破碎系统的下部设立箕斗装载硐室，以便安装装矿设备向箕斗装矿。

通常向箕斗装矿采用计量式漏斗和定点装矿。

计量式漏斗，是由计量漏斗、斜溜嘴、扇形闸门和活舌头等组成，如图5-43所示。装矿时用气缸将活舌头顶入箕斗，打开扇形闸门后，矿石即经斜溜嘴与活舌头装入箕斗。计量漏斗是采用压磁式测力计计重，其容积与箕斗容积是相适应的。

在向箕斗装载硐室给矿的设施中，有矿仓给矿和胶带给矿两种。

矿仓给矿需在矿仓下部设置给矿闸门，以直接控制对计量漏斗的给矿量。

胶带给矿是将溜井内的矿石先经电振给矿机供矿给胶带运输机，再由胶带运输机供矿给计量漏斗。这种方式，虽增加了胶带的转载环节，但由于它给矿持续均匀，使矿仓的磨损大为减轻，也有利于保全溜井与井筒之间的安全岩柱。

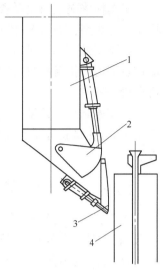

图5-43 计量式漏斗
1—计量漏斗；2—扇形闸门；
3—活舌头；4—箕斗

图5-44是我国某铜矿使用的胶带给矿计量装矿的箕斗装矿系统图。它的活舌头外伸长度为280mm，缩回后计量斗口距箕斗壁间隙为185mm，装矿时伸入箕斗95mm。

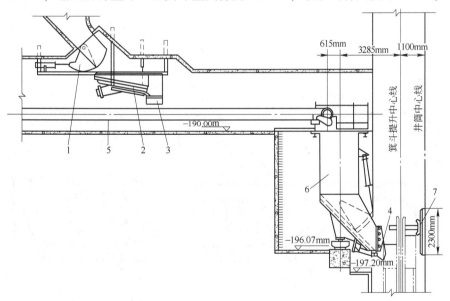

图5-44 某铜矿计量漏斗单箕斗装矿系统图
1—闸门；2—电振给矿机；3—溜槽；4—活舌头；5—胶带运输机；6—计量漏斗；7—支撑木

5.5.4 其他硐室

5.5.4.1 机车检修硐室

一般在机车检修硐室中进行电机车的例检、清洗、润滑、小修等。

机车检修硐室根据需要有三种类型：扩帮型，专用型，尽头型，如图5-45所示。

扩帮型最简单，只需在适当位置，将井底车场一侧扩宽即可。扩帮型只适用于机车检修工作量很小的机车检修硐室。

机车库硐室工程量一般为200~400m³，其长度取决于同时检修机车台数。机车库中应有机车检修地坑。

5.5.4.2　无轨自行设备检修硐室

无轨内燃自行设备检修工作量大且复杂，所以凡有直达地表辅助斜坡道的矿山，无轨设备检修工作多在地表进行。但有些老矿山改变原设计采用无轨自行设备，没有直达地表斜坡道，只好在地下开掘无轨设备检修硐室。为了避免无轨自

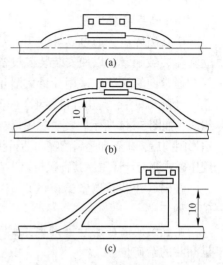

图 5-45　机车检修硐室
(a) 扩帮型；(b) 专用型；(c) 尽头型

行设备与有轨运输设备的工作互相干扰和保证安全，某些矿山将无轨设备检修硐室、井下破碎硐室及主排水站集中设一专用阶段，其无轨设备检修硐室平面布置，如图5-46所示。

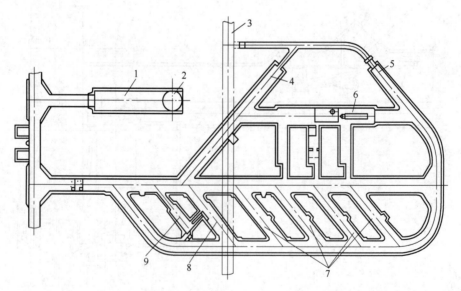

图 5-46　无轨自行设备检修硐室
1—设备接运硐室；2—设备材料井；3—斜坡道；4—焊接室；5—内燃机调试室；
6—修理硐室；7—自行设备库；8—设备清洗室；9—清洗设备污水净化室

有的矿山无条件为无轨设备开拓专门阶段。为了解决有轨运输与无轨自行设备工作互相干扰的矛盾，采用两条石门，一条专供无轨自行设备使用，一条供有轨运输。无轨自行设备检修硐室位于两条石门之间，如图5-47所示。

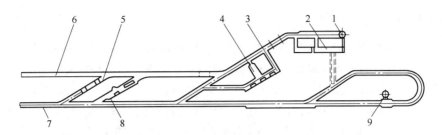

图 5-47　双石门井底车场无轨自行设备检修硐室位置
1—罐笼井；2—水泵房与主变电站；3—炸药库；4—炸药加工室；5—油料库；
6—无轨自行设备石门；7—有轨运输石门；8—无轨自行设备检修硐室；9—主箕斗井

5.5.4.3　医疗站

井下应设医疗站，以便进行医务紧急处理。每班井下同时工作人数不足 80 人时，有一间即可，大于 80 人时应有两间，工程量为 $30 \sim 85 m^3$。医疗站内应有药品柜、问诊床、担架、消毒洗手池等，如图 5-48 （a）所示。

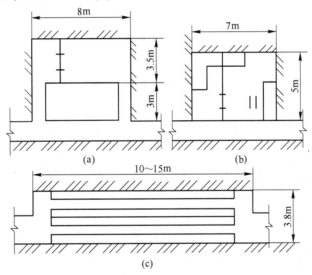

图 5-48　硐室图
（a）医疗站；（b）调度室；（c）候罐硐室

5.5.4.4　调度室

调度室一般由两格组成，一格供调度员调度和指挥井下运输用，另一格供检修人员值班使用。年产量小于 30 万吨的矿山，工程量可为 $30 m^3$，大于 30 万吨的矿山，工程量可为 $60 m^3$，如图 5-48 （b）所示。

5.5.4.5　候罐硐室

供工人等候上井和下井及分工用。设计中每人座位宽可取 0.4m，可设一排或两排长凳。硐室长 10~15m，宽 1.5~3.6m，工程量 40~150m³，如图 5-48 （c）所示。

5.5.4.6　防火材料硐室

防火材料硐室结构一般与机车检修硐室相似，内铺有轨道，但硐室规格不同，主要用来存放井下防火材料。井下防火材料主要有砖、混凝土、黏土、立柱，通风管道等。年产量小于 30 万吨的矿山，硐室轨道上能容纳 10~12 车防火材料即可。年产量为 30 万~80 万吨的矿山，除轨道上停放 6~8 车防火材料外，还需另设防火材料间。年产量大于 80 万吨的矿山，轨道上应停放 8~10 车防火材料及另有防火材料间。防火硐室工程量为 100~200m³。

—— 本 章 小 结 ——

为完成矿床的开采，除主要开拓井巷外，为形成开拓的八大系统，还有辅助开拓工程。本章介绍了副井（硐）的类型、位置确定方法，风井（硐）的作用，矿井常用通风方法，阶段运输巷的作用，阶段运输巷的常见布置方式，溜井的作用，常用溜井的形式，矿床地下开采常用的地下硐室工程。

复习思考题

5-1　辅助开拓巷道的作用是什么，主要包括哪些巷道？

5-2　主、副井的布置方式有几种，各有什么特点？

5-3　主、副井集中布置和分散布置有什么优缺点？

5-4　哪些井可以用作进风井，哪些井可以用作出风井，为什么？

5-5　通风方式有几种，各有什么优缺点？

5-6　溜井的形式有几种，在什么情况下应用主溜井？

5-7　溜井的结构参数怎样确定？

5-8　溜井溜放矿石有什么优点？

5-9　什么是井底车场，有什么用途？

5-10　井底车场包括哪些线路，各有什么用途？

5-11　井底车场包括哪些硐室？

5-12　斜井井底车场的斜井与车场有几种连接方式？

5-13　为什么设立地下破碎系统？

5-14　阶段运输巷布置的基本要求有哪些？

5-15　影响阶段运输巷布置的因素有哪些？

6 地面辅助工程

6.1 地面工程设施

6.1.1 生产设施

6.1.1.1 地面工业场地的种类

在矿山企业中，为了满足经由主开拓巷道运输矿石、矿石的加工及保证井下正常的生产，在坑口或井口附近建立矿石生产工艺流程和设置辅助车间。这样就需建立一些必不可少的构筑物和建筑物、运输线路、道路、矿石、废石的储存场及行政管理、生活福利建筑、住宅等，以及选矿厂工业场地、尾矿坝、中央机修厂、仓库、机车库等。井口工业场地的建筑物和构造物，按其性质可分为：

（1）工业生产流程设施，包括坑口或井口房、卷扬机房、井口矿仓、装载站、废石场；

（2）辅助车间厂房，包括压风机房、扇风机房、水泵房、机修车间、锻钎房、坑木场及其加工站、变电所、器材仓库、爆破材料库；

（3）行政管理及生活福利建筑，包括办公室、医疗站、浴室及食堂等公用建筑；

（4）运输线路及管线，包括公路、窄轨铁路、动力线、压气管、供排水管、供热管等；

（5）选矿工业场地，包括破碎筛分厂、选矿机房、浓缩池、过滤机房、精矿仓、皮带通廊、尾矿砂泵站、行政办公设施、运输线路及管线等。

6.1.1.2 主井工业场地

主井周围有井架、井口房、矿石仓、卸载转载设施、卷扬机房和变电所等生产设施。

井架是用来支撑天轮的金属支架，其结构有普通式和斜支式两种，井架的高度，罐笼井由容器高度、过卷高度及设备间安全距离决定。箕斗井除以上高度外还要加上卸载高度。

井口房的作用是夏天防雨，冬天取暖，进风井冬天防冻，保护井筒安全，防止滚石、泥石流、雪崩等侵害主井。

矿石仓，箕斗井提升时，矿石提升到地表卸入矿仓，用其他运输方式转运选矿厂，它的另一作用是减少提升与运输的相互干扰。

卷扬机房是安设卷扬的场所，内有变电所、配电间、卷扬机（电动机、减速器、控制台、高度指示器、卷筒）、休息室等。其位置取决于提升系统的设计，该机房的位置实际上是固定的，一般单绳卷扬机房的位置随提升钢绳仰角与偏角的确定而确定，与竖井中心的水平距离为 20~40m。采用多绳摩擦轮卷扬机提升时，其机房则位于井塔顶端。

井口的卸载转载设施布置，根据开拓方案、提升运输方式及地形条件，井口卸载转载设施的布置通常有三种类型，即无须转载的、利用地形转载的和平地布置转载的。对于罐笼提升或串车提升，其井口还应设置调车场，若井口调车场标高与破碎筛分厂原矿仓上口标高一致，则出井重车经调车场直接送往原矿仓；若两者标高高差较大，则调车场内应设翻车机进行转载。

6.1.1.3　副井工业场地

副井周围有井架、井口房、卷扬机房、变电所、空压机房、机修厂、锻钎厂、木材场、材料仓库、充填系统、沉淀水池、更衣室、浴室、干燥房等。

副井的作用，副井周围有供应井下动力的空压机房（空压机、配电室、变电室）变电所和完成设备检修的地面检修车间，完成钎头和钎杆修理任务的锻钎厂，存放材料设备的木材场、仓库，供应地下用水的沉淀池。采用充填采矿法的矿山还有充填系统。

压风机房的布置应尽量靠近主要用风地点，以求减少管路的敷设长度和压力损失；并置于空气清洁的地点，尽量远离产生粉尘的废石场、烟囱和有腐蚀性气体的车间（至少150m）。由于机房振动和噪声较大，故距办公室、卷扬机房等建筑物应当远一些（不小于30m）。由于压气机耗电量和冷却用水较多，还应适当靠近变电所和循环冷却水系统。压气储气罐（风包）应设在阴凉、通风良好的地点，避免太阳直晒，它与压风机房的间距以3~7m 为宜。

变电所，一般应设在用电负荷的中心，并易于进出高压线。地下矿山电力主要用户的用电量比例一般是：坑内 20%~40%，卷扬机房 20%~40%，压风机房 20%~30%。高压线的进出应尽可能不与铁路、公路交叉，不得已时，也应垂直交叉。变电所应与公路相连接，以利变压器等设备安装、检修时的运输。

锻钎机房，在中小型矿山，锻钎和修磨合金钎头是附设在机修厂内的一个车间。为便于运送钎子，也设在井口附近，与井口的铁道连接，并在同一水平，以免重物上坡。它应离化验室、卷扬机房远些，而接近压风机房。

其他厂房、仓库成品矿仓和储矿场，这些设施与外运关系密切，应与外运专用线相连。机修厂、材料库、坑木场的位置，不仅要保证向井下运送设备、材料时的方便，还要考虑与来料运输线路的连接。机修厂留有专用场地，一般为机修厂厂房面积的200%。坑木场的位置不应导致木料堵塞井口场地，要充分考虑防火，以及一旦失火时对井口的影响，它们大都设置在井口的一侧。材料库的位置应与外部运输线路连接，并考虑装卸货物的条件，材料库的专用场地不应小于库房面积的100%。

6.1.1.4　风井工业场地

风井周围的设施比较简单，有出风用的扩散塔，通风机房（配电室、变电室、主扇、控制室），采用巷道反风的矿山还有反风装置。通风机房，应靠近通风井井口；当为压入式通风时，须与产生有害气体或粉尘的车间保有一定距离，且应设在上风侧。

由于扇风机体积、质量均比较大，所以通风机房应与外部有公路或铁路相连。

6.1.1.5 其他工业场地

矿山地表除采矿工业场地外，还有地面炸药库，炸药库应位于人口稀少比较偏僻的地方，有公路或铁路相通。选矿厂应位于坡度在 10°~20° 的斜坡上。废石堆应位于远离生活区主导风流的下风侧。尾矿坝是存放选矿场尾矿的地方，一般位于偏僻的山沟。

破碎筛分场地由破碎厂、矿仓等建筑物和调车场组成。有色金属矿山大多数是采选联合企业，破碎筛分厂是选矿厂的一个车间，设在选矿厂内。在无选厂的黑色金属矿山，破碎筛分厂单独设立，并经常与坑口矿石转运设施或外运矿仓组合在一起。破碎筛分厂应尽量接近于主井口，同时又应尽量与外部运输相联系，以求减少场内运输环节。此时，主井出来的矿石，通过皮带（箕斗）、矿车，汽车运往破碎筛分厂。

废石场用以排弃开采过程中产出的废石，其场地的选择必须考虑容积大而占地少，因此，选择地形较陡的地带是有利的。在不影响开采并保证废石场边坡稳定的前提下，应尽量设在井口、硐口附近，且以山坡、沟谷的荒地为宜，达到既缩短废石运距，又不占农田的目的。

另外，废石场相对于居民区、入风井口、行政设施及其他厂房而言，应位于主导风向的下风侧。同时，应尽量避免选在汇水面积大而又过于陡峭的山沟，以免雨季造成泥石流的危害，也应避免设于河边，以免河水冲刷、堵塞河道；上述两种情况如不可避免，则应采取有效的截洪、排水、防泥流、防冲刷等防范措施。此外，还要考虑废石的化学性质，采取相应的防火、防污染等措施。

废石场的总容积应满足矿山存在年限中排弃废石的需要，如无所需的较大场地，则可考虑分期、分散设置。

尾矿坝也称为尾矿库，用以排放选矿厂产出的尾矿（尾砂），尾矿坝场址最好选在距选矿厂较近的谷大口小的天然沟堑、枯河、峡谷等地，这样既可保证库容，也利于筑坝。同时，尾矿坝应尽量选在低于选矿厂标高的地方，以利于尾矿自流，省去砂泵等设备或节约排砂动力消耗。此外，在坝址选择时，还应考虑尾矿水处理的问题，避免尾矿水排入农田，更不允许直接排入江河，以免造成污染。

矿山炸药总库及炸药加工厂是为矿山提供爆破器材的重要地面设施，危险性大，安全要求严，因此，其场址的选择必须十分慎重。

6.1.2 生活设施

6.1.2.1 生活区的选择

矿山职工居住区是根据矿区具体条件，一般设在附近的乡镇、县城，为职工创造良好的生活、文化条件。只有当矿山远离城镇时，才予以单独部署。

矿山居民区应尽量布置在矿区工业场地附近，应当位于主导风向的上侧，水、电输送方便，要远离矿井出风口、选矿厂筛分车间及废石排弃场地等空气受到尘毒污染的地方，以满足卫生防护的要求，还应注意矿山山区气候因素的影响。我国南方夏季炎热，北方冰冻期较长，应分别重视山区小气候形成的辐射热和山坡地带冷气流下沉的情况，应采取一定措施调节气温，以改善生活条件，如控制建筑密度、调整空地面积、发挥绿地及水面调节作用等。日照条件对于确定建筑物朝向、间距及建筑群的组织和布局，确定道路的方位和宽度等都有一定的影响，在矿山环境条件较差的情况下，更应充分考虑日照条件，即力求使居民区建筑物能够朝南或偏南，这些关于气候影响方面的考虑当然也适用于工业场地的布置。

6.1.2.2　行政管理建筑

行政管理建筑大部分位于上下人员的副井周围，主要有：浴室供井下人员更换工作服时洗浴；干燥房，井下工作条件艰苦，常有淋水，工作服需要加热干燥。除此以外，还应有办公场所和食堂、卫生所等。矿山企业矿一级的行政设施是矿山生产、生活的指挥中心，因此，尽量设于矿区内地形较为平坦、交通比较方便的中心地带，靠近工业场地以利于指挥生产。位于工业场地附近的企业行政设施应处于主导风向的上风侧，以避免工业尘毒之害，同时也应考虑厂区噪声污染问题，力求保持工作环境的相对安静。坑口办公室虽为行政设施，但属生产一线指挥场所，故应设于坑口附近并位于主导道路之旁。浴室、食堂、干燥室等服务设施最好和井口房、浴室、干燥室、办公室、食堂成排顺序布置，以利于工人出井后换衣服、洗澡、休息。

6.2　地面运输管网

6.2.1　地面运输系统

6.2.1.1　地面运输的任务

矿山地面运输系统的内容包括内部运输和外部运输。内部运输是指在矿山企业总平面布置的范围内，在各个地面设施之间运送矿石、废石、材料、设备和人员的运输工作。外部运输是指由矿山向外部用户运送产品（矿石或精矿）及由外部向矿山运送设备、材料及职工。外部运输，主要是指企业到国家标准轨铁路、公路网、水运网之间的运输。外部运输的方式主要是铁路运输、汽车运输或水路运输，一些矿山还采用架空索道运输。而矿山企业各工业设施之间的内部运输，则应根据生产要求、货物特征、矿山外部运输方式及地形条件等因素来选定采用公路、铁路、卷扬机道及其他运输方式。

6.2.1.2　地面内部运输

矿区内部运输，主要是指从井口将矿石运往破碎筛分厂或选矿厂，将废石运到废石场，将尾矿从选矿厂运往尾矿坝，将各种材料及设备运往井口，以及企业内各地面设施之间的设备、材料的运输；此外，还有职工通勤运送等。其运输方式最常见的为汽车运输、窄轨运输、架空索道运输、皮带运输机运输等。

选择内部运输方式时，应考虑下述因素。

（1）矿山企业年生产能力与服务年限。矿山的年生产能力决定着矿石、废石、材料、设备等的运输量，而运输量的大小，对运输方式的选择有很大的影响。服务年限则决定了运输系统的年折旧费及矿石单位成本中的折旧费摊销额。如运输量大、服务年限长，可考虑采用电机车运输；运输量小、服务年限短，则可采用汽车运输或架空索道运输。

（2）运输距离及地形条件。此决定着运输线路的长短、坡度、曲直和耗资，而这些又对运输方式的选择及线路设计有很大的影响，如线路长而平缓时，可用机车运输；若距离短则可采用汽车运输或皮带运输；线路坡度较大，可用卷扬机道钢绳运输；若地面起伏变化很大，则可使用架空索道运输。副井井口附近的地形条件决定着废石场的位置，也相应地决定了废石的运输距离和运输方式。

（3）矿石的地面加工工艺流程。若矿石采出后不需经过选矿只经破碎便可直接运往冶炼厂等用户，则内部运输系统最为简单。如矿石需分级运出或经选矿后运出精矿，则矿石的地面运输系统与方式就复杂了，有时需用几种设备和经几次转运。

（4）开拓系统。如采用中央并列式开拓系统时，可以使运输线路集中，便于管理，同时也缩短了运输距离；而采用对角式布置时，由于地面设施布置分散，地面运输线路复杂，当井田范围较大时，将使运输距离增加，管理也不方便，这对运输方式和运输系统的选择具有一定的影响。

总之，内部运输方式的选择和线路的确定，必须与矿石地面加工工艺流程、地面设施、布置相适应。所以，地面运输方式和线路的确定应与场地选择、设施布置、开拓方案选择等问题综合考虑，统一安排。

6.2.1.3 地面外部运输

矿山外部运输常见的方式是准轨铁路运输、汽车运输、窄轨运输、架空索道运输及水路运输等。

选择外部运输方式时，可依据下述因素。

（1）地形条件。地形平坦，坡度平缓，有利于铁路运输。汽车运输能适应坡度较大和复杂的地形，近年来得到广泛应用。在某些山区，地形复杂而高差较大，如果运输量和远距不太大时，可采用架空索道运输。

（2）矿山企业的规模和服务年限。矿山企业的规模决定其外部运输运出和运入的货运量。货运量大和服务年限长的矿山企业，可考虑采用铁路运输；反之，则考虑用汽车运输。

（3）地理和交通条件。矿区距铁路干线较近时，可考虑修建专用线接通准轨铁路。若矿山在偏僻的山区，距铁路干线远，生产规模不大，地形又不利于修建铁路时，可用汽车运输。若矿区附近有水路可供利用时，可修筑码头，利用水运方式进行外部运输。

6.2.1.4 地面运输线路布置

A 内部运输公路的布线原则

内部运输公路的布线原则如下。

（1）要使各地面设施之间的运输联系方便、距离短、工程量小；布线既要紧凑，又要留有适当发展的余地。

（2）场内公路应与沿线各项设施按照各自的技术要求，在距离和标高上取得协调。

（3）场内公路应尽量与矿山基建期间所需的公路相结合，对于基建时已有的公路也应尽量加以利用或进行适当改造。

（4）场内公路应尽量避免与铁路相交叉。必须交叉时，应避开铁路上有调车作业、停放机车和车辆及运输繁忙的区段，且不应在铁路车站范围内穿过。

（5）当运输繁忙的公路与进入某一地面设施的铁路线相交叉时，路面边缘至该设施间的距离应大于作业机车长度。

（6）汽车的停车点和道路的尽头处，应便于汽车停车并具备回车的条件，在装卸地点还应有必要的进行装卸作业的场地。

（7）公路交叉口或转弯处的视距不应小于20m。

（8）场内公路一般均设计成单车道，只在场内的主要干道或有可能行驶较多数量的大型汽车、畜力车或手推车时考虑采用双车道。

（9）对生产或散发有毒害气体的车间，若无生产用道路通往车间时，应铺设路面宽度不小于3.5m的急救车道。

B 矿区铁路运输的布线原则

矿区铁路系统，主要由矿山车站线路及车站与内有大宗物料待运的地面设施（如仓库、堆场等），或与内有大件设备的地面设施（如机修车间、选矿厂）相联系的线路组成。其布线原则如下。

（1）应注意各条线路交接点标高、装卸车站的操作及预留企业发展所需线路的需要；车站一般都设在矿区纵轴的端部；车站与各线路的衔接应考虑列车运行的安全顺畅。

（2）应使货运量较大的车间或仓库实现沿线布置，线路力求简短，尽量减少岔道数量。

（3）大宗散装物料的卸车线，一般应设计为高线路低货位，而装车线一般应设计为高站台低线路。可燃液体的卸车线一般宜设计成专用的尽头线。爆炸材料卸车线的设计应符合爆破安全规程的要求，宜设在场（厂）区外缘的偏僻地带，与其他线路隔开。

（4）场内铁路应尽量避免与人流及货流较大的道路交叉，若与道路交叉，应尽量采用直角相交。若斜交不可避免，则应尽量采用较大的交角，平交道口的宽度不应小于道路路面与铁路交切的宽度。道口宽度范围不得含有道岔的任何组成部分。

（5）场内铁路不应与人行道路紧靠平行设置。不可避免时，必须在两者间采取可靠的措施，以防止道路行人在道口以外的沿线穿越铁路。

6.2.2 地面管网系统

6.2.2.1 地面管网的任务

A 运输路线

地下开采的金属矿山地面的运输线路有：

（1）矿石从主井运往选矿厂，有公路或铁路；

（2）废石从副井运往废石场，一般均为窄轨铁路；

（3）人员往返于生活区和工作地点；

（4）材料设备从附近站场运回仓库、材料场，从仓库、材料场运往副井；

（5）生产的精矿运往附近的站场。

B 各种通信、动力线路

各种通信、动力线路包括：

（1）通信用的内外部电话线，有线电视信号线；

（2）供应生产、生活用的动力线；

（3）生产指挥用的各种电话线、信息监控线。

C　各种生产生活管网

各种生产生活管网如下：

（1）井下排往地表水池的排水管；

（2）供应井下生产用水的供水管；

（3）生活用的上下水管；

（4）北方矿山生产、生活用的取暖热水管。

6.2.2.2　地面管网的布置

对于矿山企业来说，工业及民用管线主要有：上下水道、压气管道、采暖管道、高低压电力线路、通信线路等。这些管线的布置与敷设形式，可能只考虑本身的布置要求，未考虑或未充分考虑其他管线的布置，因而有可能造成管线拥挤和冲突现象。所以必须要有总体规划，来确定各种管线的平面坐标和标高，使各种管线在平面上和立面上谐调，并与建筑物、构筑物、运输线路之间，保持所需的连接关系。

A　管线布置的原则

管线布置原则如下。

（1）管线综合布置应尽量使管线间及管线与建筑物、构筑物之间在平面和立面布置上互相协调，既要节约用地，也要满足施工、检修及安全生产的要求，并应考虑对地面建筑物、构筑物的影响。

（2）全面考虑各种管线的性质、用途、彼此间可能产生的影响，以及管线敷设条件和敷设方式，合理安排其路径，尽量使管线短。

（3）管线宜成直线敷设，并与道路、建筑物轴线、相邻的管线相平行；干线主管宜布置在靠近主要用户或支管较多的一边。

（4）尽量减少管线之间及管线与运输线路之间的相互交叉。若需交叉，宜采用直角交叉，在困难条件下两者交角不宜小于45°，并根据需要采取必要的防护措施。

（5）管线不应重叠布置，应遵循临时性的让位永久性的，管径小的让位管径大的，可弯曲的让位不可弯曲的或难弯曲的，有压力的让位自流的，施工工程量小的让位施工工程量大的，新建的让位已有的原则。

（6）地面管线不应影响交通运输及人行，并应避免管线受到机械损伤。

（7）除特殊困难的情况外，地下管线一般不应布置在建筑物、构筑物基础的压力范围内或道路的行车路面下。

（8）必须考虑工业场地发展的可能，在预留场地处不应敷设地下管线。

B　管线安装的要求

矿山表土层多数较薄，岩石开挖困难，因此，除必须敷设于地下的管道（如采暖、供排水管道）之外，其他生产用管线多为地表明管或架空线，如压气管道、输电线路、尾矿管道、通信线路等。

在布置与安装各类管线时，其安全距离、架设方式、敷设深度、敷设顺序、沟槽规格等，均应满足安全技术规程中有关规定的要求。

6.3 地面总图布置

6.3.1 总图布置概述

6.3.1.1 总图布置的概念

矿山总平面布置是一项妥善布置矿山地面设施的重要设计工作，也称为总图运输。它根据采矿工艺、矿岩运输和地面加工等生产要求，本着节约投资与经费、有利管理、方便生活的目的，结合地形、赋存、水文和气象等自然条件，按照卫生、安全和环保的有关规定，对矿山地面设施的各个组成部分进行全面规划和布置，使其相互联系、相互配合，形成彼此协调的有机总体。

矿区的总平面图是根据矿床的赋存条件、地形地物、生产的要求确定下来的，在图上应标明：原有的地形地物，矿区的范围，矿床的范围和界线，所圈定的地面崩落界线，各种场地及其设施的名称、位置、标高和占地面积，各种井巷的出口，整个区域的电力线路，矿区的给排水，内外部运输及其联系，废石场地及尾矿排出地点，各类管线分布状况及设置的防、排水沟、桥梁涵洞等位置，总炸药库、机修厂、材料库及行政福利和生活建筑等；一般还应划出表格列出各种工程和工程总量。

6.3.1.2 总图布置的任务

矿山总平面布置的主要任务是：

(1) 选择场地，进行全面安排，解决矿山地面总体布局问题；

(2) 根据总体布置规划的场地，进行场地内各种建筑物、构筑物的平面布置，解决地面各种设施的具体位置问题；

(3) 全面解决矿山地面的内、外运输系统及各类管线的布设问题。

矿山总平面布置，是矿山企业设计中的一个重要组成部分。完善的地面总体布置，将为矿山建设和生产奠定良好的基础。因此，如何使总平面布置符合工业企业建设的要求；如何节省工程量，节约基建投资，节约劳动力，便利施工、加快建设速度；如何在投产之后，从地面设施总体布局的角度促使矿山生产活动以最合理的流程，最少量的劳动，取得最大的生产效果，从而大大降低生产成本，达到企业经营所追求的"以最小的投入获得最大的产出"这个总目标，这便是矿山总平面布置设计所要解决的根本问题。矿山总平面布置不仅要满足生产的需要，而且要与环境相协调，符合安全、卫生和环保的要求，以利于人们的工作和生活；同时，矿山还应有良好的群体建筑艺术，形成整洁的矿容、优美的环境，这对丰富职工精神生活，激发他们的生产积极性，提高工作效率有着重要的意义。

6.3.1.3 总图布置的原则

在总平面布置时，应遵循下列原则。

(1) 要努力提高经济效益，有利于保证所需的开发强度，在满足矿山生产需要的同时，力求减少工程量，缩短矿山建设周期，利于早日投产，并且要与矿山规模、开采年限、矿区开发的阶段性相适应。建设规模以年产量及服务年限为依据，并考虑发展远景，留有余地。

（2）要因情制宜，根据矿山生产工艺和地形特点，合理确定企业的内、外部运输方式，使矿山企业内部与外部及内部各个场地之间借运输网络连成一个有机的整体。合理布置与运输关系密切的设施，使之联系简便、货流便捷。行政、生活设施，宜沿着通往主要服务对象的道路两侧布置。要协调矿山企业内部与外部的关系，既要协调地下工艺布置与地表设置之间的关系，也要协调矿区总体布局与城乡规划之间、矿业与农业之间、近期与远期之间、本矿区与有关企业之间的关系，力求达到合理、配套与和谐。

（3）要充分利用矿区的自然地貌。应结合场地地形，选择合理的布置形式，使建、构筑物的布置与自然地形相适应，既为生产、运输创造有利条件，又可节省场地平整工程量。

（4）既要满足生产需要，又要节约用地。尽量少占和不占良田，为此应尽量利用地形，将场地布置在山坡处，建筑物和构造物在使用方便的条件下，可联合建筑，并努力安排覆土造田。

（5）要确保安全可靠。矿区大多地处山区，其地形、地质条件比较复杂，特别是地下矿山，往往因井下采空而导致涉及地表的岩体移动，因此，矿区的布置要很好考虑建筑场地的稳定与安全，要考虑岩崩、山洪的威胁，满足防火、卫生、环保等要求，特别是炸药库、尾矿坝的设置，更应保证安全。此外，还要考虑矿床分布的范围，避免压矿。

（6）力求减少基建投资及生产时期的经营管理费。选择工业场地时，应尽量使运输线路短，内外运输连接方便，厂房间交通方便，土石方量小，挖填趋于平衡。

（7）妥善处理废水、废渣、废气。

矿山总平面布置所涉及的项目与矿山管理体制密切相关。过去我国矿山在地面设施方面，采取了生产、生活及社会服务自成体系的模式，项目繁多，场地分散，占地面积很大，行政管理不便。目前，正从管理体制上进行改革，使生产、生活和社会服务设施的行政从属关系分开，改善矿区交通运输及环保条件，促使矿山人员居住区与城镇相结合，促使矿区的生活设施和社会服务设施逐步实现专业化和社会化。与此同时，在合理简化矿山内部地面设施的基础上，实行企业所辖场地、建筑物、构筑物的适当组合，力求矿山生产设施、辅助设施和行政设施的分类集中，减少占地面积，提高管理效率。

6.3.2 地面总图的规划

6.3.2.1 矿区规划图的内容

矿区规划图实际上是为矿山各类地面设施选择适当场址的工作。它根据矿床赋存条件、采掘部署、地形条件、人文条件等具体情况，对矿山企业地面设施的各个组成部分的布局做出全面的安排。这种规划性质的安排，往往要经过包括厂址选择在内的多种方案的比较之后才能最后确定。

规划图设计通常在地形图上进行。此图中应标明位置坐标、原有的地形地物、矿山企业场地范围、矿体界线、地下开采时的岩移危险带、主要和辅助开拓巷道的位置、采矿工业场地、选矿工业场地、生活区位置、矿区供电供排水供热及压气线路、矿区内部运输线路及其与外部运输的联系、废石场、炸药总库、尾矿坝等。

由于矿山地面设施很多，用途、性质各异，各种设施之间存在着互相支持或互相制约的内在联系，因此，其场址的选择不应孤立考虑，必须根据各自的特性及相互之间的关系从总体上力求协调。

6.3.2.2　影响矿区规划图的因素

影响选择矿区工业场地的因素有下列几点。

（1）生产及建设条件。地面工业生产设施是根据生产需要建立的。采矿工业场地，尤其是辅助车间工业场地，应与开拓方案同时确定。配置各个场地及场地上的厂房时，要符合生产程序的要求，保证合理的运输线路，尽量避免交叉运输。当主副井距离较远且利用副井提升人员、材料、设备时，则井口福利建筑、锻钎房、坑木场、材料仓库和机修厂应设置在副井口附近。

选择场地时，不仅要考虑生产时期的条件，而且也必须考虑基建时期的动力供应、材料和设备的运输及施工机械化等问题。

（2）地形条件。一般金属矿床多赋存在山地，有时难以找到较大的能集中布置的各类厂房的工业场地。在这种情况下，可分散布置各个场地。在不占良田、少占农田的前提下，工业场地还是尽量布置在地形平坦或坡度平缓的地方，以便于在场内敷设运输线路和较为集中布置厂房。在具有一定坡度的山地，如利用得当，也可满足布置工业场地的要求，还可能使矿石的地面转运达到半自流的目的。

（3）地质、气象条件。要充分注意远景储量，避免工业场地设在远景储量的崩落界线以内。工业场地应具有良好的工程地质条件，避开岩溶地区，并注意山崩、雪崩、滑坡、泥石流等危害。

在选择工业场地时，要查明该地区的最高洪水位及主导风向。在平原地区，要注意场地的排水，避开沼泽地区。

（4）矿山年产量、服务年限。矿山年产量、服务年限在很大程度上决定着工业场地中各类建筑物及构筑物的规模及技术标准，从而也影响着工业场地占地面积。对有发展远景的企业，在工业场地上应留有余地，并在预留的场地处，不应有地下管缆等通过。

（5）交通运输条件。矿区距公共交通线的距离及其类型，不仅对企业外部运输有较大的影响，而且也影响到场地的确定，场地应便于与铁路或公路相连接。

厂内运输条件对工业场地位置及标高也有重大影响。因此，在一般情况下，确定工业场地位置及标高时，应与场内运输条件一并考虑。

6.3.2.3　布置规划图的要求

矿区规划的目的是使工业场地设置更加合理。工业场地是为了继续完成地下坑内生产流程，或者为了完成辅助性生产工作，因此，选择工业场地的位置，在安全条件可能、力求经济的前提下，必须最充分地考虑生产工艺流程的紧密衔接和提供生产性服务的方便。同时必须指出，工业场地布置不仅要考虑场地内各种建筑物、构筑物、运输线路及各种管线的平面位置关系，而且也要考虑它们之间的竖向关系，因此，工业场地布置是地表工业设施的平面布置与竖向布置的综合设计。在选择工业场地时,应满足如下的基本要求。

(1) 必须有足够的场地面积,以布置必要的建筑物、构筑物、运输线路及管线等。当有扩建可能时,要在力求节约的前提下,适当考虑企业发展用地的需要。同时,要尽量少占或不占农田,并根据实际需要分期征购土地。

(2) 必须注意利用地形,以减少挖、填土石方工程量,或尽量使挖、填平衡,以节约投资和劳力,同时应使地面排水方便。

(3) 采矿工业场地选择应与开拓系统统一考虑。采矿工业场地是与开拓方案密切相关和相互制约的。在地形条件允许时,其场地选择往往根据有利于主要开拓巷道布置的需要来决定。同样,在考虑开拓井巷地面出口位置时,也必须考虑该方案的工业场地选址问题,两者必须统一。

(4) 选矿工业场地应尽可能利用山坡地形并力求靠近采场工业场地。利用山坡地形是为了在选矿流程运输中充分利用矿流的自重。当用重选时,如采用浮选最好设置在 5°~10°的山坡地带。选矿工业场地力求靠近采矿工业场地是为了缩短地面运输距离,以使地面运输简化。应尽量使破碎厂原矿仓的顶部标高低于井口的标高,以便重车下行。产生粉尘的破碎车间,不仅应与入风井有不小于300m 的距离,而且要在主导风向的下侧。此外,选矿厂应设在供水、供电方便的地方。

(5) 工业场地应在地表岩移危险带及爆破危险区以外,要避免受山崩、雪崩、滑坡及山洪的危害,要采取必要的排洪措施、注意风向、重视环保。

(6) 必须注意工程地质及水文地质条件,以减少建筑物及构筑物的地基投资费用。

(7) 要有较好的布设地面运输线路的条件,且应便于与外部铁路、公路连接。

6.3.2.4 矿区总图的规划

A 矿区的规划图

矿区的规划图一般应遵循如下规则:

(1) 要根据生产流程的需要,因情制宜;

(2) 既不过于分散,也不过于集中,过于分散将使基建、经营费用增加,过度集中则不利于防火;

(3) 要综合考虑竖向布置的合理性;

(4) 统一布置运输线路,避免往返运输;合理安排管线,避免互相拥挤、冲突。

B 矿区规划图的主要任务

矿区规划图的主要任务如下:

(1) 采矿工业场地的设施:包括坑口房、卷扬机房、井口车场、空压机房、机修车间、木料场、材料库、办公室、浴池及干燥库房、食堂及各种水、电、热、气线路。

(2) 选矿工业场地的设施:包括破碎车间、磨矿车间、选矿车间、脱水车间、尾矿站、办公室及各种管线。

(3) 内外部运输:内部运输完成矿山企业内各种设施间的运输任务,矿石由井口运往选矿厂,废石由井口运往废石场,尾矿由选矿厂运往尾矿坝,爆破器材由露天器材库运往井下,材料由材料库、木材场运往井下,设备钎杆往返井下修理厂,职工由生活区往返工作区;运输方式有铁路、公路、架空索道、管路等。外部运输完成矿山企业与外部的联系，产品（矿石或精矿）运往附近车站、码头，材料设备由车站、码头运回矿山，人员与外部的联系，运输方式有铁路（准轨或窄轨）公路、水路。

（4）各种管线：完成矿山水、电、热、气、信息的传递。

水包括：井下排水，井下供水，生活用水，各种车间用水，办公用水，从水源取水。

电包括：井下用电，生活用电，井上各种车间（机修厂、选厂、空压等）用电，办公用电，公共场所用电。

热包括：井下通风供暖，生活供暖，办公室及公共场所供暖，井上各种车间供暖，浴池干燥供热。

气包括：供应井下的动力压气。

信息包括：六大系统信号线。

C　矿区的立面规划

采矿工业场地的竖向布置有连续式和台阶式。连续式布置应用在工业场地较为平整，各种设施在水平地面或较平缓地面上连续布置，中间设有道路和水沟；台阶式布置应用在工业场地坡度稍大，各种设施成台阶状布置，减少了平整工作量。各种建筑物和构筑物的布置应符合各种设施标高的差异，使运输方便；充分利用地形，减少填挖工作量；有利于内部运输和外部运输；要创造良好的排水防洪系统；注意各种设施的整体艺术性。

在规划以上建筑物和构筑物时要注意空压机房应位于上风侧，靠近副井；机修厂、设备库等运输条件要好，距离要近。各种设施注意防火、防水；废石堆位置要处于下风侧；炸药库远离生产生活区。

6.3.2.5　矿区炸药库的规划

A　地面炸药库（加工厂）位置选择

矿山炸药库（加工厂）危险性较大，安全要求必须十分严格。选择其场地时，应认真遵守防爆、防火、防洪的有关规定，充分满足下述各项要求：

（1）厂、库场址宜选择在矿区边缘偏僻的荒山沟谷内，并要求该处工程地质条件好、地下水位低、不受山洪与泥石流威胁，应有山岭、岗峦作为天然屏障，以减少对外的安全威胁；

（2）厂、库场址距离矿区、村镇、国家铁路、公路、高压输电线等建筑物、构筑物要达到规定的安全距离；

（3）应有布置其全部设施的场地面积，尽量减少土石方量，场地上应有良好的排水系统；

（4）与外部应有良好的运输条件，以便运出炸药成品，运入加工炸药用的原材料；

（5）炸药库和炸药加工厂是互相联系又互相影响的两个组成部分，既不应离得太远，又不能紧邻设置在一起，其间要求有一定的安全距离，通常选择在一个山沟内的两个沟岔里，或者选择在相距不远的两个独立的山沟内，使厂、库之间有天然的山峦隔开。

B　炸药库设计的主要规定

（1）爆炸材料库区的设施应包括：

1）炸药库；

2）雷管库；

3）爆炸材料准备室；

4）消防水池和消防棚；

5）防火沟；

6）土堤及围墙；

7）供电、照明、通信和防雷设施；

8）警卫室及岗亭；

9）办公室；

10）装卸站台；

11）道路及排水沟。

（2）库区内布置各库房位置时，应符合库房之间的殉爆安全距离的要求。

（3）通往各库房应有规定宽度的通道，如用汽车接近库房取送炸药时，应在适当地点设置汽车用车场与装卸站台。公路的纵向坡度不宜大于6%，手推车道路不宜大于2%，冬季应有防滑措施。

（4）总库库区应设刺网和围墙，其高度不低于2m，与炸药库的距离不小于40m，在刺网10m外设宽1~3m、深不小于1m的防火沟。

（5）库区值班室布置在围墙外侧，距围墙不小于50m；岗楼布置于周围。库区办公室、生活设施等服务性建筑物应布置在安全地带。

（6）库区内库房多时，相邻库房不得长边相对布置；雷管库应布置在库区的一端。库房结构应为平房，房屋宜为钢筋混凝土梁柱承重，墙体应坚固、严密、隔热，应注意合理的方位。库房应具有足够的采光、通风窗，库房地面应平整、坚实、无裂缝、防潮、防腐蚀，不得有铁器之类出露于地面。

（7）库区对矿区、居住区、村镇、国家铁（公）路及高压输电线等建、构筑物的安全距离的起算点是库房的外墙根。

────── 本 章 小 结 ──────

矿床地下开采除井下工程外，仍然需要在地面建设采矿工业场地、选矿工业场地、矿山内外部运输系统。本章介绍了地面主要工程的作用，常用形式，地面总图布置形式，地面管网的作用、布置形式，地面运输系统等内容。

复习思考题

6-1 什么是矿山地面总图布置，包括哪些内容？

6-2 矿区规划图应标明哪些工程？

6-3 采矿工业场地布置图应标明哪些工程？

6-4 总图布置应遵循什么原则？

6-5 采矿工业场地包括哪些内容？

6-6 选矿工业场地如何布置？

6-7　怎样区分内部运输和外部运输？

6-8　内、外部运输方式的选择有哪些要求？

6-9　主井周围常布置哪些设施？

6-10　副井周围常布置哪些设施？

6-11　风井周围常布置哪些设施？

6-12　选矿工业场地布置图应标明哪些工程？

7 采矿生产工艺

第7章微课

第7章课件

7.1 采矿方法

7.1.1 采矿方法的概念

在金属矿床地下开采基本原则中，已经阐述：金属矿床地下开采，必须先把井田划分为阶段（或盘区），再把阶段（或盘区）划分为矿块（或采区）。矿块是基本的回采单元。

采矿方法是研究矿块内矿石的开采方法，是采准、切割、回采工作在空间上、时间上的有机结合，采矿方法是采准、切割、回采工作的总称。

所谓采矿方法，就是指从矿块（或采区）中采出矿石的方法，它包括采准、切割和回采三项工作。采准是按照矿块构成要素的尺寸来布置的，为矿块回采解决行人、运搬矿石、运送设备材料、通风及通信等问题；切割则为回采创造必要的自由面和落矿空间；等这两项工作完成后，再直接进行大面积的回采。这三项工作都是在一定的时间与空间内进行的，把这三项工作联系起来，并依次在时间与空间上作有机配合，这一工作总称为采矿方法。

采矿方法与回采方法的概念是不同的。在采矿方法中，完成落矿、矿石运搬和地压管理三项主要作业的具体工艺，以及它们相互之间在时间与空间上的配合关系，称为回采方法。开采技术条件不同，回采方法也不相同。矿块的开采技术条件在采用何种回采工艺中起决定性作用，所以回采方法实质上成了采矿方法的核心内容，由它来反映采矿方法的基本特征。采矿方法通常以它来命名，并由它来确定矿块的采准、切割方法和采准切割巷道的具体布置。

在采矿方法中，有时常将矿块划分成矿房与矿柱，作两步骤采，先采矿房，后采矿柱，采矿房时由周围矿柱支撑开采空间，这种形式的采矿方法称为房式采矿法；以区别于不分矿房、矿柱，整个矿块作一次采完的矿块式采矿法。在条件有利时，矿块也可不分矿房、矿柱，而回采工作是沿走向全长，或沿倾斜（逆倾斜）连续全面推进，则成了全面式回采采矿法。

7.1.2 采矿方法分类

7.1.2.1 采矿方法分类的目的

由于金属矿床的赋存条件十分复杂，矿石与围岩的性质又变化不定，随着科学技术的发展，新的设备和材料不断涌现，新的工艺日趋完善，一些旧的效率低、劳动强度大的采矿方法被相应淘汰，而在实践中又创新出各种各样与具体矿床赋存条件相适应的采矿方法，故目前存在的采矿方法种类繁多、形态复杂。这些采矿方法尽管有其各自的特征，但彼此之间也存在着一定的共性。

为了便于认识每种采矿方法的实质，掌握其内在规律及共性，以便通过研究进一步寻求更加科学、更趋合理的新的采矿方法，需对现已应用的种类繁多的采矿方法进行分类。

采矿方法的选择不仅取决于矿体赋存自然条件，而且取决于开采技术水平和社会经济条件。严格来讲，没有任何一个矿山的开采条件与另一个矿山完全相同，所以也就没有任何两座矿山的采矿方法彼此完全相同。有的采矿学者认为：有多少矿山就有多少种（或更多）采矿方法；在一定条件下（含时间），一个具体矿山（或矿块）只有一种采矿方法是最优的或最成功的；不存在一种万能的永远不变的适用于一切矿山的最优采矿方法；对采矿方法的优劣评价不可忽视其适用条件。但是，也必须承认在浩瀚的难以准确计数的采矿方法中也必然具有共同特征，每种采矿方法都是世界范围的采矿者在采矿实践中所认识和总结的规律。学习采矿方法的目的就是通过学习，借鉴前人创造的采矿方法，根据面临矿体的实际开采条件，科学地、能动地设计新的采矿方法。学习的目的绝不是根据已有的采矿方法适用条件，去生搬硬套用于开采新矿体。

采矿方法分类的目的就是在浩繁的采矿方法中，将一些应用较广的主要采矿方法，根据其共性进行归纳，以便于学习和掌握前人总结的采矿方法的科学规律，正确地选择和设计采矿方法。

7.1.2.2　采矿方法的分类要求

采矿方法的分类要求如下：

（1）分类应能反映出每类采矿方法的最主要的特征，类别之间界限清楚；

（2）分类应简单明了，不宜烦琐庞杂，目前正在采用的采矿方法必须逐一列入，明显落后趋于淘汰的采矿方法则应从中删去；

（3）分类应能反映出每类采矿方法的实质和共同的适用条件，以作为选择和研究采矿方法的基础；

（4）既利于分类学习，又不被分类所局限而影响创新，有利于认识原有的采矿方法并创造新的采矿方法。

7.1.2.3　采矿方法的分类依据

目前，采矿方法分类的方法很多，各有其取用的根据，一般以回采过程中采区的地压管理方法作为依据。采区的地压管理方法实质上是基于矿石和围岩的物理力学性质，而矿石和围岩的物理力学性质又往往是导致各类采矿方法在适用条件、结构参数、采切布置、回采方法及主要技术经济指标上有所差别的主要因素。因此按这样分类，既能准确反映出各类采矿方法的最主要特征，又能明确划定各类采矿方法之间的根本界限，对于进行采矿方法比较、选择、评价与改进也十分方便。

7.1.2.4　采矿方法的分类特征

根据采区地压管理方法，可将现有的采矿方法分为三大类。每一大类采矿方法中又按方法的结构特点、回采工作面的形式、落矿方式等进行分组与分法。

表7-1是按上述依据划分的金属矿床地下采矿方法分类表。该分类体现了采矿方法在

处理回采空区时的方法不同，反映了采矿方法对矿体倾角、厚度、矿石与围岩稳固性的适应性，也反映了不同采矿方法之间生产能力等的变化规律，并且有利于不同采矿方法之间的相互借鉴。

表 7-1 金属矿床地下采矿方法分类表

类　　别	回采期间采空场填充状态	组　　别
空场采矿法	空　场	（1）房柱采矿法； （2）全面采矿法； （3）分段采矿法； （4）阶段矿房采矿法； （5）留矿采矿法； （6）无矿柱的留矿采矿法
充填采矿法	充填料	（1）单层充填采矿法； （2）上向分层充填采矿法； （3）下向分层充填采矿法； （4）下向进路充填采矿法
崩落采矿法	崩落围岩	（1）单层崩落采矿法； （2）分层崩落采矿法； （3）有底柱分段崩落采矿法； （4）有底柱阶段崩落采矿法； （5）无底柱分段崩落采矿法

三大类主要采矿方法的界限是这样划定的。

（1）空场法。通常是将矿块划分为矿房与矿柱，作两步骤回采。该类采矿方法随着回采工作面的推进，采空场中无任何填充物而处于空场状态，采空场的地压控制与支撑借助临时矿柱或永久矿柱，或依靠围岩自身稳固性。显然这类采矿方法一般只适用于开采矿岩稳固的矿体。即使矿房采用留矿采矿，因留矿不能作为支撑空场的主要手段，仍需依靠矿岩自身的稳固性来支持。所以，用这类方法采矿矿石与围岩均要稳固是其基本条件。

（2）崩落法。此类方法不同于其他方法的是矿块按一个步骤回采，随回采工作面自上向下推进，用崩落围岩的方法处理采空区。围岩崩落以后，势必引起一定范围内的地表塌陷。因此，围岩能够崩落，地表允许塌陷，是使用本类采矿方法的基本条件。

（3）充填法。此类方法矿块一般也分矿房与矿柱，作两步骤回采；也可不分房柱，连续回采矿块。矿石性质稳固时，可作上向回采，稳固性差的可作下向回采。回采过程中空区及时用充填料充填，以它来作为地压管理的主要手段（当用两步骤回采时，采第二步骤矿柱需用矿房的充填体来支撑）。因此，矿岩稳固或不稳固均可作为采用本类采矿方法的基本条件。

值得指出的是：随着对采矿方法的深入研究，现实生产中已陆续应用跨越类别之间的组合式采矿方法。如空场法与崩落法相结合的分段矿房崩落组合式采矿法、阶段矿房崩落组合式采矿法、空场法与充填法相结合的分段空场充填组合式采矿法等，这些组合式采矿法在分类中还体现得不够完善。采用这些组合方法，能够汲取各自方法的优点，摒弃各自方法的缺点，起到扬长避短的作用，并且在适用条件方面加以扩大。组合式采矿方法的这种趋向，有利于发展更多、更加新颖的采矿方法。

此外，采用两个步骤回采的采矿方法时，第二步骤的矿柱回采方法应该与第一步骤矿房的回采方法作通盘考虑。第二步骤回采矿柱，受矿柱自身条件的限制，以及相邻矿房采出后的空区状态、回采间隔时间等影响，使采柱工作变得更为复杂，但其回采的基本方法，仍不外乎上述三类。

7.2　采准切割工程

7.2.1　采切工程的划分

采准工程与切割工程可简称为采切工程。采准、切割巷道的布置方式分别称为采准方法与切割方法，简称采切方法。

为获得采准矿量，在开拓矿量的基础上，按不同采矿方法工艺的要求掘进的各类井巷工程，称为采准工程。采准工程的任务是：划分矿块（采区）及形成矿块（采区）内的矿石运搬、人行、通风、材料运送等系统。采准巷道按其作用不同分为阶段运输巷道、穿脉运输巷道、天井（上山）、人行材料天井、通风巷道、电耙道、采场溜井、采场充填井、凿岩井巷等。应当指出，多数阶段运输巷道本属开拓工程，但由于它与采矿方法所规定的采准工程关系极为密切，为便于研究将其纳入采准工程范畴。

为获得备采矿量，在采准矿量的基础上，按不同采矿方法的规定，在回采作业之前必须完成的井巷工程，称为切割工程。切割工程的任务是：为大量开采矿石，用掘进的手段开辟回采的最初工作面和补偿空间，如切割天井、切割上山、切割平巷、拉底巷道、切割槽、漏斗等。

采准、切割工程的划分各矿山并不统一。可根据矿山的实际情况进行划分，并将采准、切割工程的费用都计入生产成本。

7.2.2　采准工程

7.2.2.1　脉内采准与脉外采准

按采准巷道与矿体的相对位置，采准方法分脉内采准与脉外采准两种。脉内采准在掘进过程中可以得到副产矿石，矿体疏水效果好，并可起补充探矿的作用，但矿体较薄且产状变化大时，巷道难以保持平直，给铺轨及运输带来不便；此外矿石不稳固时，采场地压大，巷道维护工作量大。脉外采准虽然无副产矿石，矿体疏水效果也差，但它可以使矿块的顶底柱尺寸达到最小，并有可能及时回收，巷道维护费用低，通风条件好，且开采有自燃性矿石时易封闭火区。一般厚矿体多用脉外采准，薄矿体多用脉内采准。

7.2.2.2　阶段运输平巷的布置形式

阶段运输平巷的布置必须与矿块、阶段的生产能力及采矿方法的要求相适应。运输平巷若兼作下阶段的回风巷道时，应布置在下阶段矿体所圈定的岩石移动范围之外。

A 沿脉单线有错车道布置

沿脉单线有错车道布置形式适用于中、小型矿山。矿体较规则、采用充填法回采或因矿体薄而不回收阶段矿柱时采用脉内布置，如图7-1（a）所示；当矿体变化大或矿柱需回收时，可采用脉外布置，如图7-1（b）所示；也可根据矿体变化情况采用脉内外联合布置，如图7-1（c）所示。这种布置可适应年产矿石20万~30万吨的矿井要求。

在薄或极薄矿体中布置阶段运输平巷，应考虑有利于装车、探矿及巷道维护，布置形式如图7-2所示。当矿脉为急倾斜时，可使矿脉在平巷断面的中间或一侧；当矿脉缓倾斜矿体时，可使矿体位于平巷断面的中间或者位于顶板、底板附近。

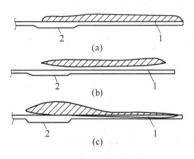

图7-1 脉内或脉外错车道平巷布置
（a）脉内布置；（b）脉外布置；
（c）脉内脉外联合布置
1—沿脉巷道；2—错车道

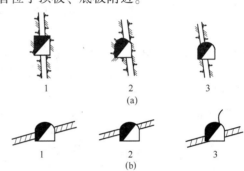

图7-2 薄矿脉阶段平巷的布置
（a）急倾斜矿体；（b）缓倾斜矿体
1—矿脉位于巷道断面中间；2—矿脉位于巷道顶板；3—矿脉位于底板

矿体产状变化大时，为便于探矿，可使矿脉位于巷道中间。巷道服务年限较长，两盘岩石稳固性不一时，巷道应布置在较稳固的岩石中。

B 穿脉或沿脉尽头式布置

穿脉或沿脉尽头式布置，适用于大中型矿山，特别是对双机车牵引的矿山最为有利，如图7-3所示。矿体不规则时，使用穿脉巷道利于探矿，且掘进时受外界干扰少。矿体规整时，沿脉巷道布置较穿脉巷道布置工程量小，但矿体不稳固时，巷道维护困难。开采易燃矿石，使用穿脉布置易封闭火区；地面有泥浆从采空区下井的矿山，穿脉巷道布置可减少泥浆对沿脉巷道污染的机会。该种布置的年生产能力为60万~150万吨。

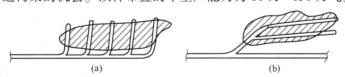

图7-3 穿脉或沿脉尽头式布置
（a）穿脉尽头布置；（b）沿脉尽头布置

C 脉内外环形布置

脉内外环形布置，适用于厚大矿体或平行多条矿脉、生产能力大的矿井，如图7-4所示。一般采用单线环形布置，当生产能力很大时（800万~1000万吨/年），可采用双线环形布置，如图7-4（a）所示。如果开采缓倾斜厚矿体，其中一条沿脉平巷可布置在靠近上盘的矿体内，如图7-4（b）所示。脉内外环形布置在我国大型矿井中使用广泛。

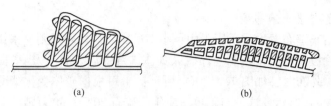

图 7-4 脉内外环形布置

（a）双线环形布置；（b）沿脉平巷布置

穿脉巷道既是装车线又是空、重车线的连接线，空、重车线分别布置在两条沿脉巷道中，各条巷道均无反向运输。这种布置年生产能力可达 100 万吨以上。

D 脉外环形布置

脉外环形布置，环形巷道全在脉外，适用于倾角不大的中厚矿体开采。采场溜井布置在靠近下盘的沿脉运输巷道内，两沿脉巷道之间的连道可环形连接，也可折返连接，如图 7-5 所示。装车线、行车线分别布置在两条沿脉巷道内，互不干扰，安全、方便，与双线单巷相比巷道断面小，便于维护；其缺点是掘进工程量大。

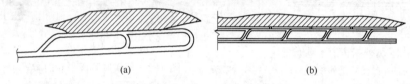

图 7-5 脉外环形布置

（a）环形连接；（b）折返连接

E 无轨装运设备运输巷道布置

采用无轨自行设备运输时，采场爆落矿石直接落到装矿短巷底板上，装矿短巷的底板高程与阶段运输巷道相同。多数情况下，装运设备自行装载矿石后沿运输巷道将矿石运卸入溜井中。根据矿体厚度不同，装矿短巷可以从沿脉运输巷道开掘，也可以从穿脉运输巷道开掘，如图 7-6 所示。装矿短巷可集中布置于运输巷道的一侧，也可交错布置于运输巷道两侧，如图 7-7 所示。

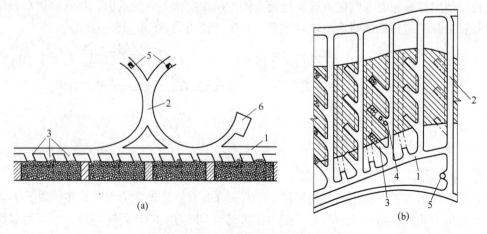

图 7-6 无轨运输巷道装矿短巷单侧布置

（a）装矿短巷在沿脉运输巷道一侧；（b）装矿短巷在穿脉巷道一侧

1—沿脉运输巷道；2—穿脉运输巷道；3—装矿短巷；4—铲运机；5—溜井；6—设备修理硐室

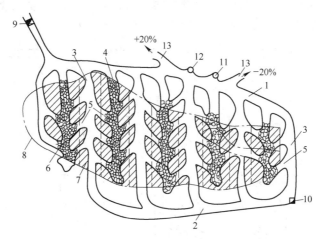

图 7-7 装矿短巷在穿脉运输巷道双侧布置

1—下盘运输平巷；2—上盘运输平巷；3—穿脉运输巷道；4—拉底巷道；
5—装矿短巷；6—矿房；7—间柱；8—矿体边界；9—进风天井；
10—回风天井；11—矿石溜井；12—废石溜井；13—开拓斜巷

运输巷道轴线与装矿短巷轴线之间夹角一般为 45°~90°，装矿短巷的长度不小于无轨设备的长度，卸矿溜井间距取决于设备的合理运距及矿块的生产能力。

7.2.2.3 采准天井（上山）

采准天井（上山）的作用是：划分开采单元；将阶段（盘区）运输巷道与回采工作面连通，供人行、运送材料、设备及充填料；通风及溜放矿石；为掘进分段、分层巷道、凿岩硐室形成通道；为开切割立槽形成补偿空间等。

A 对采准天井的要求

采准天井的布置应满足以下要求：

（1）使用安全，与回采工作面联系方便；

（2）具有良好的通风条件；

（3）便于矿石下放和人员、材料、设备进入工作面，有利于其他采切巷道的施工；

（4）巷道工程量小，维修费用低；

（5）有利于探采结合，并与所选用的采矿方法相适应。

B 布置形式

按照天井与矿体的关系，有脉内天井与脉外天井之分，其布置形式如图 7-8 所示。脉内天井按其与回采空间联系方式不同，又有四种布置形式，如图 7-9 所示。图 7-9（a）中的天井在间柱内，通过天井联络道与矿房连通。图 7-9（b）中的天井在矿块中央，随着回采工作面向上推进天井逐渐消失，若要保持天井，需重新进行支护，架设台板与梯子。图 7-9（c）、（d）中的天井在矿块中央或两侧，随着工作面的回采，天井逐渐消失；若需保留，则在充填料或留矿堆中用混凝土预制件或横撑支柱逐渐重新架设，形成新的顺路天井。

根据天井用途确定其断面尺寸及是否合格。除专用天井外，一般采场天井分为 2~3

格，一格用于人行和通风，其断面尺寸根据梯子布置方式与通风要求决定；另外 1~2 格用于运送材料、设备及放矿。

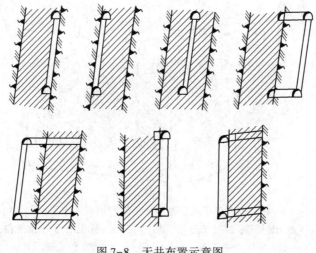

图 7-8　天井布置示意图

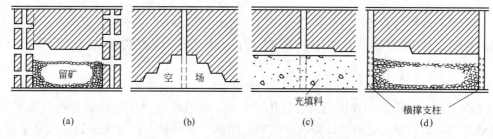

图 7-9　天井与回采空间联系方式示意图

C　天井的施工方法

目前，掘进天井的方法有普通掘进法、吊罐法、爬罐法、钻进法和深孔分段爆破法，可以参考《井巷工程》相关内容。

在微倾斜、缓倾斜矿体的采准切割工程中，逆矿体倾向或伪倾向、由下而上掘进的倾斜巷道称为"上山"，其布置形式及对布置的要求与天井相似。

7.2.2.4　斜坡道采准

使用无轨自行设备的矿山，建立阶段运输水平与分段、分层工作面之间联络的方法有两种方式：一种是采用专门的大断面天井；另一种就是用斜坡道来联系。用斜坡道来联系的采准方式称为斜坡道采准。斜坡道采准虽然掘进工作量大，但与大断面专用设备井的采准相比，其设备运行调度、人员进出采场、材料设备运送等均较方便，且劳动条件大为改善。因此，国内外使用无轨自行设备的矿山，大多采用斜坡道采准。

采准斜坡道只为一个或几个矿块服务，为整个阶段服务的斜坡道则属于开拓范畴。

斜坡道采准包括采准斜坡道与采准平巷两部分。此外，用来为无轨采矿服务的各种井巷（如溜井、联络道等）和硐室（如机修硐室等）也属于斜坡道采准工程。采准平巷一般包括阶段平巷、分段平巷、分层平巷及其与采场、溜井和斜坡道之间的各种联络平巷。

A 采准斜坡道的布置形式

（1）按斜坡道的线路形式分为直进式、折返式与螺旋式三种。当矿体长度较大而阶段高度较小时，可采用图7-10所示的直进式斜坡道。直进式斜坡道在阶段间不折返、不转弯，在不同的高程用联络道与回采工作面连通。

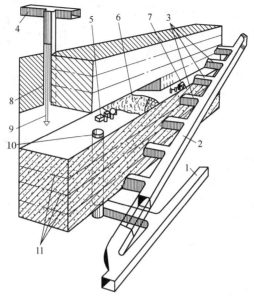

图7-10 直进式斜坡道在水平分层充填法中的应用

1—阶段运输巷道；2—直进斜坡道；3—斜坡联络道；4—回风充填巷道；5—铲运机；6—矿堆；
7—自行凿岩台车；8—通风充填井；9—充填管道；10—溜井；11—充填分层线

图7-11为某铅锌矿折返式斜坡道立体图，斜坡道连通各分段巷道，阶段之间用多次折返斜巷相连。

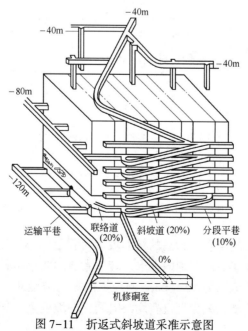

图7-11 折返式斜坡道采准示意图

图 7-12 为螺旋式斜坡道立体图，阶段之间、分段之间均用螺旋斜坡道相连。

（2）按采准斜坡道与矿体之间的关系分
为下盘斜坡道、上盘斜坡道、端部斜坡道与
脉内斜坡道四种。

1）下盘斜坡道适合于使用各种采矿方
法的倾斜、急倾斜、各种厚度的矿体。优点
是斜坡道离矿体近，斜坡道不易受岩石移动
威胁，采准工程量小，故常为矿山使用。

2）上盘斜坡道适用于矿体下盘岩石不
稳固而走向又长的急倾斜矿体，矿山使用
不多。

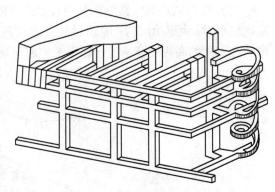

图 7-12　螺旋式斜坡道连通各分段巷道

3）端部斜坡道适用于矿体上、下盘均
不稳固、走向不长、端部岩石稳固的厚大矿体。

4）脉内斜坡道一般用于开采水平、微倾斜、缓倾斜矿体，矿岩均稳固的矿山，也可
将部分斜坡道布置在充填体上。

　　B　斜坡道采准巷道断面及线路坡度

无轨自行设备采准巷道断面与巷道的用途有关，一般运输兼人行巷道断面最大，回采
巷道断面最小。运输巷道断面，如图 7-13 所示。

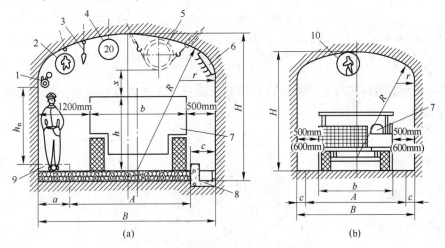

图 7-13　斜坡道采准巷道断面图

（a）无轨运输巷道断面；（b）凿岩、运搬和辅助巷道断面

1—压气管与水管；2—人行道标志；3—照明灯；4—限速标志牌（粗红边）；5—通风管道；
6—电缆挂钩；7—自行设备；8—排水沟；9—人行道；10—禁止人行标志牌（粗红边）；
R—大拱半径；r—拱角半径；x—车身顶端与悬挂物最小距离，不得小于 600mm；h_n—直壁高，不小于 1800mm

曲线巷道应设置曲线超高段，超高的横向坡度可在 2%~6% 范围内选取。曲线巷道还
应加宽，加宽值可在 0.4~0.7m 范围内选取。转弯巷道的曲率半径取决于巷道的用途及无
轨设备的技术规格，取值范围为 10~80m。斜坡道的纵向坡度对设备使用效益也有很大影
响，坡度大可缩短巷道长度，减少掘进费用与时间；但坡度大会导致生产费用的大幅度升

高，燃油消耗多，内燃机功率与质量都需加大，通风费用也要增加。生产中可按表7-1选取斜坡道的纵向坡度。路面质量是影响井下无轨自行设备经济效益最突出的因素，因为它直接关系到行驶速度、轮胎磨损、燃料消耗及维修费等。同时，在无轨自行设备运行的巷道中，一定要加强照明，特别是巷道交叉处及有较大危险的地段。

7.2.3 切割工程

切割工作的任务是为回采创造爆破的自由面、为回采凿岩创造工作面、为回采爆破创造补偿空间，回采工作需要完成的切割工程有拉底、扩漏（辟漏）、切割槽。

（1）拉底。一般采用矿房式两步骤回采的采矿方法的矿块，为回采创造自由面和工作面，及为回采创造最初的补偿空间，一般在矿房的最下面需形成拉底空间。拉底空间的形成方法一般是掘进拉底巷道和拉底横巷，在此基础上开凿水平平行孔来形成。

（2）扩漏。在采用漏斗受矿底部结构的采矿方法中，为形成漏斗而完成的工作称为扩漏。矿房崩落的矿石依靠重力运搬到漏斗内，而后依靠重力或机械完成矿石的运搬任务。扩漏一般是在需要形成漏斗的空间首先开掘漏斗颈，而后以漏斗颈为自由面打束状炮孔完成扩漏工作。

（3）切割槽。在采用中深孔、深孔落矿的采矿方法中，或采用堑沟、平底受矿的底部结构中，为创造初始回采的自由面、补偿空间及形成受矿空间，均需开掘切割槽。切割槽的形成一般是在切割槽内掘进切割天井、切割横巷、凿岩巷道、堑沟巷道等工程，而后借助这些工程形成切割槽。

各种切割工程的开挖形式、形成方法都与各种采矿方法密切相关，相应切割工程的施工方法与相应的采矿方法一起研究。

切割工程为获得备采矿量，在采准矿量的基础上，按不同采矿方法的要求，在回采作业之前为大量开采矿石而用掘进的手段开辟的回采最初工作面，如切割天井、切割上山、切割平巷、拉底巷道及扩切割槽、扩漏等；同时，这些工程还为大量回采时的爆破提供了补偿空间。

切割工程与采矿方法关系密切，各种切割工程的切割方法将结合具体的采矿方法讨论。

7.2.4 采切比与采掘比计算

7.2.4.1 计算的目的与原则

矿山采出矿石量一般由矿房采出矿石量、矿柱采出矿石量、掘进副产矿石量三部分组成。为贯彻"采掘并举，掘进先行"的矿山生产技术方针，使矿山按计划有步骤地协调生产，各矿山每年都要提前制订下一年度的采掘进度计划。

由于矿山生产的复杂性、多变性，各矿山都是按照本矿山标准矿块的采切比及标准矿块所不包括的其他掘进量来计算下一年度的切割、采准、开拓、措施、生产勘探、地质勘探工程量的，并据此计算出掘进工作面数、队组数、所需人员数、设备材料需要量及动力消耗指标等。所以，采切比、采掘比是评价采矿方法的重要指标，也是确定和考核矿山生产能力、矿山人员编制、设备、材料及动力供应等的重要指标。

7.2.4.2 采切比与采掘比的计算

矿山采出单位矿石所需分摊的采准、切割工程量称为采切比。有的矿山还分别单独计算采准比与切割比。

矿山采出单位矿石所需分摊的掘进工程量称为采掘比，掘进工程量不仅包括采切工程量，还包括矿山正常生产期间的开拓工程量、措施工程量、地质勘探工程量、生产勘探工程量等。显然，采掘比大于采切比。

采切比和采掘比的单位有两种，当采准、切割及掘进巷道的数量用长度来表示时，采切比与采掘比的单位为 m/kt；用体积表示时为 m^3/kt。由于各矿山所使用的巷道断面不同，采切比与采掘比的单位采用 m^3/kt 时便于比较。当千吨采切比、采掘比的数值很小时，有时也采用万吨采切比、采掘比来表示。

计算中若将每年采切总工程中的脉内与脉外部分分开，即可求得每年的副产矿石量与每年掘进的废石量。从年产量中扣除年副产矿石量，便可得出矿房、矿柱所应分摊的年产量，并据此确定每年需开辟的矿房、矿柱采场数，进而平衡矿山运输、提升能力等。

A　计算内容

采切比与采掘比的计算内容如下：

(1) 矿房采出矿石量、矿柱采出矿石量、采切副产矿石量与矿块采出矿石量之比；

(2) 采切比与采掘比；

(3) 采切废石量与采掘废石量之比。

B　计算所需资料

计算采切比与采掘比所需资料有：

(1) 所选定采矿方法标准矿块的图纸、矿房矿柱的构成要素、采准切割工程的布置、回采步骤等；

(2) 采准、切割、回采（矿房与矿柱）各项工作的损失与贫化指标；

(3) 矿房、矿柱的生产能力；

(4) 各种采切巷道的断面尺寸、掘进速度及主要施工设备；

(5) 开拓、措施、地探、生探工作量，阶段平面布置图等。

C　计算方法

计算方法如下：

(1) 采切工程量、采切比的计算方法，根据矿房（矿柱）的采矿方法标准设计图用表 7-2 来进行计算；

(2) 采出矿石量、采出矿石量比用表 7-3 中公式进行计算；

(3) 采切废石量、采切废石量比的计算。

采切废石量用下式计算：

$$R = \sum V'' \gamma K \tag{7-1}$$

式中　R——采切废石量，t；

$\sum V''$——采切工程中的掘进废石总量，由表 7-2 查出，m^3；

γ——废石密度，t/m^3；

K——修正系数，$K = 1.15 \sim 1.30$。

采切废石量比用下式计算：

$$B = R / \sum T \times 100\% \tag{7-2}$$

式中　B——废石量比，%；

$\sum T$——采出矿石量，由表 7-4 查出，t。

表7-2 矿块采切工程量计算表达式

巷道名称(巷道数目)	巷道长度/m					巷道断面面积/m²			体积/m³			千吨采切比		备注
	矿石中		岩石中		合计	矿石中	岩石中	合计	矿石中	岩石中	合计	用长度表示/m	用体积表示/m³	
	单长	总长	单长	总长	总长	合计	合计	合计						
(1) 采准巷道:														
1) 阶段运输巷道;														
2) 天井;														
3) 电耙道;														
4) 溜矿井														
小 计				ΣL_1					$\Sigma V'_1$	$\Sigma V''_1$	ΣV_1	$C_1=\dfrac{1000K\Sigma L_1}{\Sigma T}$	$C_1=\dfrac{1000K\Sigma V_1}{\Sigma T}$	
(2) 切割巷道:														
1) 拉底巷道;														
2) 切割横巷;														
3) 切割天井														
小 计				ΣL_2					$\Sigma V'_2$	$\Sigma V''_2$	ΣV_2	$C_2=\dfrac{1000K\Sigma L_2}{\Sigma T}$	$C_2=\dfrac{1000K\Sigma V_2}{\Sigma T}$	
采切合计				ΣL					$\Sigma V'$	$\Sigma V''$	ΣV	$C=\dfrac{1000K\Sigma L}{\Sigma T}$	$C=\dfrac{1000K\Sigma V}{\Sigma T}$	

注: C_1 为千吨采准比, m/kt 或 m³/kt;
C_2 为千吨切割比, m/kt 或 m³/kt;
C 为千吨采切比, m/kt 或 m³/kt;
ΣT 为矿块采出矿石量, 用表7-3中公式计算, t;
K 为修正系数, $K=1.15\sim1.30$。

表 7-3　矿块采出矿石量计算表

工作内容	工作储量/t	回采率/%	贫化率/%	采出工业储量/t	采出（贫化了的）矿量/t	占矿块采出矿量比例/%	班产量分配/t	备注
（1）采准工作	Q_1	η_1	ρ_1	$T'_1 = Q_1 \cdot \eta_1$	$T_1 = \dfrac{T'_1}{1-\rho_1}$	$k_1 = \dfrac{T_1}{\sum T} \times 100\%$	$a_1 = k_1 a$	
（2）切割工作	Q_2	η_2	ρ_2	$T'_2 = Q_2 \cdot \eta_2$	$T_2 = \dfrac{T'_2}{1-\rho_2}$	$k_2 = \dfrac{T_2}{\sum T} \times 100\%$	$a_2 = k_2 a$	
（3）回采工作： 1）矿房 2）矿柱	Q_3 Q_4	η_3 η_4	ρ_3 ρ_4	$T'_3 = Q_3 \cdot \eta_3$	$T_3 = \dfrac{T'_3}{1-\rho_3}$ $T_4 = \dfrac{T'_4}{1-\rho_4}$	$k_3 = \dfrac{T_3}{\sum T} \times 100\%$ $k_4 = \dfrac{T_4}{\sum T} \times 100\%$	$a_3 = k_3 a$ $a_4 = k_4 a$	
矿块合计	$\sum Q$	$\eta = \dfrac{\sum T'}{\sum T}$	$\rho = \dfrac{\sum T - \sum T'}{\sum T'}$	$\sum T'$	$\sum T$	$k = 100$	a	

注：a 为全矿矿石班产量，吨/班。

7.2.4.3　计算时应注意的几个问题

计算时应注意以下几个问题。

（1）矿山若采用矿房、矿柱两步骤回采的房式采矿法或同时采用两种及两种以上的采矿方法，应分别对矿房、矿柱及各种采矿方法进行计算。

（2）应充分考虑矿山的实际条件。当矿床的埋藏条件多变时，施工技术难以在计算中反映出来，可按下列影响因素进行修正：

1）施工中可能出现的部分废巷；

2）由于断层多、矿床构造复杂，可能出现的未预计工程量；

3）因为矿体走向、倾角、厚度发生变化，引起巷道长度增加；

4）施工中必然出现的超挖。

计算结果应乘以系数 K 加以修正，K 的取值范围为 $1.15 \sim 1.30$。当矿体形态规整简单，勘探程度高，矿岩稳固的中厚以上，取小值，反之取大值。

7.3　回采的主要生产工艺

回采的主要生产工艺有落矿、矿石运搬和地压管理。

落矿又称为崩矿，是将矿石从矿体上分离下来，并破碎成适于运搬的块度；矿石运搬是将矿石从落矿地点（工作面）运到阶段运输水平，这一工艺包括放矿、二次破碎和装载；地压管理是为了采矿而控制或利用地压所采取的相应措施。

通常，各种采矿方法均包含这三项工艺。但因矿石性质、矿体和围岩条件、所用设备及采矿方法结构等不同，这些工艺的特点并非完全相同。回采工艺对矿床开采的效益影响很大，三项工艺的费用占回采总费用的 75% ~ 90%，而回采费用又占整个矿石成本的 35% ~ 50%；采场的劳动消耗占全矿劳动消耗的 40% ~ 50%；矿石的损失率、贫化率也与回采工艺直接相关。但是，每一工艺所占回采总费用的比例在不同的采矿方法中是不同的，波动范围很大。如开采坚硬的薄矿体（用浅孔留矿法），落矿工艺所占比例最大；在支柱充填法中，则地压管理工艺费用最大。

回采工艺之间的联系是非常密切的。例如，增加深孔间距可以降低落矿费用，但矿石块度加大，放矿费用随之增加；采用高效率的装载设备，不仅可以降低放矿和装载费用，而且可提高回采强度，降低地压管理费用。为了确保回采工作的安全，提高劳动生产率和采矿强度，降低矿石的损失与贫化，必须正确选择回采工艺方法，并从设备和工艺改革上提高三项主要工艺的技术水平。

7.3.1 落矿

7.3.1.1 概述

目前广泛应用的落矿方法是凿岩爆破，本书重点介绍坚硬矿石常用的浅孔、中深孔、深孔及药室落矿。开采松软破碎的矿石的落矿方式及其他特殊落矿方式可参阅其他相关文献。

评价落矿效果的主要指标是凿岩工劳动生产率、实际落矿范围与设计范围的差距、矿石的破碎质量。

（1）凿岩工劳动生产率：凿岩工劳动生产率用凿岩工每班所凿炮孔的落矿量表示。

（2）实际落矿范围与设计范围的差距：此差距对矿石回采率与废石混入率影响很大，这一指标可以用实际验收炮孔的深度、倾角和排面方位角与设计数据对比表述。

（3）矿石的破碎质量：矿石的破碎质量主要用大块产出率表示。矿块中不合格的大块矿石的总质量占放出矿石总质量的百分比，称为大块产出率（简称大块率）。为便于进行放矿和运搬，将不合格的大块破碎成合格块度的作业，称为矿石的二次破碎。大块产出率取决于凿岩爆破参数与合格块度的尺寸。大块率可以直接测定，也可以用矿石二次破碎的单位炸药消耗量表示。

7.3.1.2 浅孔落矿

目前，我国地下矿山浅孔落矿仍占有近一半的比重。

浅孔凿岩一般采用轻型风动凿岩机，回采工作面浅孔布置，如图7-14和图7-15所示。

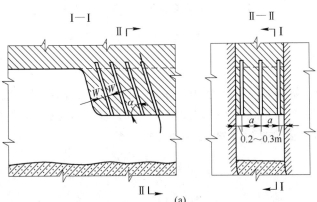

(a)

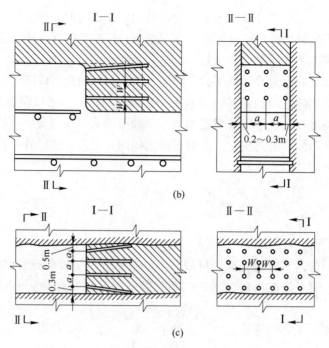

图 7-14　浅孔落矿炮孔布置形式

（a）急倾斜矿体中阶梯工作面上向孔；（b）急倾斜矿体水平孔；（c）水平或缓倾斜矿体中浅孔

a—孔间距；W—最小抵抗线

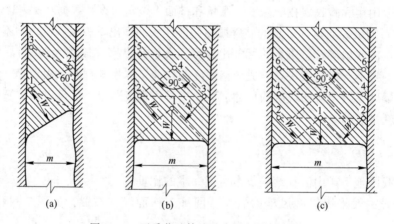

图 7-15　开采薄矿体浅孔布置与爆破顺序

（a）$W = m$；（b）$W = 0.5m$；（c）$W = \dfrac{1}{3}m$

1~6—起爆顺序；m—矿脉厚度；W—最小抵抗线

（1）爆破参数。钎头直径范围为 30~46mm，少数为 51mm；最小抵抗线一般按钎头直径的 25~30 倍确定，也可用式（7-3）计算，一般为 0.5~1.6m，矿石坚固时取小值，炮孔深度一般小于 4m，多为平行排列。

$$W = d \sqrt{\dfrac{0.785\Delta K}{mq}} \tag{7-3}$$

式中　d——浅孔直径，dm；

　　　Δ——装药密度，kg/m^3；

　　　K——装药系数，0.6~0.85；

　　　m——炮孔邻近系数；

　　　q——炸药单耗，kg/m^3。

（2）凿岩机效率。常用凿岩设备有 YT 系列的 23、24、26、27，YTP-26 和 YSP-45。根据机型不同、矿石硬度不同，凿岩机效率一般为 20~50m/(台·班)。

（3）每米浅孔落矿量一般为 0.3~1.5m^3。当矿体不规则时采用浅孔，可以"精收细采"，尽可能提高回收率，降低贫化率。但浅孔落矿特别是手持式凿岩效率低，落矿量小，工作面安全卫生条件差。国外在缓倾斜矿体中，广泛采用轮胎式浅孔凿岩台车，不仅效率高，可达 400~500m^3/(工·班)，而且作业安全。

7.3.1.3　中深孔落矿

A　凿岩设备

由于重型风动凿岩机的改进、液压凿岩机及凿岩台车的应用，中深孔落矿目前已成为我国金属矿山劳动生产率最高的落矿方法之一。

我国金属矿山用于中深孔落矿（有的矿山称为接杆炮孔落矿）的凿岩机，主要有风动的内回转的 YG-40、YG-80 型和外回转的 YGZ-70、YGZ-90、YGZ-120 型。国产液压凿岩机有 YYG-80、TYYG-20 等型号。

B　爆破参数

炮孔布置形式常用的有上向及水平扇形布置，但上向扇形居多。

钎头直径一般为 51~65mm，少数矿山采用 46mm 和 70mm。

在使用铵油炸药时，最小抵抗线一般为钎头直径的 23~30 倍，若装药密度或炸药威力较高，可适当加大。

一般在用 YG-80、YGZ-90 凿岩机时孔深不大于 15m，采用更重型凿岩机、液压凿岩机可大于 15m，但凿岩速度显著下降。

孔底距一般为 (0.85~1.2)W（W 为最小抵抗线长度），矿岩不坚固时取大值。近年来，有些矿山采用加大孔底距、减小最小抵抗线的交错排列布孔方式，取得了良好的落矿效果。

在扇形中深孔落矿装药时，应调整相邻炮孔装药深度，使炸药爆破能在不同部位尽可能均匀分布。装药合理时，扇形布孔可以基本达到平行布孔均匀装药的落矿效果，如图 7-16 所示。

C　凿岩效率

中深孔凿岩机台班效率一般为 30~40m，台车凿岩可提高效率 25%~30%。每米中深孔落矿量通常为 5~7t。

7.3.1.4　深孔落矿

深孔落矿主要用于阶段矿房法、有底柱分段崩落法、阶段强制崩落法，以及矿柱回采与采空区处理等。目前我国的深孔凿岩设备主要是潜孔凿岩机，常用的国产机型是 QZJ-80、YQ-100、QZJ-100A、QZJ-100B、KQD100 等。钻机台班效率一般为 10~18m，每米深孔

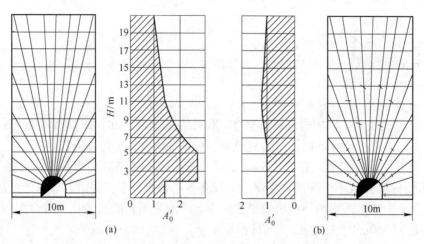

图 7-16　垂直扇形孔不同装药方式的炸药能量分布

（a）全部孔装满；（b）合理装药

H—矿脉厚度；A_0'—炸药能分布情况

崩矿量为 10~20t。

深孔凿岩在凿岩硐室内进行操作。水平深孔凿岩硐室最小尺寸为高 2m、宽 2.5m、长 3~3.5m。上向和下向深孔凿岩硐室尺寸为高 3~3.5m，宽大于 2.5m。

A　深孔的落矿方式与深孔布置

深孔落矿方式有水平层落矿，垂直层落矿和倾斜层落矿。倾斜层落矿应用较少。落矿层的厚度范围为 3~15m，或更厚。每次落矿层厚取决于炮孔直径、炸药爆力和每层中深孔的排数。深孔的布置一般平行于落矿层的层面，也可垂直于落矿层层面。在落矿层内部深孔可平行布置、扇形布置或密集布置。密集深孔有扇形的，也有平行的。

平行布置中又可分为垂直深孔（上向或下向）、水平和倾斜深孔（上向和下向）。落矿层的面积取决于矿块的参数和钻机合理凿岩深度，也与矿岩接触带的变化有关。

图 7-17 是深孔布置的各种形式，在实践中可以根据矿岩及采矿设备灵活应用。

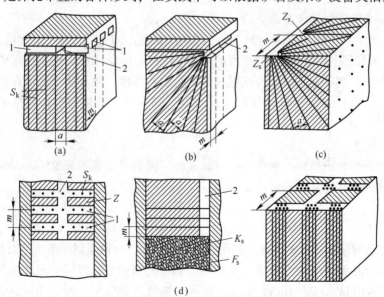

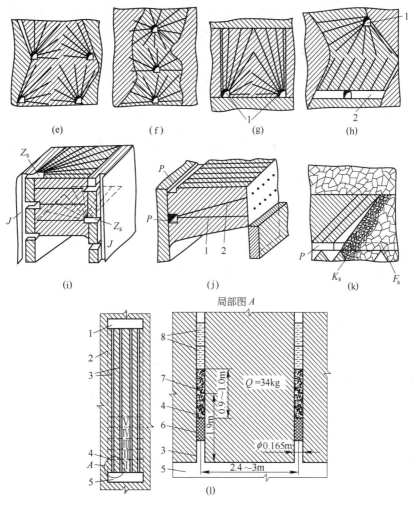

图 7-17 深孔布置与落矿方式

（a）、（b）、（e）、（f）、（g）、（h）平行或扇形深孔垂直层落矿；（c）、（d）密集深孔垂直层落矿；
（i）、（j）、（l）水平层落矿；（k）倾斜层落矿

S_k—深孔；Z—矿柱厚度；K_s—矿石；Z_s—凿岩硐室；m—落矿厚度；J—天井；P—平巷；F_s—废石；

1，5—上下拉底层；2—设计矿房边界；3—大直径下向平行垂直深孔；

4—炸药；6—堵孔塞；7—球状药包中心；8—封孔橡胶水袋

B 爆破参数

钎头直径一般为 80~120mm，常用 95~105mm。

目前还没有计算最小抵抗线的理想的公式。对于平行深孔，最小抵抗线可采用体积计算公式。

最小抵抗线

$$W = d\sqrt{\frac{0.785\Delta\eta}{mq}} \tag{7-4}$$

式中　d——炮孔直径，m；

　　　Δ——炮孔内装药密度，kg/m³；

　　　η——炮孔装药系数，孔深 5~50m 时，一般为 0.7~0.95；

　　m——炮孔邻近系数,当工作面与裂隙方向垂直时,$m = 0.8$;当工作面与裂隙方向
　　　　平行时,$m = 1 \sim 1.2$;当矿石整体性好时,一般可取 $m = 1$;

　　q——单位炸药消耗量,kg/m^3。

　　目前,国内矿山使用的深孔深度一般在 25m 以下,深孔落矿最小抵抗线一般为钎头直
径的 $25 \sim 35$ 倍;若用铵油炸药,以 30 倍以下为宜。

　　C　凿岩与凿岩机效率

　　潜孔式深孔钻机台班效率一般为 $10 \sim 18m$,每米深孔崩矿量为 $10 \sim 20t$。影响潜孔钻机
生产率的因素有以下几个方面。

　　(1)深孔倾角。上向或水平深孔的效率比下向稍高,因为上向孔排渣容易,岩渣的过
粉碎量小。

　　(2)孔深。随着孔深加大,钻杆质量增加,也增加了钻杆在炮孔中运动的阻力,辅助
作业也随之增加,效率下降。

　　(3)冲击器的回转速度。岩石不硬时,回转速度应当快;但超过一定限度,凿岩速度
又开始下降。钻具的回转速度一般为 $80 \sim 120r/min$。

　　(4)水耗。经验表明,水量相对不大时($2 \sim 6L/min$),凿岩速度快;增加供水量
(达 $10 \sim 14L/min$),凿岩速度下降。但是随着水量的减小,粉尘浓度增加。

　　深孔落矿凿岩工劳动生产率高,劳动卫生条件好,潜孔钻机凿岩粉尘小,比中深孔落
矿采切工程量小,落矿费用低。深孔落矿的缺点是:矿石破碎不均匀,大块产出率高,地
震效应很大,矿石损失与贫化大。

　　深孔落矿适用于矿石价值不高、赋存要素比较稳定的厚大矿体,最好能在抗震性能好
的底部结构中采用大型装运设备。

7.3.1.5　药室落矿

　　药室落矿崩矿效率高,但是需要的巷道(硐室)工程量大,容易产生大块,因此很少
用于正常的矿房或矿柱回采,而多用于特殊情况下回采矿柱处理采空区。但在矿石极坚
硬,深孔凿岩效率特别低,或者矿石非常松软破碎用炮孔落矿有困难,或缺乏深孔凿岩设
备时,可考虑采用。这种方法在我国的弓长岭铁矿、杨家杖子钼矿曾经应用。

7.3.1.6　矿石的合格块度及二次破碎

　　矿石的合格块度,如果崩落的矿石过于粉碎,将使炸药消耗量、矿石成本、粉矿损失
与井下粉尘浓度增加;反之,若块度过大,与装运设备、放矿闸门的规格不相适应,则会
引起以下问题。

　　(1)生产效率降低:二次破碎工作量增加及漏斗、溜井堵塞的处理将影响出矿
效率。

　　(2)安全性降低:大量的二次破碎对作业人员及闸门、漏斗与底部结构的安全造成影
响,若大块卡于急倾斜薄矿脉的采空区时对安全更是不利。

　　合格块度的最大尺寸由放矿、运搬、装载和运输设备的规格确定。目前,矿山采用的
合格块度尺寸范围是:由 $250 \sim 300mm$ 至 $800 \sim 1000mm$。

7.3.1.7 深孔落矿大块产出率高的原因

当矿岩条件一定时，影响大块产出率的主要因素是爆破参数和施工质量。根据矿山实践经验分析，造成大块产出率高的主要原因有：

(1) 最小抵抗线或孔底距过大，单位炸药消耗量太小；

(2) 炮孔较深，相应的扇形孔孔底距离太大，而该处孔径又最小，因而药量不足；

(3) 装药密度过小，通常要求装药密度为 $1g/cm^3$，而目前人工装药密度有的仅达 $0.6g/cm^3$，不能满足要求；

(4) 水平深孔落矿时因自由面较大，矿石重力与爆力作用方向一致向下，矿石中的结构弱面使崩落瞬间炸药的爆破能未能充分发挥作用；

(5) 深孔偏斜，改变了设计的爆破参数，从而使局部地方炮孔太稀；

(6) 由于炮孔严重变形、错位、弯曲，以及落渣堵孔等，致使装药量严重不足；

(7) 在节理裂隙发育的矿体中，用秒差电雷管起爆时，可能带落相邻炮孔的药包，使之拒爆。

经验证明，在最小抵抗线变化不大的情况下，大块产出率的高低在很大程度上取决于一次破碎（即落矿）单位炸药消耗量的大小。适当加大一次破碎单位炸药消耗量，降低二次破碎单位炸药消耗量，在技术上与经济上都是合理的。

7.3.1.8 二次破碎方法

大块的二次破碎，可用导爆索或小浅孔（孔深 20~30cm）爆破法；个别易碎的大块可用人工锤击破碎。

国外对风锤、机械锤、热力、电烧等二次破碎方法进行了大量研究，目前有的矿山开始使用风锤、机械锤在大量放矿的地方得到了较好的应用。

7.3.2 矿石运搬

7.3.2.1 概述

运搬与运输的概念和任务不同，运输是指在阶段运输平巷中的矿石运送，而运搬则是指将矿石从落矿地点运送到阶段运输巷道装载处。

矿石的运搬方法分为重力运搬、爆力运搬、机械运搬、水力运搬、人力运搬及联合运搬等。例如，在开采急倾斜矿体时，矿石从崩落地点运到运输巷道装载处，通常要经过 3 个环节：

(1) 矿石借自重从落矿地点下落到底部结构的二次破碎水平；

(2) 在二次破碎水平进行二次破碎，然后用机械或自重运搬到装载处；

(3) 在装载处经放矿闸门装入运输设备。

7.3.2.2 重力运搬

重力运搬是一种效率高而成本低的运搬方式，是借助于矿石自重的运搬方法。重力运搬可以通过采空场，也可以通过矿石溜井。它必须具备的条件是，矿体溜放的倾角大于矿石的自然安息角。安息角的大小取决于矿石块度组成、有无粉矿和黏结物质、矿石湿度、矿石溜放面的粗糙程度与起伏情况等。自重运搬一般要求溜放倾角大于 55°，采用铁板溜槽时可降为 25°～30°。

重力运搬适用于倾角大于矿石的自然安息角的薄矿体及各种倾角的厚大矿体。

7.3.2.3　爆力运搬

采用房式采矿法开采倾角小于矿石自然安息角的矿体，矿石不能用重力运搬时，可借助于落矿时的爆力将矿石抛到放矿区，如图 7-18（b）所示。

为了提高矿石回收率，凿岩巷道应深入矿体底板 0.5m 以上，如图 7-18（a）所示的Ⅱ—Ⅱ剖面。

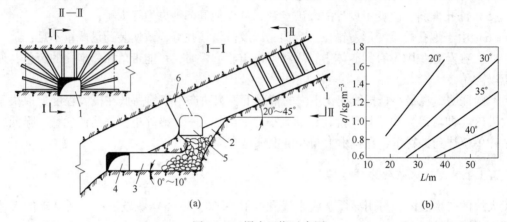

图 7-18　爆力运搬示意图

1—凿岩巷道；2—受矿堑沟或喇叭口；3—装矿巷道；4—运输巷道；5—开切割槽及拉底巷道；6—切割槽

爆力运搬的效果可用抛入重力放矿区的矿石量来衡量。影响矿石抛掷效果的主要因素是单位炸药消耗量、端壁的倾角和矿体的倾角。

现场经验表明，抛掷效果随矿体倾角和端壁倾角的加大而提高。爆力运搬落矿所需单位炸药消耗量大于正常落矿的单位炸药消耗，单位炸药消耗加大，爆力运搬距离加大。但炸药的增加有一定限度，如果增加过大，并不一定能达到提高抛掷效果的目的，因为药量加大会使碎块矿与粉矿增加，而碎粉矿的抛掷效果不好。

采用爆力运搬，可避免在矿体底板开大量漏斗，从而大幅度减少采切工程量；工人不必进入采空区，作业安全。但矿体倾角不宜太小，一般要求在 35°～40°；矿房也不能太长，否则后期清理采场残留矿石的工作量太大。清理采场残留矿石一般采用遥控推土机或水枪。

7.3.2.4　机械运搬

机械运搬适用于各种倾角的矿体，在国内外地下矿山广泛应用。目前国内矿山常用的机械运搬有以下几种方式。

（1）电耙运搬。这是我国目前使用最广的运搬方式，其投资少，操作简单，适用性强，由电耙绞车、耙斗和牵引钢绳组成。国产电耙绞车功率一般为 4～100kW，耙斗容积为 0.1～1.4m^3。

（2）装岩机运搬。常用设备有轨轮式电动或风动单斗装岩机，其需要在钢轨上运行，机动性受限。

（3）装运机运搬。常用轮胎式风动装运机，机动性好，运搬能力大。

（4）铲运机运搬。常见的有内燃铲运机和电动铲运机，铲斗容积为 $0.75 \sim 3m^3$，机动性好，运搬能力大。

（5）振动放矿机械及运输机运搬。这种运搬方式可实现连续运搬，能力大，但投资大，机动性差。

开采水平或缓倾斜矿体所用运搬机械与开采急倾斜矿体所用设备基本相同，但当矿体厚大和矿岩稳固时，设备规格更大，甚至接近露天型设备。

各种运搬机械使用情况参见"底部结构和采矿方法部分"的相关内容。

7.3.3　矿块的底部结构

很多采矿方法的矿块（采场）下部都设有底部结构。底部结构一般由受矿巷道、二次破碎巷道（硐室）与放矿巷道组成，分别用来接受矿石、进行矿石的二次破碎及将矿石放出采场并装载。底部结构是采矿方法的重要部分，底部结构有的简单，有的复杂。复杂的底部结构的工程量约占采切总工程量的50%，是一项工程量大而条件复杂的工程。实践证明，底部结构在很大程度上决定着采矿方法的效率、劳动生产率、采切工程量、矿石的损失与贫化及放矿工作的安全等。因此在设计中，正确选择底部结构具有重要意义。

目前矿山采用的底部结构种类很多，根据底部结构的特点和所用设备的不同，底部结构主要有以下几类：

（1）重力运搬、闸门装车的底部结构；

（2）电耙巷道底部结构；

（3）矿石由装载机、铲运机或振动放矿机装入有轨或无轨运输设备的平底底部结构；

（4）用铲运机或装运机运搬矿石倒入溜井的底部结构；

（5）端部放矿底部结构；

（6）掩护支架侧面放矿，矿石由振动放矿机装入运输机的底部结构。

底部结构按放矿方式又可分为：

（1）底部放矿的底部结构；

（2）端部放矿的底部结构；

（3）侧面放矿的底部结构。

7.3.3.1　重力运搬、闸门装车的底部结构

重力运搬、闸门装车的底部结构，这种形式的特点是崩落的矿石借重力直接下落到运输平巷的顶板，经漏斗口闸门装车。这种底部结构属于底部放矿，矿石可直接经采空区下放，如图7-19所示；也可通过在区内架设的人工溜井下放，如图7-20所示。运输平巷顶板可架设木支架（见图7-19），也可浇灌混凝土（见图7-21），还可架设预制钢筋混凝土构件。当矿石价值不高时，可留矿石底柱，底柱高度一般为 $5 \sim 8m$，如图7-22所示。钢筋混凝土底部结构巷道高大于 $2m$。

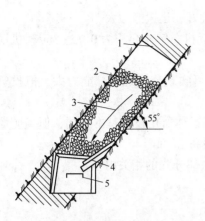

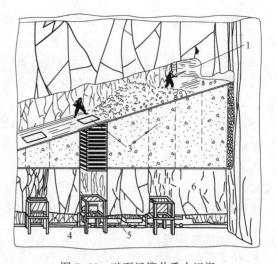

图 7-19　矿石经采空区重力运搬
闸门装车的底部结构

1—落矿工作面；2—爆下的矿石；3—矿石
运搬方向；4—漏斗闸门；5—矿车

图 7-20　矿石经溜井重力运搬
闸门装车的底部结构

1—落矿工作面；2—爆下的矿石；3—人工溜井；
4—放矿闸门；5—矿车；6—矿石底柱

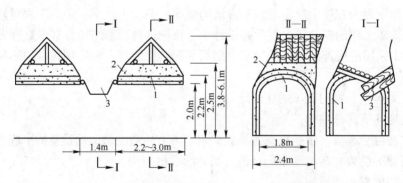

图 7-21　平巷顶板浇灌混凝土的闸门装车底部结构
1—钢筋混凝土；2—混凝土；3—漏斗口

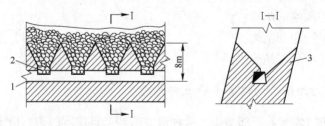

图 7-22　留矿石底柱的闸门装车底部结构
1—运输平巷；2—漏斗口；3—矿石底柱

7.3.3.2　电耙巷道底部结构

A　电耙巷道底部结构的种类

电耙巷道底部结构是我国目前使用最为广泛的一种底部放矿结构。图 7-23 为单侧电耙巷道底部结构示意图。崩落的矿石由喇叭口经斗颈、斗穿进入电耙巷道，不合格的大块在斗穿口处二次破碎，块度合格的矿石用电耙耙入溜矿小井，经闸门装车。这种底部结构中因有电耙巷道，故称为电耙巷道底部结构。

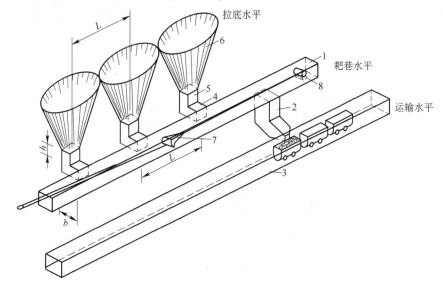

图 7-23　单侧电耙巷道底部结构

1—电耙巷道；2—小溜井；3—阶段运输平巷；4—斗穿；5—斗颈；6—喇叭口；7—耙斗；8—电耙绞车

电耙巷道底部结构有各种不同的类型。按受矿部位的形状不同，可分为喇叭口受矿（见图 7-23 和图 7-24）、V 形堑沟受矿（见图 7-25 和图 7-26）和平底受矿（见图 7-27）三种；按漏斗排数及其与电耙巷道的位置关系，可分为单侧电耙巷道（见图 7-23 和图 7-24）和双侧电耙巷道（见图 7-25 和图 7-26）两种。在双侧电耙巷道底部结构中，若斗穿（漏斗）的布置与巷道中心线对称，称为对称式，如图 7-25、图 7-28（c）所示；反之，称为交错式，如图 7-28（d）所示。电耙巷道的方向与运输平巷的方向之间可以平行、垂

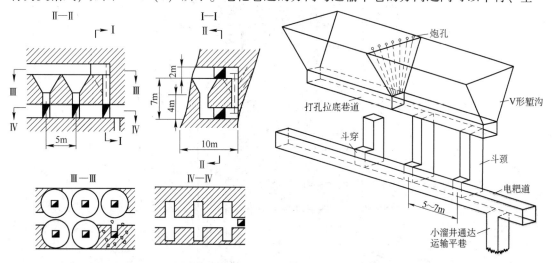

图 7-24　喇叭口受矿双侧对称电耙巷道底部结构　　　图 7-25　V 形堑沟受矿单侧电耙巷道底部结构

直或斜交，电耙巷道的底板通常高于运输巷道的顶板（见图7-23和图7-24），并要求溜矿小井内储存的矿石量能满足一列矿车的需要，避免耙矿与运输相互影响，有时也可将电耙巷道底板与运输巷道顶板布置在同一水平，将电耙巷道底板上的矿石直接耙入矿车，如图7-29所示。这种布置可降低底柱高度，巷道工程量少，但耙矿与运输会相互牵制，影响出矿量。

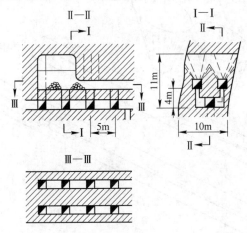

图 7-26　V形堑沟受矿双侧对称电耙巷道底部结构

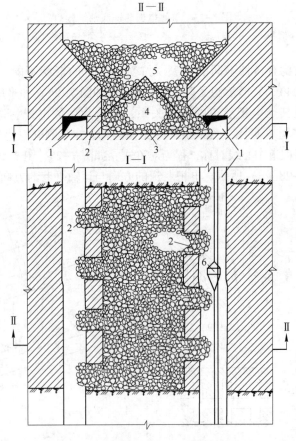

图 7-27　平底受矿电耙巷道底部结构

1—电耙巷道；2—斗穿；3—平底；4—残留三角矿柱；5—爆下矿石；6—耙斗

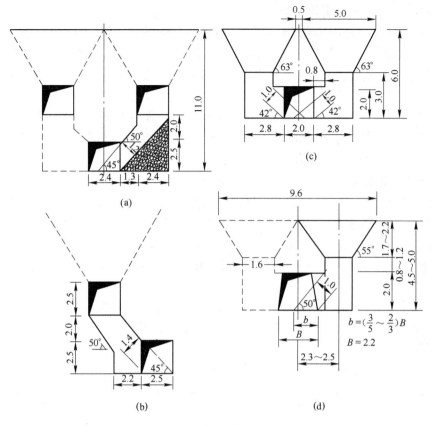

图 7-28 斗颈与电耙巷道相对位置示意图（单位为 m）

（a）交错式堑沟受矿底部结构；（b）单侧堑沟受矿底部结构；（c）对称式漏斗受矿底部结构；
（d）交错式漏斗受矿底部结构

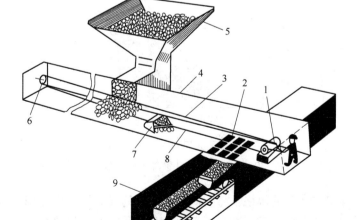

图 7-29 电耙巷道底板与运输巷道顶板在同一个水平装矿示意图

1—电耙绞车；2—格筛；3—尾绳；4—电耙巷道；5—受矿喇叭口；
6—尾轮；7—耙斗；8—头绳；9—运输巷道

B　电耙巷道底部结构的参数

（1）上底柱高。从电耙巷道水平至拉底水平之间的垂直高度，称为受矿部分高度或上底柱高。喇叭口受矿时，受矿部分高 5~7m；堑沟受矿时，因桃形矿柱孤立，需加大高度增加其稳固性，从电耙巷道底板至堑沟顶部高度一般为 10~11m。

（2）斗穿间距。一般为 5~7m，若太小将削弱底部结构的强度。

（3）受矿坡面角。采用房式采矿法时为 45°~55°，采用崩落采矿法时为 60°~70°。

（4）斗颈轴线与耙巷中心线间的水平距离。其大小影响到桃形矿柱的稳固性、耙巷内矿堆高度及耙矿效率等，一般为 2.5~4m。

斗颈轴线与耙巷中心线间的水平距离，取决于下列因素。

1）松散矿石的自然安息角。其他条件不变时，自然安息角越大，该尺寸越小。矿石自然安息角多为 38°~45°。

2）所要求的矿堆宽度。其他条件不变时，矿堆宽度越大，该尺寸越小。矿堆宽度一般为电耙巷道宽度的 1/2~2/3。确定矿堆宽度时，应考虑斗穿口磨损对矿堆分布状态的影响。

3）电耙巷道的尺寸。电耙巷道的尺寸较大，允许的矿堆高度也较大。

图 7-28 是几个使用崩落法的矿山，斗颈与电耙巷道相对位置示意图。

（5）电耙巷道、斗穿、斗颈的规格。我国采用 28~30kW 电耙绞车的矿山，电耙巷道规格多为 2m×2m 或 1.8m×1.8m。近年来，有些矿山加大底部结构的工程尺寸，使耙巷、斗穿和斗颈的规格达 2.5m×2.5m 左右，如图 7-30 所示。

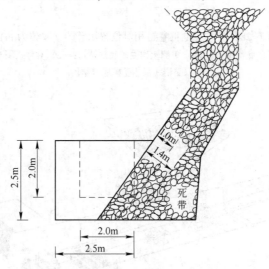

图 7-30　大斗颈、大斗穿加大有效放矿高度

加大耙巷、斗穿与斗颈的规格，将削弱底部结构的稳固性，增加掘进费用。但适当增加斗穿宽度和斗穿口的有效放矿高度（喉部高度），可提高松散矿石的流动性，减少处理大块卡斗的爆破次数，对保护底部结构的稳固性又是有利的。此外，还可提高电耙巷道的出矿能力，有利于安全生产和作业条件的改善。

一般说来，在稳固的矿岩中，采用大规格的耙巷、斗穿与斗颈比较适宜；若矿岩较破碎或矿石爆破性能较好而大块产出率低时，则应采用较小的规格。

（6）电耙巷道的长度，应与电耙有效耙运距离相适应，电耙耙运距离通常以不超过30m 为宜。

C 各种电耙巷道底部结构的评价

各种电耙巷道底部结构有以下几种评价方法。

（1）堑沟受矿与喇叭口受矿的比较，堑沟受矿底部结构的优点是：

1）将扩沟、拉底和落矿工序合一，可简化工艺，提高劳动生产率；

2）在凿岩巷道内凿岩，施工安全，易于保证施工质量，免除较复杂的扩喇叭口作业；

3）底柱虽然占用矿量较大，但其形状规整，较易回采；

（2）对平底结构的评价。平底结构除具有堑沟结构的优点外，还有如下优点：

1）进一步简化底部结构，施工方便；

2）采切工程量大幅度减少；

3）开掘平底的工作面连续宽广，并可用深孔，拉底效率高，速度快；

4）放矿口尺寸大，放矿的条件好，效率高；

5）底柱矿量大为减少，利于提高矿块的矿石回收率；

（3）平底结构的主要缺点是：

1）底柱稳固性差；

2）平底中残留三角矿堆需在下阶段回收，且回收率低。

（4）斗穿交错布置与对称布置的比较。斗穿及喇叭口交错布置，放矿口分布较均匀，可减少放矿口之间的脊部损失，对底部结构稳固性破坏较小，耙巷内矿堆的堆积高度较小，耙斗通行方便。但采用木材或金属支架支护的耙巷，斗穿不宜交错布置，因为矿堆交错分布，耙斗难以保持直线运行，支架易被耙倒，支架架设也较困难。

7.3.3.3 装载设备出矿底部结构

装载设备出矿底部结构的特点是：矿石借重力下落到运输平巷水平，用装载设备装入矿车，二次破碎在装载地点进行。装载设备有两类：一类是振动放矿机；另一类是一般装岩机或铲运机。矿车可以是轨轮式，也可以是无轨自行式。

A 振动放矿机装载

目前地下硬岩矿山大量采用高效率大量落矿采矿方法，但是其总效率的提高受到底部结构放矿能力的严重限制。为解决这一矛盾，必须从根本上改革放矿工艺，其途径之一就是向连续作业发展，振动放矿是实现连续作业的发展方向之一，目前该技术在我国已经广泛应用，并取得了较好的效益。

振动放矿机的主体是一个坚固的振动平台，用电动机驱动振动器使之振动，振幅为2~5mm。矿石在振动作用下，经平台流入矿车。振动平台一般安装在带有缓冲装置的基架上，如图 7-31 所示。这种振动放矿机装载的底部结构比较简单，可在每个装载点垂直运输巷道掘进一条放矿短巷直接连通采场底部。摆式放矿机的短巷长 4~5m，振动放矿机的短巷长 7~8m。苏联塔什塔哥尔铁矿摆式放矿机每台实际生产率为 540t/班，最高可达920t/班。振动放矿机每台实际生产率为 800t/班。

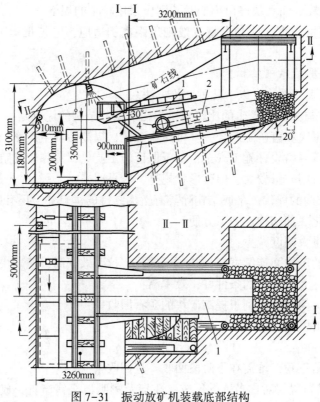

图 7-31 振动放矿机装载底部结构

1—振动放矿机振台；2—偏心装置；3—基架；4—电动机

这种底部结构的优点是：

(1) 生产能力比电耙巷道大得多；

(2) 结构简单，不需专用的二次破碎巷道，采切工作量小，底柱高度小；

(3) 设备费用低。

其缺点是二次破碎爆破的炮烟和粉尘污染运输水平风流；安装拆除设备时间长。

目前，我国使用较多的经部级鉴定的振动放矿机有 H2J 型和 FZC 型。

B 装岩机装载平底底部结构

装岩机装载平底底部结构的特点是：矿石从采场直接进入运输平巷、分段平巷或装矿巷道，用装岩机或铲运机装入轨轮或无轨自行式运输设备。设备的型号由矿体大小和产量确定。

图 7-32 为某钨矿开采薄矿体，用华-I 型（东风型）装岩机装载的底部结构。垂直脉外运输平巷向矿体掘进装岩巷道，矿石从采场放至装矿巷道端部底板上，装岩机装载后退到运输平巷

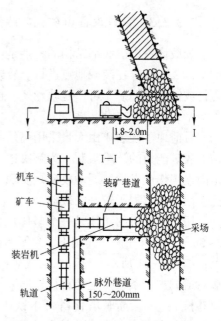

图 7-32 某钨矿用装岩机装载矿车运输的底部结构

一边，将矿石卸入矿车，整个列车不需解体。若有大块，可在矿堆表面进行二次破碎。一台华-I型装岩机，每班可装 80~120 车。

为使装岩机顺利装矿，装矿巷道的长度至少应等于下列 3 个长度之和：

（1）由矿石自然安息角确定的矿石堆所占长度，一般为 2m；

（2）装岩机放下铲斗的长度，约为 1.9m；

（3）装岩机装载时的行走长度，为 1~1.5m。

瑞典基律纳铁矿开采厚大矿体时，在这种底部结构中采用蟹爪式装岩机，配合载重 25t 自卸汽车，每班出矿可达 1500~1700t。

装岩机装载底部结构的优点与振动放矿机装载相似，但设备不需安装，灵活性大；缺点是装矿和运输分别用两套设备，占用人员较多。

C　装运机和铲运机出矿底部结构

装运机和铲运机出矿底部结构可以是平底受矿，也可以是斜面受矿（V 形堑沟或喇叭口）。图 7-33 示出了 V 形堑沟受矿、铲运机出矿底部结构，矿石用铲运机运输直接倒入溜井。

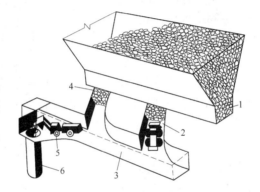

图 7-33　V 形堑沟受矿、铲运机运搬底部结构

1—V 形堑沟；2—铲运机；3—运输巷道；4—装矿短巷；
5—铲运机向溜井卸矿；6—溜井

D　端部放矿底部结构

矿石从采场直接落到运输巷道端头的底板上，可用装运机、铲运机或振动运搬设备将矿石运搬到溜井中，如图 7-34 和图 7-35 所示。

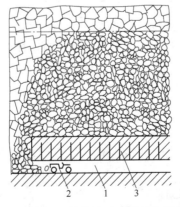

图 7-34　铲运机端部出矿底部结构示意图

1—运搬巷道；2—铲运机；3—临时底柱

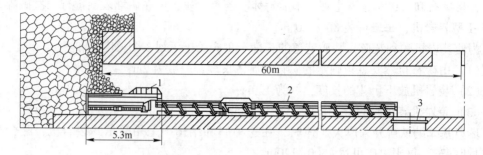

图 7-35　振动设备运搬端部出矿底部结构
1—振动放矿机；2—振动运输机；3—矿石溜井格筛

E　掩护支架、振动放矿机、运输机运搬底部结构

　　掩护支架、振动放矿机、运输机运搬底部结构是一种用于分段采矿巷道中的振动放矿底部结构。当矿岩很不稳固、底部结构地压很大、支护非常困难且费用很高时，国外有的矿山试用了移动式金属掩护支架放矿，如图 7-36 所示。掩护支架是一段拱形的装配式金属结构巷道，每侧各有 1~2 个放矿口；掩护支架长 6m，高 2m 左右，宽 2~2.3m，在它的内部装有振动放矿机。

　　采场矿石爆破后，再爆破掩护支架上部的临时矿柱，崩落矿石通过掩护支架放矿口落到掩护支架内的振动放矿机上，而后振入运输机运到溜井中。

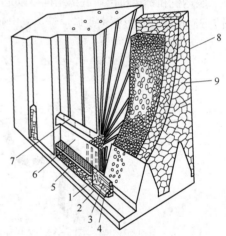

图 7-36　金属移动式掩护支架
底部结构立体示意图

1—金属掩护支架；2—推移液压缸；3—放矿口；
4—振动放矿机；5—振动运输机；6—临时矿柱；
7—凿岩巷道；8—崩落矿石；9—崩落围岩

7.3.3.4　底部结构的选择

　　底部结构对矿块（采区）的回采工作有极其重要的影响，底部结构要能满足以下要求：

　　(1) 能适应采矿方法和放矿特点的要求；

　　(2) 要坚固，能经受落矿和二次爆破的冲击和放矿地压变化；

　　(3) 底柱矿量少，结构简单，巷道工程量小；

　　(4) 放矿能力大；

　　(5) 作业安全；

　　(6) 施工方便，条件好。

　　目前，我国广泛采用电耙巷道底部结构。为了大幅度提高放矿强度，实现强化开采，底部结构的发展方向主要是：

　　(1) 采用振动放矿的底部结构；

　　(2) 采用无轨设备平底底部结构。

7.3.3.5　斗颈、斗穿堵塞处理

斗颈堵塞也称为卡斗，是指放矿过程中，斗颈处被大块矿石卡塞，不能继续放矿。处理卡斗是比较困难和危险的工作。安全规程规定：严禁钻入斗穿中处理卡斗。

如果斗颈被大块矿石交错卡塞，且卡塞位置较高时，多用爆破方法处理。一般是在长竹竿端头缚牢炸药，送至卡塞处起爆进行疏通。疏通炸药量可达 3~5kg，如图 7-37 所示。

如果卡塞可以通过松动斗穿根角压实矿石疏通，则可启动事先埋在根角压实带（也称死带）内的压气脉冲炮（也称风动脉冲装置）疏通。脉冲炮可发出强大脉冲气流，松动或推出堵塞的矿石，如图 7-38 所示。脉冲炮所需压气由穿过斗穿侧壁炮孔的压气管供给。

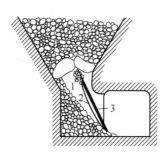

图 7-37　爆破处理斗颈卡塞

1—炸药包；2—起爆线；3—竹竿

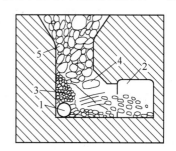

图 7-38　压气脉冲炮处理斗穿堵塞

1—预埋在斗穿根角压实带的压气脉冲炮；
2—电耙巷道；3—压实带；4—卡塞矿石；5—斗颈

7.3.3.6　放矿漏斗口闸门

在许多底部结构中，矿石要通过放矿漏斗口闸门装入矿车，闸门虽然简单，但影响到运输效率乃至全矿生产。对放矿闸门的要求是结构简单，坚固耐用，维修方便；开启与关闭灵活可靠，放矿安全，溜口规格与矿车规格相适应。

A　闸门的形式

按采用重力放矿还是振动放矿，可以分为重力放矿闸门和振动放矿闸门两大类。

重力放矿闸门的形式很多，通常有扇形闸门（有单、双之分）、插板式闸门、插棍式闸门、指状闸门、链状闸门与翻斗式闸门等。启闭闸门的动力有压气、电力、人力、人力加配重及液压。

B　装车漏斗口的主要技术参数

为保证正常放矿的需要，漏口的末端应伸入矿车 150~200mm，或与靠近漏口的钢轨在同一垂直面内，如图 7-39 所示。矿车的上部边缘与漏口末端之间的高度应为 200mm。

重力放矿时，为使漏口能正常工作而要求：

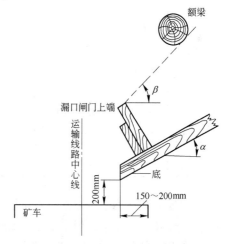

图 7-39　对漏斗口的有关规定

$$\alpha > \varphi \qquad\qquad (7-5)$$

式中　　α——漏斗底板倾角，(°)；

　　　　φ——矿石自然安息角，(°)。

α 值不应过大，以防矿石放出时的冲力过大，难以控制和影响安全。通常 α 为 40°~50°，粉矿多时可达 55°~58°。

此外，还要求：

$$\beta < \varphi \tag{7-6}$$

式中　　β——闸门上部与拦矿额梁底的连线与水平面间的夹角。

β 值不宜过大，以防矿石从漏口上部冒出造成事故。

为使矿石能顺利放出，又不致落于矿车之外，并且无须矿车移位即能装满，要求漏口的宽度大于合格块度尺寸的 2~3 倍，并为矿车长度的 1/3~1/2。

7.3.4　回采工艺循环及图表

在实际生产中，回采除了落矿、矿石运搬、地压管理三项主要工艺外，还有其他一些辅助工艺，如通风、移动设备、接风水管、洒水、运送支护材料、处理浮石等。回采的各工艺是按照一定的顺序循环进行的。

在回采工作面，按照一定顺序循环地重复完成各项工艺的总和，称为回采工艺循环。为了协调生产，表达或总结现有工艺，挖掘生产潜力，总结推广交流生产经验，需要编制循环图表。最简单的循环图表应表明回采的工艺顺序和各项工艺所需的时间；较全面的循环图表还要说明操作人员和作业位置的变化情况等。表7-4是某铜矿使用浅孔留矿采矿法的回采工艺循环图表。

表 7-4　某铜矿使用的浅孔留矿法回采工艺循环图表

项　目	所需时间/h	第　一　班								第　二　班								第　三　班							
		1	2	3	4	5	6	7	8	1	2	3	4	5	6	7	8	1	2	3	4	5	6	7	8
凿岩准备	1																								
凿　岩	5																								
装药爆破	2																								
耙矿准备	1																								
耙　矿	7																								
安全检查	1																								
洒　水	0.5																								
撬浮石	3																								
破碎大块	1.5																								
平　场	2																								

回采中有些工艺可以平行作业，有些是不能平行作业的。平行作业可以缩短循环的总时间，提高采矿强度，但采矿强度提高的程度与劳动生产率提高的程度并非一样。在提高采矿强度时，要注意工艺之间的衔接配合，使劳动效率能够同步提高。

回采工作循环图表与回采的劳动组织关系极为密切，因此编制循环图表与确定劳动组织是同时进行的。

—— 本 章 小 结 ——

金属矿地下开采是按一定的工艺程序进行的。无论采用什么样的方法，其工艺过程大致相同，工艺为开拓、采准、切割、回采。回采又分为落矿、运搬和地压管理。本章主要介绍矿体地下开采的常用采准方法和采准巷道，切割工程的任务，切割工程及切割方法，矿床地下开采的凿岩、爆破方法，矿山常见的运搬方式和运搬工程（即底部结构），矿山常用的运输设备；还介绍了矿床开采的地压管理方法及地压假说。

复习思考题

7-1 采矿方法分类有什么意义，目前常用的分类依据是什么，据此采矿方法分为几类？

7-2 什么是采准工程，采准工程主要有哪些？

7-3 什么是切割工程，切割工程主要有哪些？

7-4 影响采准工程布置的因素有哪些，各种采准方法分别适用于什么情况？

7-5 采切比和采掘比有什么意义，简述计算方法。

7-6 回采的主要生产工艺是什么，各有什么作用？

7-7 简述地下落矿的方法、特点及其适用条件。

7-8 简述矿石运搬的方法、特点及其适用条件。

7-9 底部结构的作用是什么？按比例绘制常用底部结构图并简述其受矿放矿过程。

7-10 采场地压管理的任务是什么？

7-11 控制采场地压管理的常用方法是什么？

8 空场采矿法

在矿房开采过程中不用人工支撑，充分利用矿石与围岩的自然支撑力，将矿石与围岩的暴露面积和暴露时间控制在其稳固程度所允许的安全范围内的采矿方法总称为空场采矿法。空场采矿法的特点是，将矿块划分为矿房与矿柱，先采矿房，后采矿柱，开采矿房时用矿柱及围岩的自然支撑力进行地压管理，开采空间始终保持敞空状态，如图 8-1 所示。

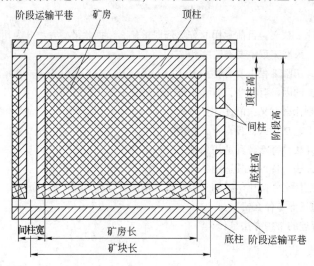

图 8-1 矿房、矿柱的划分

矿柱视矿岩稳固程度、工艺需要与矿石价值可以回采，也可以作为永久损失。由于矿柱的开采条件与矿房有较大的差别，若回采则常用其他方法。为保证矿山生产的安全与持续，在矿柱回采之前或同时，应对矿房空区进行必要的处理。

显然，使用空场法开采矿体的必要条件是矿石围岩均需稳固。

空场采矿法是生产效率较高而成本较低的采矿方法，在国内外的各类矿山得到了广泛的应用。

应用空场采矿法，必须正确地确定矿块结构尺寸和回采顺序，以利于采场地压管理及安全生产。

由于被开采矿体的倾角、厚度及开采方法不同，空场采矿法又分为以下几组：

（1）留矿采矿法；

（2）房柱采矿法；

（3）全面采矿法；

（4）分段采矿法；

（5）矿房采矿法。

8.1 留矿采矿法

留矿采矿法的特征是在采场中由下向上逐层进行回采矿石，每层采下的矿石只放出约三分之一的矿量，其余的采下矿石暂留采场中作为继续上采的工作台，并可对采空场进行辅助支撑；待整个采场的矿石落矿完毕后，再将存留在采场内的矿石全部放出。

留矿采矿法是一种较为简单、经济、容易掌握的采矿方法，在我国的冶金、有色、黄金、稀有金属及非金属矿山中得到广泛的应用。

留矿采矿法原则上可用于开采厚大矿体，但主要用于开采中厚、中厚以下矿体。

根据矿块布置方式及回采工艺不同，留矿采矿法可分为普通留矿法、无矿柱留矿法及倾斜矿体留矿法。

留矿采矿法采场结构、回采工艺、落矿设备简单，通风条件好，但撬毛平场工作量大，在采场暴露面下作业，安全性差；留矿采矿法是开采中厚以下，特别是薄与极薄矿体的经济有效的采矿方法。在开采强度、劳动生产率、采场生产能力及回采成本等方面均优于开采这类矿体的其他任何方法。

8.1.1 普通留矿法

留矿柱的浅孔留矿法称为普通留矿法，普通留矿法多沿走向布置矿块，如图 8-2 所示。

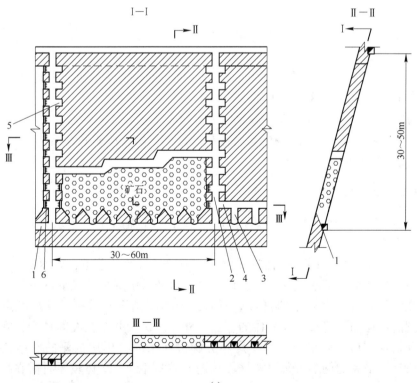

(a)

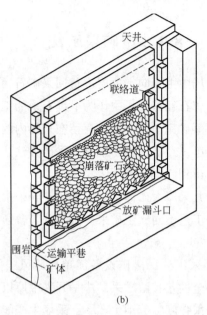

图 8-2　普通留矿法

(a) 三视图；(b) 立体图

1—阶段运输平巷；2—矿块天井；3—漏斗颈；4—拉底巷道；5—联络道；6—间柱

8.1.1.1　矿块构成要素

阶段高度一般为 30~80m，当矿石围岩稳固、矿体倾角陡、产状稳定时，可采用较大的阶段高度。

矿块的长度一般为 40~60m，其值取决于矿岩的稳固程度及矿体的厚度，矿房的暴露面积一般可达 400~600m²。

间柱的宽度根据矿岩稳固程度及矿体厚度、间柱回采方法等因素来确定，通常为 6~8m，当矿体较薄而且采用脉外天井时可取 2~3m。

顶柱高度一般为 4~6m，当矿体较薄时为 2~3m。

底柱高度取决于矿石稳固程度与底部结构的形式，漏斗放矿底部结构为 5~6m，电耙道底部结构为 12~14m。

8.1.1.2　采准切割

采准的主要任务是形成矿块开采的系统，掘进阶段运输平巷、矿块天井、联络道、拉底巷道及漏斗颈。

当矿体较薄时，可利用勘探时的脉内沿脉巷道作阶段运输巷道；矿体较厚时，应把阶段运输巷道布置在矿体下盘接触线上，以减少矿房开采中局部放矿后的平场工作量；当开采产状变化较大且不太稳固的贵重矿石时，为提高矿石回采率，减少坑道维护工作量，也可把阶段运输平巷布置在矿体的下盘脉外。矿块天井布置在间柱中，在天井的两侧每隔 5~6m 向矿房开联络道。当矿房不分梯段回采时，矿房两侧的联络道应交错布置。在阶段运输平巷的侧上方每隔 4~6m 掘进放矿漏斗颈，矿体较厚时需在拉底水平掘进拉底巷道。

切割的主要任务是为矿块的回采提供自由面和补偿空间，并形成受矿结构。普通留矿法的切割为拉底及扩漏。

A 掘进拉底巷道的拉底扩漏法

在拉底水平从漏斗向两边掘进平巷，与相邻的斗颈贯通，形成拉底巷道，如图 8-3 所示。然后在拉底巷道中用水平浅孔向两侧扩帮至矿体上下盘，形成拉底空间。最后，由斗颈中向上或从拉底空间向下钻凿倾斜炮孔扩漏（扩喇叭口）。

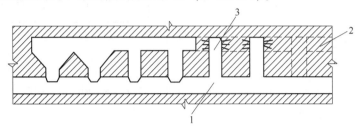

图 8-3 掘进拉底巷道的拉底扩漏法
1—运输平巷；2—拉底平巷；3—漏斗颈

B 不掘进拉底巷道的拉底扩漏法

不掘进拉底巷道的拉底扩漏法，用于厚度不太大的矿体，如图 8-4 所示。在运输平巷应开漏斗的一侧，按漏斗规格用向上式凿岩机开 40°~50°的第一茬炮孔。在第一茬炮孔的碴堆上钻凿第二茬约 70°的炮孔，爆破后将全部矿石出完运走。架设漏斗口及工作台，继续开凿第三茬、第四茬炮孔，爆破后的矿石全由漏斗口放出，此时已形成高为 4~4.5m 的漏斗颈。自漏斗颈上部向四周打倾斜炮孔扩漏，使两相邻漏斗喇叭口扩大至相互连通，从而同时完成拉底及扩漏工作。

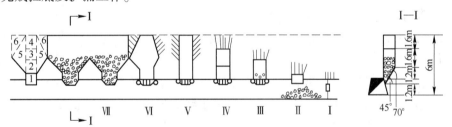

图 8-4 不掘进拉底平巷的拉底扩漏法
1~6—掘进爆破顺序；Ⅰ~Ⅶ—各步骤浅孔布置

8.1.1.3 回采工作

矿房回采自下而上分层进行，分层高度为 2~2.5m，工作面多呈梯段布置，采用上向或水平浅孔落矿。

回采工作包括凿岩、爆破、通风、局部放矿、撬毛平场、二次破碎及整个矿房落矿完毕后的大量放矿。

（1）凿岩在矿房内的留矿堆上进行。矿石稳固时，多用上向式凿岩机钻凿前倾 75°~85°的炮孔，孔深 1.5~1.8m。钻上向孔效率高，工作方便，单梯段也能多机作业，一次落矿量大，作业辅助时间少，梯段的长度可以是 10~15m。上向炮孔的排列形式，根据矿体厚度和矿岩分离的难易程度而定，炮孔排距为 $1 \sim 1.2$m，间距为 $0.8 \sim 1.0$m，目前常用的炮孔排列方式有四种，如图 8-5 所示。

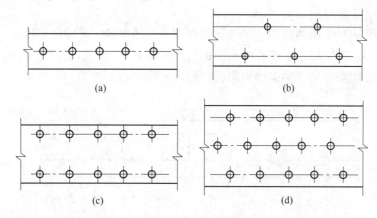

图 8-5　炮孔排列形式

(a) 一字形；(b) 之字形；(c) 平行排列；(d) 交错排列

1) 一字形排列。适用于矿岩易分离、矿石爆破效果好、厚 0.7m 以下的矿体。

2) 之字形排列。适用于矿石爆破性较好、矿脉厚度 $0.7 \sim 1.2$m，这种布置能较好地控制采幅宽度。

3) 平行排列。适用于矿石坚硬，矿体与围岩接触界线不明显或难以分离、厚度较大的矿体。

4) 交错排列。用于矿石坚硬、厚度较大的矿体，崩下的矿石块度均匀，在实际生产中使用很广泛。

当矿房中央有天井时，可利用天井作为爆破自由面，否则需在矿房长度的中央掘槽。但不应在矿房两侧联络道或顺路天井附近同时爆破，以免它们被爆下的矿石同时堵住而影响正常的作业。

当矿石的稳固性稍差时，为避免矿石可能发生片落而威胁凿岩工的安全，此时可用水平孔落矿，孔深 $2 \sim 3$m。为增加同时工作的凿岩机数，工作面分成多个梯段，梯段长度较小，一般为 $2 \sim 4$m，梯段高度为 $1.5 \sim 2$m。

(2) 爆破。一般采用直径为 31mm 的铵油或硝铵炸药卷，装药系数取 $0.6 \sim 0.7$，最好使用微差导爆管起爆。二次破碎在工作面局部放矿后进行，平场撬毛的同时若发现大块，应及时用锤子或炸药破碎。在放矿口闸门处破碎大块，费工费时还易损坏闸门，应尽量避免。

(3) 通风。新鲜风流从上风向天井进风，天井进风，清洗工作面后，由中央天井出风；或由两侧天井进风，清洗工作面后由中央天井出风。为防止风流短路，应在进风天井的上口、回风天井的下口设置风门。

(4) 局部放矿。每次落矿爆破后，由于矿石体积膨胀，为保证工作面有 $1.8 \sim 2.0$m 的作业高度，必须放出本次爆破矿石体积约 1/3 的矿石量，这个工作称为局部放矿。局部放矿时，放矿工应与平场工紧密配合，在规定的漏斗中放出规定数量的矿石。

放矿中，应随时注意留矿堆表面的下降情况是否与放出矿量相适应，以减少平场工作量和及时发现并设法防止留矿堆内形成空洞。为保证工作的安全，一旦发现空洞，必须及时处理。按空洞的形成原因及位置不同，有拱形空洞与暗藏空洞两种，前者直接形成于漏斗喇叭口之上，后者潜伏于所留矿石之中，如图8-6所示。留矿堆内形成空洞的原因很多，概括起来有：矿体倾角或厚度突变，在回采时又没有相应削下部分岩石，放矿时矿石不能顺利流动而形成空洞，局部放矿中大块围岩冒落或落矿中大块矿石潜伏于留矿堆中未被发现，或二次破碎不充分大块堵塞形成空洞；粉矿多、矿石湿度大或开采硫化矿，矿石结块形成空洞；漏斗间距大、回采速度慢或长期停采的采场，矿石结块形成空洞。

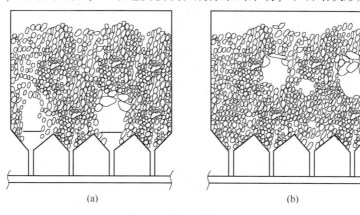

图8-6　留矿堆中的空洞
（a）拱形空洞；（b）暗藏空洞

为防止空洞产生，应采取如下措施：正确选择爆破参数及爆破方法，减少大块及粉矿产出率，凿岩爆破尽可能地不破坏上盘围岩；在上盘局部不稳固处设置流线型小矿柱支撑围岩；回采时注意矿体倾角及厚度的变化，必要时削去部分围岩；正确合理地选择漏斗间距，经常均匀地进行放矿；平场时仔细进行大块破碎。若在留矿堆中已形成了空洞，可用如下方法进行处理：在拱形空洞的两侧漏斗进行放矿，破坏拱形空洞的拱脚，使悬空的矿石落下；在空洞上方埋置较大的药包，借爆力震落悬空的矿石；使用矿用火箭弹爆破消除空洞；用高压水冲刷消除空洞。

局部放矿时，严禁任何人员在放矿漏斗上部的留矿堆上作业。必须进入采场处理事故时，下部漏斗应停止放矿，并在留矿堆上铺设木板。

（5）撬毛平场。局部放矿之后，确认留矿堆内无空洞时，就可进行撬毛平场工作。先对工作面喷雾洒水，然后敲帮问顶，撬除松动矿岩，将局部放矿所形成的凸凹不平矿堆耙平，为下次凿岩工作做好准备。

上述凿岩、爆破、通风、局部放矿、撬毛平场及二次破碎构成了一个回采工作循环。一个分层的回采可以由一个或几个循环来完成。待矿房所有的分层全部落矿后，即可进行大量放矿，完成整个采场的开采。

8.1.1.4　实例

荆钟磷矿属浅海沉积磷块岩矿床，矿体呈层状，厚度为3~4m，倾角85°；矿石中等稳固，$f=7~10$；顶板为灰质白云岩，稳固，$f=8~10$；底板为页岩，一般中等稳固，$f=4~6$。

使用如图 8-7 所示的普通留矿法。回采工作由下向上分层推进，直采至上阶段脉内运输平巷。上阶段的底柱不回采，相邻采场的间柱在回采矿房时一起回采。矿房回采后进行大量放矿。

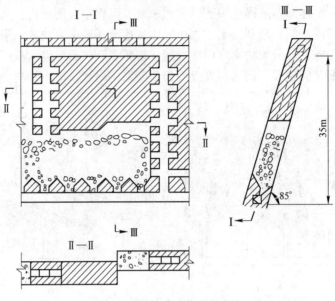

图 8-7 荆钟磷矿普通留矿法

8.1.2 其他留矿采矿法

8.1.2.1 无矿柱留矿采矿法

开采矿岩稳固、厚度在 3m 以内的高价矿体，为提高矿石的回采率，可使用无矿柱留矿采矿法。

无矿柱留矿采矿方案如图 8-8 所示。矿块沿走向布置，阶段高度 40~60m，矿块长度可为 30~100m。

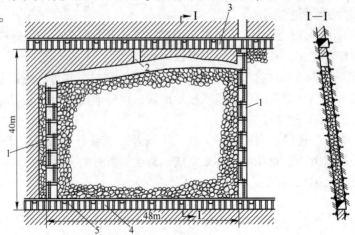

图 8-8 无矿柱留矿采矿法

1—天井；2—采准天井；3—回风平巷；4—运输平巷；5—放矿漏斗口

采准切割比较简单。掘进沿脉运输平巷 4，天井 1 可以利用原有的探矿天井，也可在相邻矿块的回采过程中顺路架设；采场中部布置一个采准天井 2。天井的短边尺寸若大于矿体的厚度，为保持矿体上盘的完整，可将天井规格超过矿体厚度的部分放在下盘岩石中。

放矿漏斗可用混凝土浇灌而成，也可以用木料架设，如图 8-9 所示。

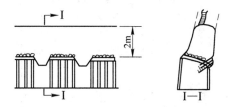

图 8-9　某钨矿急倾斜无矿柱留矿法底部结构

拉底方法如下：在阶段运输平巷中，向上沿矿脉打 1.8~2.2m 深的炮孔，爆破后在矿石堆上将第一分层的落矿炮孔打完后，将矿石装运出去，然后架设人工假巷及漏斗，并在其上铺些茅草之类的缓冲材料，接着爆破第一分层的炮孔。为防止损坏假巷及漏斗，第一分层的炮孔宜布密些、浅些、装药量少些。局部放矿及平场撬毛后，使工作面的作业空间高度为 1.8~2m，拉底工作即告完成。

回采工艺与普通留矿法相同，因为矿体薄，多用上向孔落矿。

湘东钨矿南组矿脉为高中温裂隙充填，以钨为主的多金属急倾斜石英脉，矿石品位很高，脉厚从几厘米到 1m，平均 0.36m，矿脉倾角 68°~80°；围岩为花岗岩，节理不发育，稳固，$f=10~14$；矿石稳固，$f=8~12$。

该钨矿的阶段高为 50m，矿块沿走向长 100m。矿块布置如图 8-10 所示。

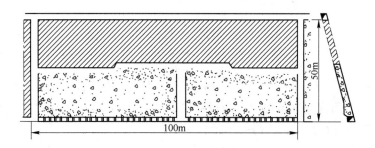

图 8-10　湘东钨矿无矿柱留矿法

阶段运输平巷沿脉布置。采准天井规格为 3.6m×1.2m，分行人、管道、提升和溜矿四格，布置于采场的一端；另一端天井顺路架设，规格为 2m×(1.2~1.5)m，分行人和管道两格。

补充切割自运输平巷顶板开始，切割方法与图 8-8 相同，但木材消耗量大，矿山后来改为混凝土浇灌。

采用不分梯段的直线形工作面，在采区中央拉槽作为爆破自由面。打前倾 75°~85° 的上向孔，孔深 1.4~1.7m，孔距 0.6~0.8m。

8.1.2.2　缓倾斜矿体留矿采矿法

矿体倾角较缓，矿石不能借自重在采场内运搬，此时可用电耙出矿，如图 8-11 所示。图 8-12是香花岭锡矿电耙耙矿留矿采矿法应用实例，这种采矿方法实际上是留矿法的变型方案。

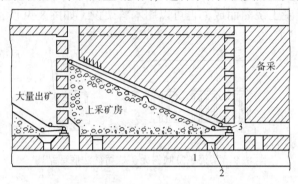

图 8-11　留矿法矿房用电耙耙运出矿
1—阶段运输巷道；2—放矿短溜井；3—电耙绞车

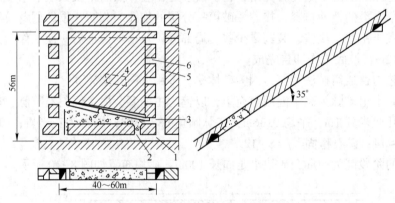

图 8-12　香花岭锡矿电耙耙矿留矿采矿法
1—运输平巷；2—放矿漏斗；3—切割平巷；4—矿柱；5—天井；6—联络道；7—回风平巷

香花岭锡矿为似层状矿床，厚 1~3m，平均为 1.05m，倾角 35°~45°。矿石稳固，$f=10$，品位高，有用成分分布均匀，顶板为稳固的石灰岩，$f=8~10$，矿体与顶板围岩接触明显。底板为砂岩和花岗岩，与矿体接触面平整。

该矿的阶段高 32m，斜高 56m，矿块长 40~60m，顶柱斜高 3~4m，底柱斜高 4~5m，间柱只在矿块的一侧保留，宽为 3~4m。

运输平巷 1 脉内布置，矿块两侧布置天井 5，并每隔 4~5m 开掘联络道 6 通向矿房，在靠近未采矿块底柱的一侧开放矿漏斗 2。

矿房内用倾斜长工作面回采，用电耙平场和出矿，电耙绞车安装在天井联络道中。为保证采场的安全，在矿房适当位置留 1~2 个矿柱。

8.1.2.3　装岩机出矿留矿采矿法

距脉内沿脉巷道侧帮 5~6m 掘下盘沿脉巷道，沿此巷道每隔 5~6m 掘装载巷道横穿脉内沿脉巷道，如图 8-13 所示。脉内沿脉巷道作为拉底层，可直接向上回采。采下的矿石自重溜放到装车巷道内，用装岩机装入下盘沿脉平巷的列车内。随着装岩机不断装载，矿房内留存的矿石跟随自重溜放。这种采矿法的底部结构不留底柱，放矿口断面大，矿石不易堵塞，底部结构尤为简化。

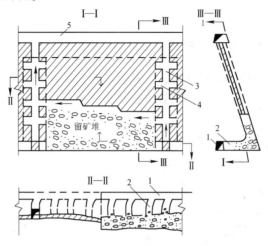

图 8-13　留矿法底部装岩机出矿

1—下盘沿脉巷道；2—装载巷道；3—先进天井；4—联络道；5—上阶段脉内回风巷道

8.1.2.4　铲运机出矿留矿采矿法

现今国外矿山使用的留矿法，采用铲运机出矿的极为广泛。图 8-14 为加拿大克利格律矿采用铲运机出矿的留矿法实例，下盘沿脉运输巷道距矿体 11.5m，由此掘装运巷道通达矿体，其间距为 11.5m。巷道断面按使用的铲运机型号确定；当用 ST-4 型铲运机时为

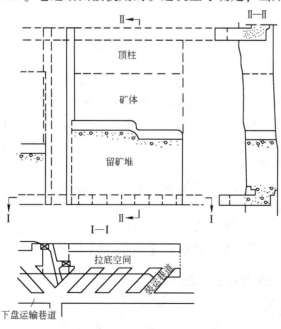

图 8-14　留矿法用铲运机出矿

4.6m×4.1m，用 ST-2 型铲运机时为 3.8m×3.6m。该断面有足够的空间安装通风管。如果装运巷道内不安装通风管，巷道断面可小些，用 ST-4 型铲运机时为 3.9m×2.9m，用 ST-2 型铲运机时为 3.8m×2.9m。

穿脉巷道布置在间柱中，它是由沿脉运输巷道向矿体掘进的。由穿脉巷道侧面向上掘矿房先进天井。

8.1.2.5　振动放矿机出矿留矿采矿法

急倾斜薄、极薄矿脉使用留矿法时，近年来多在矿房底部漏斗内安装振动放矿机取代木漏斗，由重力自溜放矿变为强制振动放矿，从而改善了矿石的流动性，取得了良好的经济效益。

在矿房底部漏斗内安装振动放矿机的结构，如图 8-15 所示。

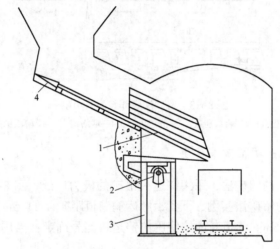

图 8-15　振动放矿机（矩形机架）
1—振动台面；2—振动器；3—机架；4—固定用钢绳

由于振动放矿机的部分台面埋设在漏斗口内的碎矿堆中，并由振动台面产生简谐运动，故矿石在激振力和重力的共同作用下，可形成连续的强制矿流，并且振动波在松散矿石中传播，可改善矿石的流动性，使之不易形成平衡拱。此外，由于振动作用，出矿口可获得比重力放矿大得多的有效流通高度，并可使大块矿石改变流动方向，因而可提高大块通过能力，减少漏口堵塞现象。

振动放矿时，出矿口的有效作用范围扩大，故局部放矿时，矿房留矿堆表面能保持水平均匀下降，能减少平场工作量。

生产实践证明，当极薄矿脉倾角小于 55°时，仅借重力放矿会造成放矿堵塞。如用振动放矿机配合重力放矿，则矿房存留矿石可全部放出。

8.1.3　普通留矿法适用条件及技术经济指标

8.1.3.1　适用条件

普通留矿法的适用条件如下：

（1）矿石与围岩中等稳固以上，无大的构造与破碎带，矿体的厚度越大对矿岩的稳固性要求越高；

（2）矿体厚度原则上可以由极薄到极厚，但主要用于开采中厚以下矿体，尤以薄、极薄矿体使用留矿采矿法最为有利；

（3）矿体倾角应大于55°，这样便于采矿运搬与放矿，当矿体倾角较小时，应采用其他运搬设备相配合；

（4）矿石无结块性、氧化性与自燃性，不含或少含泥质，含硫量也不宜太高；

（5）矿体形态规则，埋藏要素稳定，特别是矿体下盘；

（6）矿体无夹石或夹石不多；

（7）地表允许陷落。

8.1.3.2 技术经济指标

留矿采矿法主要技术经济指标，见表8-1。

表8-1 留矿采矿法主要技术经济指标

矿山名称	矿体及围岩情况		主要技术经济指标								
	矿 体	围 岩	阶段高/m	矿块生产能力/t·d⁻¹	采切比/m·kt⁻¹	损失率/%	贫化率/%	工作面工班效率/t·(工·班)⁻¹	炸药消耗/kg·t⁻¹	雷管消耗/发·t⁻¹	木材消耗/m³·t⁻¹
月山铜矿	厚5~8m，倾角70°~85°，稳固	顶板稳固，底板稳固	50	44~55		7.59	13.88	8.39			
湘东钨矿	平均厚0.36m，倾角68°~80°	顶板较稳固，底板稳固	50	100	21.6~31.8	5.6	72.9	5.86	0.73~0.83	0.9~1.0	0.01
香花岭锡矿	厚1~3m，倾角35°~45°	顶板稳固，底板中等稳固	32	60~80	16~18	2~5	15~20	7~12	0.4~0.6	0.5~0.7	0.0012

8.2 房柱采矿法

房柱采矿法是用于开采水平、微倾斜、缓倾斜矿体的采矿方法。它的特点是，在划分采区（或盘区）和矿块的基础上，矿房与矿柱交替布置，回采矿房的同时留下规则的连续或不连续矿柱，用以支撑开采空间进行地压管理。

水平矿体采用房柱法，矿房的回采由采场的一侧向另一侧推进，缓倾斜矿体通常是由下向上逆矿体的倾向推进工作面，采下的矿石可用电耙、装运机、铲运机等设备运搬。矿块回采后留下的矿柱，一般不予回采，作永久性支撑。但开采高价矿或富矿时，有的矿山为提高矿石回采率先留下较大的连续矿柱，待矿房采完并充填后再回采矿柱。也有的矿山留下连续的条带状矿柱，待矿房采完后，后退式地切采部分矿柱。

　　房柱采矿法是劳动生产率较高的采矿方法之一，在国内外的矿山采用广泛。目前，采用最多的是浅孔落矿房柱法，也有的矿山开始采用中深孔落矿。随着无轨设备的大量使用，不少矿山已开始采用无轨设备深孔开采方案。

　　房柱采矿法采切工作量小，采场通风好，采场生产能力及劳动生产率都比较高，是开采矿岩稳固的水平微倾斜、缓倾斜矿体的一种有效采矿方法。

8.2.1　浅孔落矿、电耙运搬房柱法

　　浅孔房柱采矿法典型方案如图8-16所示。

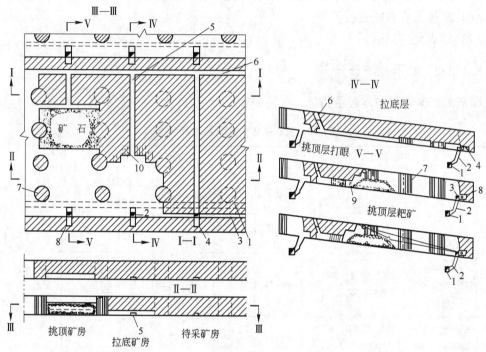

图 8-16　浅孔房柱采矿法典型方案

1—运输巷道；2—放矿溜井；3—切割平巷；4—电耙硐室；5—上山；
6—联络平巷；7—矿柱；8—电耙绞车；9—凿岩机；10—炮孔

8.2.1.1　矿块构成要素

　　矿块沿矿体倾斜布置，矿块再划分为矿房与矿柱，矿块矿柱也称为支撑矿柱。支撑矿柱横断面多为圆形或矩形，支撑矿柱规则排列并与矿房交替布置。为使上下阶段采场相互隔开，各阶段留有一条连续的条带状矿柱，称为阶段矿柱。沿矿体走向每隔4~6个矿块再留一条沿倾向的条带状连续矿柱，称为采区矿柱。上下以两阶段矿柱为界、左右以两采区矿柱为界的开采范围称为采区。

　　（1）矿房长度：取决于电耙的有效耙运距离，一般不超过60m。无轨设备运搬不受此限。

　　（2）矿房宽度：取决于矿体顶板的稳定程度与矿体的厚度，一般为8~20m。

　　（3）矿柱尺寸及间距：取决于矿柱强度及支撑载荷。采区矿柱与支撑矿柱的作用是不相同的。采区矿柱主要用于支撑整个采区范围顶板覆岩的载荷，保护采区巷道，隔离采区

空场，宽度一般为4~6m。支撑矿柱的主要作用是限制开采空间顶板的跨度，使之不超过许用跨度并支撑矿房顶板。目前，计算矿柱尺寸的方法还不成熟，大多参考类似矿山的经验值，采用经验法来设计，再逐步通过生产实践，确定符合矿山实际条件的最优矿柱尺寸与间距。一般矿柱的直径或边长为3~7m，间距为5~8m。

为避免应力集中，提高矿柱的承载能力，矿柱与顶底板应采取圆弧过渡的方式相连。矿柱的中心线应与其受力方向基本一致，当矿体倾角较大时尤其应注意这一点。

(4) 采区尺寸。采区的宽为矿块的长度、采区的长取决于采区的安全跨度及采区的生产能力，一个采区一般不少于3个回采矿房与2个以上正在采切的矿房。

8.2.1.2 采准切割

在下盘脉外距矿体底板5~8m掘进阶段运输巷道1（见图8-16），自每个矿房中心线位置开矿石溜井2至矿体，在阶段矿柱中掘进电耙绞车硐室4，沿矿房中心线并紧靠矿体底板掘进矿房上山5，贯通联络平巷6，矿房上山5与联络平巷6用于采场人行、通风及运搬材料设备，矿房上山5还是回采时的一个自由面。

8.2.1.3 回采工作

A 工作面推进形式

若矿体厚度不大于3m，矿房采用单层回采，由矿房上山5与切割平巷3相交的部位用浅孔扩开，开始回采，工作面逆矿体倾斜推进。

矿体厚度大于3m应分层回来，分层高度2m左右。若矿石比上盘岩石稳固或同等稳固，可采用先拉底，再挑顶采第二层、第三层，直至顶板的上向阶梯工作面回采，如图8-17所示。

可用气腿式凿岩机落矿，平柱式凿岩机也可以用上向式凿岩机落矿。工作面推至预留矿柱

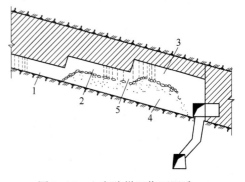

图8-17 上向阶梯工作面回采
1—拉底层；2—第二分层；3—第三分层；
4—矿堆；5—矿柱

处，多布眼少装药将矿柱掏出来，采下矿石暂留一部分在采场内，作为继续上采的工作台。紧靠上盘的一层矿石，宜用气腿凿岩机打光面孔爆破落矿，以便保护顶板。整个回采方法如下。

第一步，采拉底层。

拉底层高度为2.5~3m。回采工作从切割平巷开始，以直线或阶梯工作面逆矿体倾斜推进。落矿用浅孔，深度为2m左右，用气腿式凿岩机平行于上山开凿。爆破后，工作面向上推进1.8~2m。经过采场通风和顶板检查之后，用电耙出矿，如图8-18所示。电耙绞车安装在绞车硐室内，滑轮挂在工作面

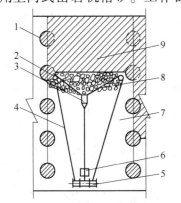

图8-18 用电耙耙运矿石
1—不连续矿柱；2—滑轮；3—耙斗；4—钢丝绳；
5—电耙绞车；6—漏斗；7—矿房已采部分；
8—崩落下的矿石；9—矿房未采部分

上。通过滑轮悬挂位置的变更，可将矿房各部位的采下矿石耙至溜矿井。电耙绞车一般为双卷筒或三卷筒移动式，耙斗多采用锄式，常用斗容为 $0.2\sim0.3m^3$，如图 8-18 所示。

随回采工作面的向上推进，至设计的矿柱位置处，用浅孔掏切矿柱，使其尺寸符合设计要求。

第二步，采挑顶层。

在整个矿房的拉底层矿石回采完毕后，继之回采挑顶层，其回采工作仍从原切割平巷位置起始，自下而上地逆矿体倾斜推进。当矿厚不大于 5m 时，挑顶层不划分为梯段，一次采下；当矿体厚度大于 5m 时，则要将其划分成高度为 2.5m 左右的上向梯段，即自下而上回采的梯段。落矿的凿岩工作是站在采下矿石堆上或拉底层的底板上进行，用气腿式凿岩机开凿平行于顶板的浅孔。若凿岩工作需要在采下的矿石堆上进行，则需将崩落的矿石局部暂留在矿房中，形成留矿堆，并随回采工作面的推进而不断向前移动，长度保持 5~7m。它的前端作为凿岩工作台，后端用电耙出矿。应该指出，挑顶时要特别注意靠近顶板的炮孔布置与开凿，力求做到既不丢损矿石，又不破坏顶板的完整性，从而有利于顶板管理。

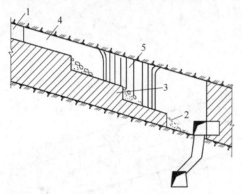

图 8-19　下向阶梯工作面回采

1—矿房上山；2—第一分层；3—第二分层；
4—最上一分层；5—矿柱

由于在矿房回采过程中，采矿人员直接在顶板大暴露面下作业，所以管理好顶板是非常重要的。本采矿法主要依靠规则矿柱支撑矿房顶板。如果矿房的顶板岩石稳固性不够，可在顶板上安装杆柱；若顶板岩石局部不够稳固时，则可在该处留下孤立矿柱，以保证工作面的作业安全。

当矿体上盘岩石比矿石稳固时，有的矿山采用下向阶梯工作面回采，如图 8-19 所示。下向阶梯工作面回采就是通过切割天井先采紧靠顶板的最上一分层（也称为切顶），待其推进至适当距离后，再依次回采下面分层；上分层间超前下分层一定距离，近矿体底板的一层最后开采。

有的矿山顶板不够稳固，采用下向阶梯工作面使顶板先暴露出来，以便对顶板实施杆柱支护（杆柱护顶）。

上向阶梯工作面回采比下向阶梯工作面回采具有效率高、清扫底板容易、在高悬顶板下作业的时间短等优点，而广泛被矿山采用。

　B　矿石运搬

电耙运搬矿石，需经常改变电耙滑轮的位置。使用三卷筒电耙绞车，虽省去了多次改变电耙滑轮位置，但电耙绞车旁边的矿石仍无法耙走。一些矿山使用移动电耙绞车接力耙运，可把整个矿房范围内的矿石耙完，如图 8-20 所示。第一台电耙安装于可在轨道

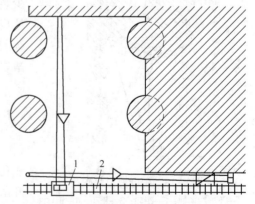

图 8-20　移动电耙绞车接力耙运

1—移动小车；2—轨道

上行走的小车中，耙下来的矿石，再由第二台电耙接力耙至相邻采场的溜井中。

C 采场通风

采场通风简单，新鲜风流由采区人行进风井进入，经切割平巷清洗工作面，污风通过矿房上山、联络平巷进入回风巷道排出。

8.2.1.4 实例

湖南锡矿山锑矿为缓倾斜似层状矿体，赋存于硅化灰岩中，矿体厚度 2~3m，局部地段 4~5m，倾角 10°~20°，矿石坚硬稳固，$f=10~18$。顶板为页岩节理较发育，稳固性较差，$f=3~5$；底板为灰岩，稳固，$f=10~18$。

采用浅孔落矿、电耙运搬房柱采矿法，如图 8-21 所示。矿体沿走向划分为采区，长度为 80~100m，采区之间留 3m 宽的采区矿柱。采区由若干矿块组成，矿块沿矿体倾斜布置，矿块分为矿房与矿柱，矿房宽 8~18m，矩形矿柱，规格为 3m×4m，间距 5m。阶段矿柱宽 3m，矿房斜长 40~60m。

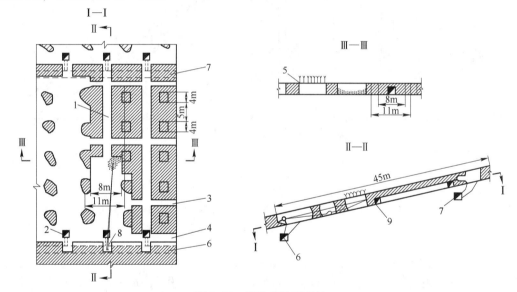

图 8-21 浅孔房柱采矿法

1—矿房上山；2—放矿溜井；3,9—联络平巷；4—切割平巷；5—锚杆；6—运输巷道；
7—回风巷道；8—电耙绞车硐室

采切巷道有：运输巷道 6，放矿溜井 2，切割平巷 4，矿房上山 1，电耙绞车硐室 8 及联络巷道 3 和 9。用上阶段脉外阶段平巷 7 回风。

矿房采用单层回采。首先，沿矿房下部边界拉开高为矿体厚的切割槽并以矿房上山为第二自由面，用浅孔逆矿体倾向回采。相邻矿房可同时回采，但需互相保持 15~25m 的距离。用杆柱维护稳固性较差的页岩顶板，杆柱长 2.3m，网度为 1m×0.8m，每套杆柱支护面积为 0.77m^2。为保证回采工作的安全，在较大断层及顶板不稳处留下矿柱支撑。

8.2.2 中深孔房柱法

中深孔房柱法有切顶与不切顶两种方案。切顶方案是先将未采矿石与顶板分开，其目的是防止中深孔落矿时破坏顶板稳固性，便于用杆柱预先支护顶板和为下向中深孔设备的作业开辟工作空间。

8.2.2.1　缓倾斜矿体中深孔房柱法

图 8-22 为荆襄磷矿王集矿开采矿石和围岩石均稳固的缓倾斜矿体时所用的方法，该方法为不切顶中深孔房柱采矿法。

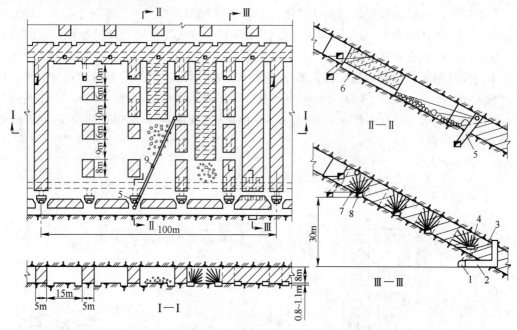

图 8-22　荆襄磷矿王集矿不切顶中深孔房柱采矿法

1—运输平巷；2—联络巷；3—联络平巷；4—拉底切割平巷；5—放矿小井；
6—凿岩上山；7—人行平巷；8—凿岩平巷；9—电耙

矿块沿矿体走向布置，阶段高 30m，斜长 50~60m，采区长 100m，采区内布置矿块 15 个，矿房跨度 15m，规格为（5m×6m）~（5m×8m）的矩形矿柱。阶段矿柱宽 3m，采区矿柱宽 5m。

用 FIY-25 型台架配 YG-80 型凿岩机打上向扇形中深孔，孔深 12~14m，孔径为 55~60mm，台班效率为 39m，最小抵抗线 1.6~1.8m，炮孔密集系数 1~1.13，装药器装药，每次爆破 2~3 排孔，每米炮孔崩矿量为 4.21t。

使用 2DPJ-55 型电耙配 0.6m³ 耙斗沿矿体倾斜方向向下耙矿，台班效率为 109t。作业人员不进入开采空间，作业安全，对于局部顶板不稳固的地方，采用锚杆加强支护。

8.2.2.2　近水平矿体中深孔房柱法

近年来采用大型自行运搬设备，将中深孔房柱法应用于开采水平、近水平的中厚矿体。图 8-23 为某铜矿开采厚度为 6~8m 近水平矿体的圆形矿柱房柱采矿法，图 8-24 为采场立体图。每个采区内有 6~7 个矿房。回采工作线总长约 150m，可分为 3 个 40~60m 的区段，分别在其内进行凿岩、装矿、锚顶作业。矿房跨度与矿柱尺寸取决于开采深度和矿岩坚固性。开采空间的地压主要靠采区矿柱支撑，采区矿柱宽度为 10~20m。房间支撑矿柱用于保证矿房跨度不超过其极限跨度，一般矿房跨度为 12~16m，圆形矿柱直径 4~8m。

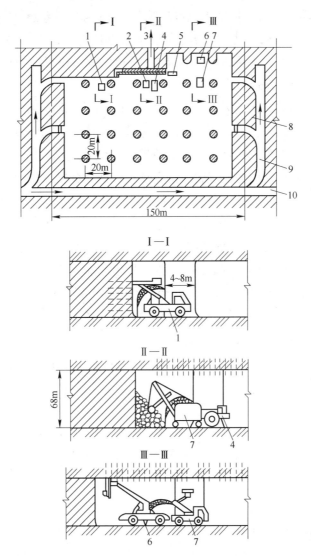

图 8-23 圆形矿柱房柱采矿法

1—自行凿岩台车；2—电铲；3—回风巷道；4—自卸汽车；5—推土机；6—顶板支柱台车；

7—顶板检查台车；8—矿柱；9—采区巷道；10—运输巷道

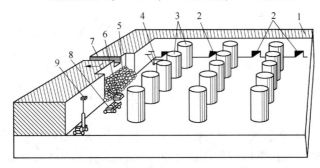

图 8-24 圆形矿柱房柱采矿法立体图

1—采区矿柱；2—矿房联络道；3—圆形矿柱；4—凿岩台车；5—矿堆；

6—电铲；7—回风巷道；8—自卸汽车；9—顶板检查台车

采准切割工程简单，沿矿体底板掘进运输巷道 10 与采区巷道 9，在采区巷道内每隔 40m 掘进矿房联络道，最初的两侧联络道与切割巷道联通，如图 8-23 所示。从切割巷道拉开回采工作面，在采区中央掘进回风巷道 3。巷道的规格应根据自行设备的技术要求来确定，该矿巷道宽度取 4.7m。

回采方法：用履带式双机凿岩台车在直线形垂直工作面上钻凿炮孔，压气装药车装药，爆破下来的矿石用短臂电铲装入内燃功率为 200HP（1HP = 0.735kW）、车厢容积 11m³、载重 20t 的自卸汽车，运至井底车场或转载点装入矿车；使用工作高度为 7.5m 的顶板检查、撬毛、安装锚杆的轮胎式台车进行顶板管理，金属锚杆的网度按岩石稳固程度不同，由（1m×1m）~（2m×2m），若有必要还可加喷厚度为 35 ~ 40mm 的水泥砂浆加强支护。

新鲜空气由运输巷道进入，经采区巷道清洗矿房工作面，污风由回风巷道排出。

开采其他厚度的矿体，除所用设备与采准布置不同外，回采方法基本相同。如果矿体厚度大于 8m，则应划分台阶进行开采，各台阶可单独布置采切工程，完全按上述方法进行生产，也可设台阶间的斜坡联络道，数个台阶共用一套采准系统；最上一个台阶高度较小时，可使用前装式装载机铲装矿石。

某铜矿开采厚度 6 ~ 8m 的近水平矿体工作实例：工作面长 40m、高 6m，炮孔呈 1.5m×1.5m 网度的梅花排列，孔深 4m，共需钻凿 32 排 144 个孔，炮孔总进尺 576m。凿岩工工班效率 40m/（工·班），每班凿岩工 4 人需工作 3.5 班。炮孔凿完用装药车向炮孔装药并爆破，通风 0.5 班。落矿量 2880t，一台电铲配三台自卸汽车作业，平均运搬效率为 720t/班，运搬工作 4 个班完成。顶板支护面积 160m²，需网度 1m×1m 的锚杆 160 根，两个锚杆支柱工工作 4 个班。每循环时间为 4 个班，工作面 140 个工班，工作面工劳动生产率为 72t/（工·班）。

8.2.2.3　倾斜矿体房柱采矿法

开采倾角较大的矿体，由于无轨设备爬坡能力的限制，不能使用上述方法进行开采。此时，最为有效的方法是采用沿走向布置矿房的房柱采矿法，如图 8-25 所示。

回采工作面沿走向推进，沿矿体伪倾斜布置辅助斜坡道，采下的矿石用铲运机 8 运至溜井 4 排出。

矿房底部三角形矿石的开采，可用图 8-26 的方法进行。为便于开采溜井口上部的矿石及支护顶板，溜井宜一直掘进至矿体顶板下部。倾斜矿房中，铲运机的卸矿情况如图 8-27 所示。

开采参数如下：矿房宽度 8 ~ 12m，房间矿柱截面为 6m×8m，倾斜联络道断面为 3m×4m，倾角 5°~8°。浅孔落矿，炮孔直径 46~54mm，孔深 2.4~2.6m。顶板采用网度为 1m×1m 的锚杆支护。

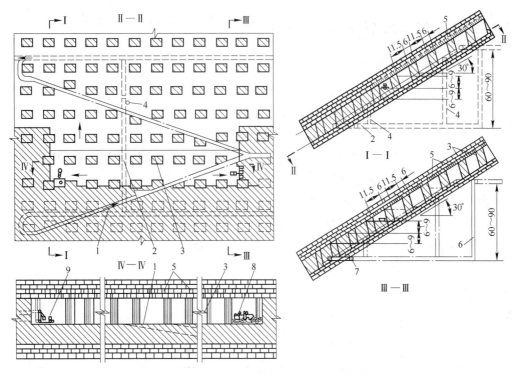

图 8-25 沿走向布置矿房的房柱采矿法（单位为 m）

1—脉内斜坡道；2—穿脉；3—矿柱；4—溜矿井；5—杆柱；6—通风天井；7—运输巷道；8—铲运机；9—凿岩台车

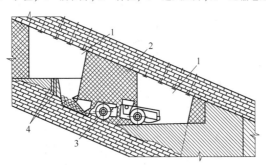

图 8-26 倾斜矿房底部矿石开采与矿柱的形成

1—矿房；2—矿柱；3—铲运机；4—炮孔

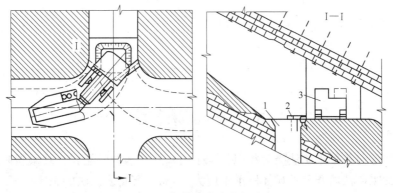

图 8-27 倾斜矿房中的卸矿点

1—溜矿井；2—溜井挡梁；3—铲运机

8.2.3 房柱采矿法适用条件及技术经济指标

8.2.3.1 适用条件

房柱采矿法的适用条件如下：
(1) 用于矿岩，特别是顶板围岩稳固，起码中等稳固以上的矿体；
(2) 矿体倾角不大于30°；
(3) 浅孔落矿方案矿体厚度不大于10m，中深孔落矿方案矿体厚度可适当大些；
(4) 矿体与围岩接触面最好平整；
(5) 矿石价值不高或不富的矿床。

金属矿山、非金属矿山主要用这种方法开采层状、似层状的铁、铜、铅锌、铝土、汞与铀矿床，也可以用于开采煤矿。此外，这种方法还是岩盐、钾盐、石灰石等非金属和建筑材料的重要开采方法。

8.2.3.2 技术经济指标

房柱采矿法主要技术经济指标，见表8-2。

表8-2 房柱采矿法主要技术经济指标

矿山名称	矿体及围岩情况		主要技术经济指标							
	矿 体	围 岩	矿块斜长/m	矿块生产能力/t·d⁻¹	采切比/m·kt⁻¹	损失率/%	贫化率/%	工作面工班效率/t·(工·班)⁻¹	炸药消耗/kg·t⁻¹	雷管消耗/发·t⁻¹	木材消耗/m³·t⁻¹
锡矿山锑矿（浅孔）	厚1~4m，倾角10°~20°，$f=12~16$	顶板$f=4~6$，底板$f=8~12$	40~60	60~100	5~15	20~30	5~10	10~14	0.35	0.50	
荆钟磷矿（浅孔）	厚3.5~5.5m，倾角20°，$f=10~12$	顶板$f=8~10$，底板$f=3~5$	34~37	150~200	11.7	16.6	4.5	11.44	0.187	0.21	0.0005
法国洛林铁矿（中深孔）	厚1.7~7.0m，倾角2°~7°，$f=6~8$	顶板中稳至稳固，底板稳固				15~18	10	70			

表头单位说明：矿块斜长/m，矿块生产能力/t·d⁻¹，采切比/m·kt⁻¹，损失率/%，贫化率/%，工作面工班效率/t·(工·班)⁻¹，炸药消耗/kg·t⁻¹，雷管消耗/发·t⁻¹，木材消耗/m³·t⁻¹

8.3 全面采矿法

全面采矿法与房柱采矿法极为相似，也是用来开采水平微倾斜、缓倾斜矿体的空场采矿法，但全面采矿法所开采的矿体厚度不应大于4m。全面采矿法的采区可不划分为矿块，回采工作面可以逆倾向、沿走向、逆伪倾向全面推进。因此，采场范围大，沿走向长度可达 50~100m。回采过程中留下来的矿柱（或岩柱），可以是不规则的，其数量、形状、间距、尺寸及位置比较灵活，可将贫矿、夹石、无矿带留下，或按顶板管理的要求留下不规则的孤立矿柱来支撑空区。开采高价矿、富矿时也可用木柱、木垛、石垛、混凝土垛、锚杆等人工材料来代替矿柱，提高矿石回采率。

8.3.1　典型方案

我国常用的是浅孔落矿电耙运搬的全面采矿法，如图 8-28 所示。

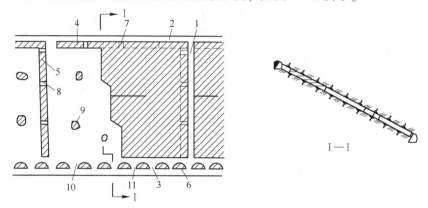

图 8-28　全面采矿法

1—切割上山；2—回风平巷；3—阶段平巷；4，6—阶段矿柱；5—采区矿柱；
7，8—人行道；9—矿柱或岩柱；10—矿石溜井；11—切割平巷

8.3.1.1　矿块布置及构成要素

矿块沿走向布置，其长度可以是 50m 或更大，矿块沿倾斜方向的长度一般为 40~60m，增加沿走向的长度可以减少矿块数，减少采切工程量，但阶段内同时工作的矿块数也将相应减少，会影响阶段生产能力，故采区长度还应当用阶段生产能力来校核。

年产量不大、走向长度小的矿体，阶段可不划分采区，整个阶段沿走向、逆倾向或伪倾向全面推进。

阶段矿柱宽度 2~3m，采区矿柱宽度 6~8m，矿石溜井间距 5~7m。采区内的矿柱，根据夹石、贫矿的分布及顶板管理的需要来确定其数量、规格与位置。

8.3.1.2　采切工程

先掘进的阶段平巷 3，一般布置于脉内。当矿体产状变大时也可将它布置在下盘围岩中，这样虽增加了脉外工程量，但矿石溜井有一定的储矿能力，对缓和采场运搬与矿石运输、提高阶段生产能力有利。矿石溜井 10 的间距为 5~7m。切割平巷 11 连通各矿石溜井的上口，作为回采工作的一个自由面。逆矿体倾向掘进的切割上山 1 贯通回风平巷 2，并作为回采工作的起始线。在采区矿柱（也称为矿壁）内每隔 10~15m 掘进人行道 8。回采过程中，在上部阶段矿柱内每隔一定距离掘进人行道 7 连通回风平巷 2。电耙硐室的位置与矿石溜井相对应，也可以用图 8-16 的移动电耙接力耙运矿石。

8.3.1.3 回采工作

回采工作从切割上山的一侧或两侧开始沿矿体走向全面推进,为使凿岩与采场运搬平行作业,工作面可布置成阶梯状,依次超前一定的距离,阶梯数常为2~3。

使用气腿式凿岩机凿岩,视矿石坚固程度、矿体厚度及工作循环要求来确定凿岩爆破参数,但炮孔不可穿过顶底板以保证安全及降低矿石贫化与损失。若有可能,近顶板的炮孔采用光面爆破技术,以保持顶板的稳固性。

回采过程中,应视顶板的稳固程度及矿床有用组分的分布情况,将贫矿、夹石、无矿带留作不规则的矿(岩)柱,当然,必要时一般矿石也要留作矿柱。圆形矿柱的直径常为3~5m,矩形矿柱的规格为3m×5m。为提高矿石回采率,也可以用木柱、丛柱、锚杆及垛积材料进行支撑。图8-29为哑铃型钢筋混凝土垛积预制块的结构及架设情况。采场回采完毕,视安全情况,可部分地回收矿柱。锚杆支护工作量小,成本低,效果好,且利于矿石运搬。锚杆长度一般为1.8~2.5m,安装密度为(0.8m×0.8m)~(1.5m×1.5m)。

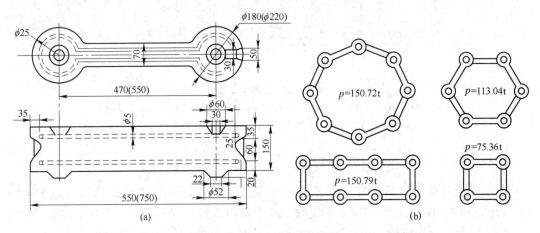

图 8-29 哑铃型混凝土预制块

(a) 哑铃型混凝土预制块(单位为 mm),当架设高度超过 3.5m 时,宜选用括号内尺寸;

(b) 架垛形式,p 为支撑荷载,单位为 t

8.3.2 实例

巴里锡矿为锡石多金属硫化矿床,以层状、似层状产出,矿体厚度不大于2.5m,倾角小于35°,矿体走向长300~350m,矿石稳固或中等稳固,围岩为灰岩或硅质页岩,稳固 f=9~10 至 f=12~15。采用沿走向全面推进的全面采矿法,阶段高20m,阶段斜长40~50m,如图8-30所示。上部阶段矿柱宽1.5m,下部3m。回采过程中留不规则矿柱,规格为(2m×2m)~(3m×3m),间距为6~15m。

采切工程简单,阶段沿脉运输平巷1及切割上山2均利用原来的勘探工程,在阶段运输平巷的一侧开电耙硐室8。在预定位置开装矿口3,并逆矿体倾斜推进4~5m后形成喇叭口,用木料架设闸门即可进行回采。

回采工作面分成两个阶梯进行,下阶梯超前1~2排炮孔,使用气腿凿岩机打梅花形炮眼,排距0.8~1m,眼距0.8~1.2m,炮孔直径为38~43mm,用火雷管或导爆管超爆。采场

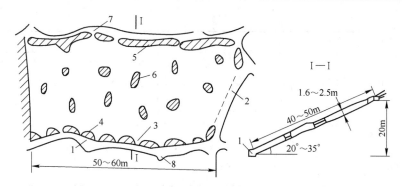

图 8-30 巴里锡矿沿走向推进全面采矿法

1—阶段沿脉运输巷道；2—切割上山；3—装矿口；4，5—阶段矿柱；6—矿柱；7—回风口；8—电耙硐室

运搬使用 30kW 电耙，安装导向滑轮后作拐弯耙矿。利用矿山总负压进行通风，效果良好。

随着回采工作面的推进，每隔 15m 左右在上部阶段矿柱中打一个通风口 7。

采场顶板除用矿柱支撑外，局部不稳地段用丛柱或小木垛支护。

8.3.3 全面采矿法适用条件及技术经济指标

8.3.3.1 适用条件

全面采矿法的适用条件如下：

（1）矿岩稳固，顶板岩石的稳固程度高于房柱采矿法；

（2）水平微倾斜矿体或倾角不大于 35° 的缓倾斜矿体；

（3）矿体厚度不宜大于 6m，国内大部分矿山用于开采厚度为 1.5~3m 的矿体；

（4）矿体产状稳定的贫矿体，特别是开采矿石品位分布不均或带有夹石、无矿带的矿体最为有利。

8.3.3.2 技术经济指标

全面采矿法主要技术经济指标，见表 8-3。

表 8-3 全面采矿法主要技术经济指标

矿山名称	矿体及围岩情况		主要技术经济指标								
	矿体	围岩	矿块斜长 /m	矿块生产能力 /t·d^{-1}	采切比 /m·kt^{-1}	损失率 /%	贫化率 /%	工作面工班效率/t· (工·班)$^{-1}$	炸药消耗 /kg·t^{-1}	雷管消耗 /发·t^{-1}	木材消耗 /m³·t^{-1}
綦江铁矿大罗坝矿区	厚 0.9~3m，倾角 18°~22°，$f=5~8$	顶板 $f=10~16$，底板 $f=2~3$	40~60	70	12.4~14.0	10	6~9	12	0.25	0.19	
松树脚矿	厚 0.4~3m，倾角 25°~40°，$f=10~12$	顶板 $f=10~16$，底板 $f=12~14$	50~70	50~90	12.4~14.0	14~20	8~17	3.5~7.0	0.47	0.32~0.67	0.004

续表 8-3

矿山名称	矿体及围岩情况		主要技术经济指标								
	矿　体	围　岩	矿块斜长/m	矿块生产能力/t·d^{-1}	采切比/m·kt^{-1}	损失率/%	贫化率/%	工作面工班效率/t·(工·班)$^{-1}$	炸药消耗/kg·t^{-1}	雷管消耗/发·t^{-1}	木材消耗/m^3·t^{-1}
大厂巴里锡矿	厚2.5m，倾角<30°，稳固	顶板 $f=9\sim15$，底板 $f=12\sim14$	40~50	50~80	30	8~13	<15	10~13	0.51~0.63	0.41~0.56	0.005

8.4　分段矿房采矿法

分段矿房采矿法是将阶段划分为矿块，矿块再划分为矿房与周边矿柱，矿房用中深孔或深孔在阶段全高上进行回采，采下矿石由矿块底部结构全部放出的空场采矿法。矿房回采过程中，空区依靠矿岩自身稳固性及矿柱支撑，回采工作是在专用的巷道、硐室、天井内进行的。矿房回采完毕再用其他方法回采矿柱。

根据落矿方式不同，分段矿房采矿法分为分段落矿矿房采矿法、水平深孔落矿矿房采矿法、倾斜深孔落矿爆力运搬矿房采矿法、垂直深孔落矿矿房采矿法。分段矿房采矿法是高效率的地下采矿法之一，通常用来开采大型矿床，主要用于开采急倾斜厚大矿体。

由于凿岩设备及操作技术等条件的限制，难以穿凿深度等于矿房高度的深孔时，可将矿房划分为分段，用中深孔进行落矿。

分段落矿阶段矿房采矿法的特点是：在矿块划分为矿房与周边矿柱的基础上，将矿房在高度上进一步用分段巷道划分为几个分段，在分段巷道内用中深孔落矿，工作面竖向推进，采下矿石由矿块底部结构放出。

分段落矿阶段矿房采矿法与分段矿房采矿法的根本区别在于：前者的分段只有落矿系统，而不具备出矿能力，整个矿房只有唯一的阶段底部结构；而分段矿房采矿法是每个分段有自己独立的出矿底部结构。

分段落矿阶段矿房采矿法的矿房布置方式有沿走向布置矿块，垂直走向布置矿块与倾斜、缓倾斜矿体中分段落矿阶段矿房采矿法三种形式。

当矿体的厚度不超过表8-4所列极限值时，采用沿走向布置矿块方案。沿走向布置矿块的分段落矿阶段，矿房采矿法矿体厚度极限值见表8-4。

表 8-4　矿体厚度极限值

上盘稳定程度	矿石稳固程度	
	稳固的	极稳固的
稳　固　的	矿体厚度≤15m	矿体厚度≤15m
极　稳　固　的	矿体厚度≤20m	矿体厚度≤30m

8.4.1　典型方案

在开采矿体厚度15~20m的急倾斜矿体时，多采用沿走向布置矿块的分段落矿阶段矿房采矿法，典型方案如图8-31所示。

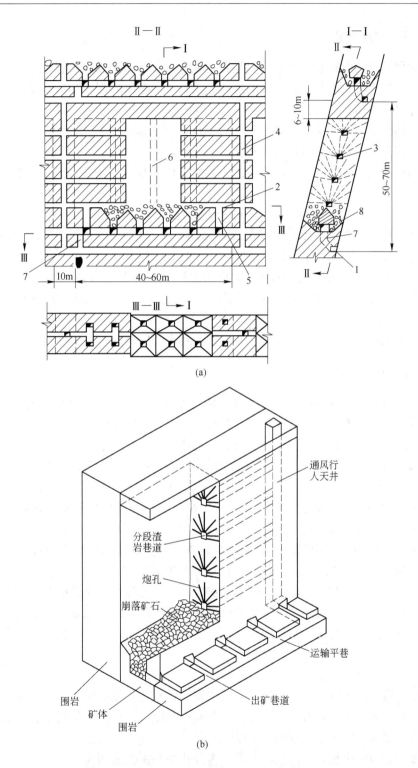

图 8-31 沿走向布置矿块分段落矿阶段矿房采矿法

(a) 三视图，漏斗受矿电耙耙矿底部结构；(b) 立体图，平底出矿底部结构

1—阶段运输巷道；2—拉底巷道；3—分段凿岩巷道；4—通风人行天井；

5—漏斗颈；6—切割天井；7—溜井；8—电耙道

8.4.1.1　构成要素

（1）阶段高度：由矿房高度、顶柱厚度与底柱高度三部分组成，其大小取决于围岩所允许的暴露面积。因为这种采矿方法的采空区围岩是逐渐暴露出来的，故阶段高度可适当加大，一般为 50~70m。

（2）矿房长度：根据围岩及顶柱所允许暴露的面积来确定，一般为 40~60m。

（3）矿房宽度：等于矿体的水平厚度，可达 20~30m。

（4）顶柱厚度：由矿石、围岩的稳固性及矿体厚度（即矿房宽度）决定，一般为 6~10m。

（5）间柱宽度：决定于围岩的稳固性和矿柱的回采方法，一般为 8~10m。

（6）底柱高度：与放矿方式，即与底部结构有关。用电耙巷道时为 7~13m，用格筛巷道时为 11~14m；由放矿漏斗直接装车时则为 4~6m。

（7）分段高度：即上下相邻两分段巷道的垂直距离，其大小决定于使用的凿岩设备的有效钻孔深度。浅孔凿岩时不大于 6m（应用很少）；中深孔凿岩时为 8~10m；深孔凿岩时可为 15~20m。

（8）漏斗间距：通常为 5~7m，一般以每个漏斗的负担面积不超过 50m² 为宜。

8.4.1.2　采准切割工作

采准工作内容是掘进阶段运输平巷 1、采区人行通风天井 4、电耙巷道 8、拉底巷道 2、分段凿岩巷道 3、漏斗颈 5、放矿溜井 7 与切割天井 6 等采准巷道。

阶段运输平巷的位置，要根据整个阶段运输巷道的布置决定，一般是在矿体内沿矿体的下盘接触线布置。采区人行通风天井通常设在间柱的中央，贯通采区上下两运输水平（经一段联络横巷与运输平巷连接）。从此天井开始，在二次破碎水平在底柱内掘进电耙巷道以备二次破碎与出矿，在拉底水平掘进拉底巷道以备矿房拉底，由拉底水平向上每隔一定距离（即分段高度）掘进一条分段巷道。分段巷道的平面位置与矿体倾角有关，大多位于矿体厚度的中央，但对于倾斜矿体，分段巷道则应靠近下盘布置，以利减少炮孔之间的深度差，从而提高凿岩效率，改善爆破效果。沿电耙巷道每隔一定距离（一般为 5~7m）向上开掘一个漏斗颈，以备逐步将其上部扩大成受矿漏斗喇叭口。从阶段运输平巷向上开掘采区放矿溜井，直通电耙巷道。切割天井的位置，一般是在矿房的中央或矿体最厚的部位，它用于矿房回采前在矿房全宽和全高范围内开切垂直自由面，即开切割立槽。

切割工作包括拉底、扩漏与开切割立槽。

拉底和扩漏工作同时进行。由于回采工作面是垂直的，故矿房下部的拉底和扩漏工程无须一次全部完成，而是随着回采工作面地向前推进逐步进行。一般说来，拉底和扩漏工程只需超前于回采工作面 1~2 排漏斗的距离。

拉底和扩漏的方法很多，概括起来可分为浅孔法与深孔法两种。

（1）浅孔法。在超前回采工作面一排漏斗的范围内，自拉底巷道用浅孔凿岩爆破法向两侧开掘垂直于矿房长度方向的横槽，直至矿体两盘的边界，随即进行扩漏。扩漏可自拉底水平由上向下，也可自漏斗颈由下向上进行。这种方法的优点是简单可靠，缺点是切割工作量大、工程进度慢。

（2）深孔法。在拉底巷道 1 内，距已采空间约 1.5m 处开凿一排上向扇形中深孔 2，爆破后形成拉底空间 3，继之再在拉底巷道内以同样方式开凿第二排炮孔 4，爆破后形成第二个拉底空间 5，爆破的矿石被抛掷到前面的漏斗内，如图 8-32 所示。如此循环往复直至形成足够的拉底面积。接着，从漏斗颈 6 用上向凿岩机开凿束状扇形中深孔（由 8~10 个组成），爆破后形成漏斗。本法具有切割工作效率高、速度快的优点。

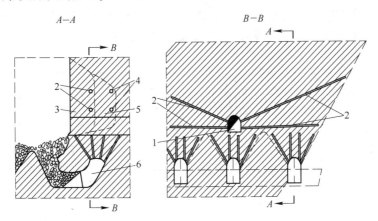

图 8-32 深孔法拉底扩漏
1—拉底平巷；2，4—接杆深孔；3，5—拉底空间；6—漏斗颈

开切割立槽可与拉底工作同时进行。

开切割立槽的方法也有浅孔法与深孔法两种。

（1）浅孔法。就切割立槽形成过程而言，又可称为浅孔留矿法，即把切割立槽看作一个小矿房，自下而上逐层上采，采下的矿石暂留于槽内，作业人员站在留矿堆上进行凿岩爆破工作。此法所开切割立槽宽度一般为 2.5~3.5m。

（2）深孔法。以切割天井 2 为凿岩天井，在凿岩平台或吊盘上作业，向切割槽空间内矿体开凿直径为 60mm 左右的水平扇形炮孔 1，逐层向下落矿，直至顶柱下面，如图 8-33 所示。该法所开切割立槽宽度一般为 5~8m。

8.4.1.3 回采工作

切割立槽在矿房全高形成后，即可正式回采矿房。

落矿工作是以切割立槽为自由面，在分段巷道内

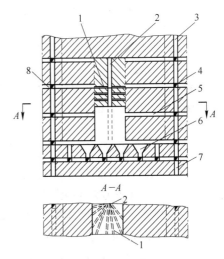

图 8-33 深孔法开切割槽
1—水平扇形炮孔；2—切割天井；3—采区天井；4—分段横巷；5—分段平巷；6—漏斗；7—矿石溜子；8—分段联络巷道

用上向扇形炮孔（多为中深孔）进行。用平柱式凿岩机开凿中深孔时，孔径一般为 60~75mm。各分段的落矿工作可依次进行，也可同时进行。确定同时落矿一次爆破炮孔的排数，要考虑前面自由空间的大小。将崩落的矿石基本放出后，再进行下一次爆破。

自各分段崩落的矿石，借其自重运搬落入矿块底部的漏斗内，经漏斗颈进入电耙巷

道, 再用电耙扒运至矿石溜井。常用的电耙绞车多为 30~55kW 的, 耙斗容积为 0.3~0.5m³。大块矿石的二次破碎工作, 出矿过程中在电耙巷道内进行。

8.4.1.4　通风

通风分为采场通风工作和电耙巷通风。采场通风工作必须保证凡是有作业人员之处都有新鲜风流通过。分段巷道和电耙巷道是这种采矿方法的主要作业地点, 一定要保持风流畅通。当回采工作面由矿房的一侧向另一侧推进时, 采场通风线路如图 8-34 (a) 所示; 当回采工作面从矿房中央开始向两侧推进时, 采场通风线路如图 8-34 (b) 所示。

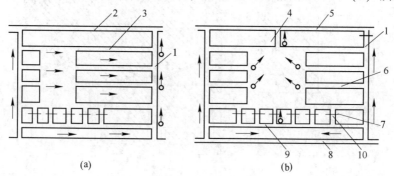

图 8-34　通风示意图

1—天井; 2—上阶段运输平巷; 3—检查巷道; 4—回风天井; 5—回风平巷; 6—分段巷道; 7—风门; 8—下阶段运输平巷; 9—电耙巷道; 10—漏斗颈; ↑—新鲜风流; ↟—污浊风流

应该指出, 为保证耙矿作业人员能够位于新鲜风流地段, 电耙巷道内的风流方向应与耙矿方向相反。

为了避免采场内上下风流混淆, 我国采用分段采矿法的矿山, 大多采用集中凿岩分次爆破的回采顺序。如此既可保证凿岩时的通风效果, 又利于回采的生产管理。

8.4.1.5　实例

寿王坟铜矿属于岩浆后期接触交代矽卡岩型铜铁矿床, 矿体倾角 60°~85°, 厚度 15~30m; 上盘多为蚀变花岗闪长岩或矽卡岩, 下盘多为白云质大理岩, 上下盘均稳固至极稳固, $f=8~12$; 矿石为致密状、浸染状含黄铜矿的磁铁矿。

该矿体沿走向布置矿块, 阶段高 60m, 矿房长 34~38m, 间柱宽 12~16m, 顶柱厚度 10~15m, 底柱高 14~15m, 分段高 12~15m; 漏斗受矿电耙道底部结构, 斗穿交错布置, 间距 6~8m。脉内采准, 高度 20m 以上的天井用吊罐法施工, 20m 以内的用普通法掘进, 采切工程布置如图 8-35 所示。在斗颈内用中孔扩漏与拉底, 效果良好。用切割横巷、切割天井上向中深孔拉切割立槽。

矿山原用 YG-80 或 BBC-120F 型凿岩机钻凿中孔落矿, 孔径 58~60mm, 孔深 10~14m, 最小抵抗线 1.1~1.3m, 孔底距 1.2~1.3m。中孔落矿大块产出率虽比深孔低, 但装药费时、费力、炮孔成本高, 故障率高。之后, 改用 YQ-100 型潜孔钻机钻凿深孔落矿, 孔径 110mm, 孔深 14~18m, 最小抵抗线 2.4~2.6m, 孔底距 2.5~2.7m。使用 28kW 电耙绞车配 0.3m³ 耙斗或 55kW 电耙绞车配 0.5m³ 耙斗耙矿。

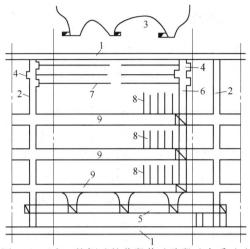

图 8-35 寿王坟铜矿的分段落矿阶段矿房采矿法

1—阶段运输平巷；2—采准天井；3—底柱；4—回采顶柱凿岩硐室；5—电耙道；
6—切割天井；7—回采顶柱水平深孔；8—回采矿房上向深孔；9—分段巷道凿岩

顶柱采用水平深孔回采，间柱用上向深孔回采。

8.4.2 其他方案分段凿岩阶段矿房法

8.4.2.1 垂直走向布置矿房的分段矿房法

当开采厚、极厚的急倾斜矿体时，应采用垂直走向布置矿房的分段矿房采矿法，如图 8-36 所示。

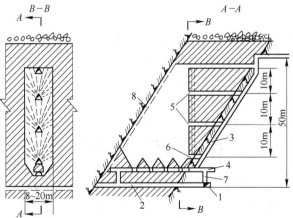

图 8-36 垂直走向布置矿房的分段矿房法

1—运输巷道；2—穿脉巷道；3—人行通风天井；4—电耙巷道；
5—分段巷道；6—拉底巷道；7—放矿溜井；8—切割天井

垂直走向布置矿房的分段采矿法的矿房长度即为矿体厚度，矿房宽度要根据矿石和围岩的稳固性确定，一般为 8~20m，有时可达 25~30m；顶柱厚度不小于 6m；底柱高度由底部结构形式而定；间柱宽度为 6m 以上。这种方案需在矿体上盘开切垂直自由面，其回采工作顺序、方式等和沿走向布置矿房的方案基本相同。

8.4.2.2　堑沟受矿底部结构矿房法

某矿主矿体属于矽卡岩型，呈似层状赋存，倾角70°~80°，厚度10~15m，矿石为含矿矽卡岩，稳固，硬度系数为13。矿体上盘为稳固的石灰岩，硬度系数为9；下盘是砂岩或花岗斑岩，节理发育，稳固性差。

该矿采用分段凿岩矿房采矿法开采，如图8-37所示。

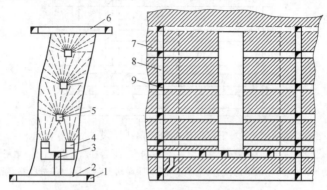

图8-37　某矿堑沟受矿的分段凿岩矿房法

1—运输平巷；2—穿脉巷道；3—电耙巷道；4—拉底巷道；5—分段巷道；
6—回风横巷；7—间柱；8—人行通风天井；9—联络道

该矿的阶段高度60m；矿房沿走向布置时，其长度为35~40m；矿房垂直走向布置时（矿体厚度大于25m），其宽度在30m以内；间柱宽度为12~15m；底柱高度为11~14m；分段高度为8~10m；漏斗间距5~7m。

采准与切割工作：掘进上下盘阶段运输巷道，构成环形运输系统；采区天井布置在间柱中间；电耙巷道设置在阶段运输水平以上6m处。

采用堑沟式拉底方法，切割立槽分两个步骤形成，如图8-38所示。首先在两条堑沟巷道中相对开掘宽度与切割立槽宽度（2.5~3m）相同的短斜井，使其贯通后形成切割堑沟三角柱。然后，以切割天井为自由面，用浅孔留矿法自下而上采下槽内矿石，形成堑沟上部的立槽。

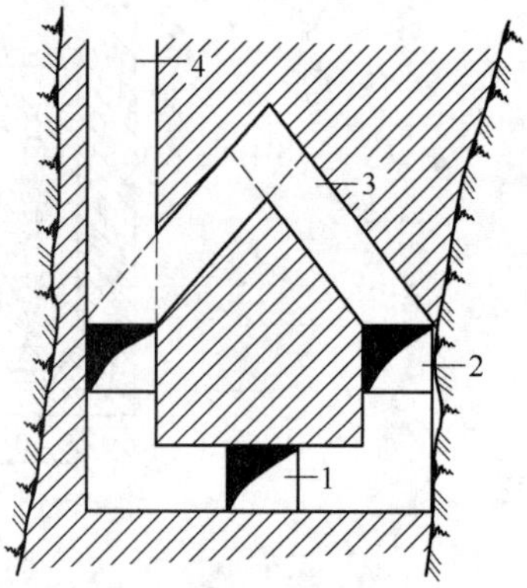

回采工作：在分段巷道内，用BBC-120F型凿岩机打上向扇形炮孔。整个矿房的炮孔打完后，分次进行爆破，每次爆破5~8排炮孔。出矿使用55kW电耙绞车，0.5m³的耙斗，耙矿效率为80~90t/（台·班）。

图8-38　切割立槽的形成方法
1—电耙巷道；2—堑沟（拉底）
巷道；3—短斜井；4—切割天井

8.4.2.3　平底无轨出矿阶段矿房采矿法

图8-39为某矿垂直走向布置矿房分段落矿阶段矿房采矿法。矿体赋存于透辉石岩层中，矿石围岩极稳固，$f=14$~16，云母矿带厚度达45m，矿体倾角60°，阶段高为31m，矿房宽为12m，房间矿柱宽8m，顶柱高6m。采用装矿机出矿平底底部结构。

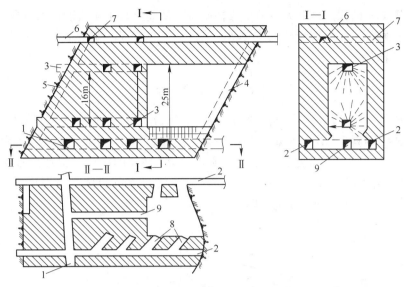

图 8-39 某矿垂直走向布置矿房分段落矿阶段矿房采矿法

1—运输平巷；2—运输横巷；3—分段横巷；4—切割天井；5—天井；
6—通风横巷；7—通风平巷；8—装矿短巷；9—拉底巷道

阶段运输平巷 1 布置于脉内，在间柱底部布置运输横巷 2，矿房内布置两条分段横巷 3，如图 8-41 所示。采用 BA-100 型潜孔钻机在分段横巷内钻凿扇形深孔。切割槽布置在矿体下盘，回采工作面由下盘向上盘推进，采下矿石落入平底底部结构，在装矿短巷 8 中用装矿机装矿，经运输横巷 2 至运输平巷 1 运走。

图 8-40 是某铁矿接触变质磁铁矿床，呈扁豆状，赋存于石灰岩与花岗岩之间。矿体倾角 50°~60°，平均厚度约 30m，节理不发育，矿石硬度 f=6~8。围岩稳固，其硬度 f=8~12。矿石与围岩接触明显。

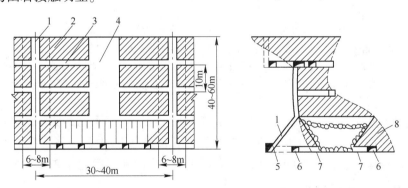

图 8-40 分段凿岩平底出矿矿房采矿法

1—人行天井；2—矿房间柱；3—分段巷道；4—切割槽；5—天井转道；
6—运输平巷；7—装矿横巷；8—临时矿柱

该矿在部分矿体采用了无底柱的分段凿岩矿房采矿法，取得了良好的效果。矿块布置如图 8-36 所示。根据矿体厚度的不同，沿走向布置 1~2 条运输平巷，沿运输平巷每隔 7m 开掘一条装矿横巷，在其内采用铲运机（装载机）装矿。

这种布置方式的优点是：大量减少底柱矿量，从而提高了矿块的矿石回收率；可以使用机械装矿，便于采用大型装矿机与大型运输机，大幅度提高矿块生产能力。此外，可减少二次破碎工作量。

8.4.2.4　缓倾斜矿体分段落矿阶段矿房采矿法

缓倾斜矿体采用分段落矿阶段矿房采矿法，只有在下盘布置脉外放矿底部结构才有可能。牟定铜矿缓倾斜矿体分段落矿阶段矿房采矿法如图8-41所示。该矿的矿房宽为12m，每两个矿房为一个采场，跨度为24m，采场之间留有5m的矿壁，采场斜长为50~60m，使用YGZ-90型凿岩机上向扇形中孔落矿，孔深一般在10m以内，最小抵抗线1~1.2m，孔底距1.5~1.8m，多段微差非电起爆。

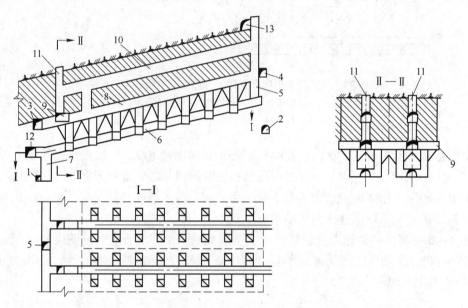

图8-41　牟定铜矿缓倾斜矿体分段落矿阶段矿房采矿法
1—脉外运输平巷；2—上阶段脉外运输平巷；3—脉内沿脉通风联络平巷；4—上阶段脉内沿脉
通风联络平巷；5—人行通风天井；6—电耙道；7—矿石溜井；8—分段凿岩巷道；9—切割
平巷；10—上分段凿岩巷道；11—切割天井；12—电耙联络平巷；13—回风巷道

在切割平巷9中凿上向平行中深孔以切割天井11为自由面，爆破形成切割立槽。以切割立槽为自由面爆破分段凿岩巷道8与上分段凿岩巷道10中的扇形炮孔进行落矿，崩下的矿石通过布置在下盘脉外的漏斗进入电耙道6，二次破碎后耙至矿石溜井7，经脉外运输平巷1运出，如图8-41所示。

8.4.3　评价及适用条件

分段落矿阶段矿房采矿法是我国目前开采矿岩稳固、急倾斜厚大矿体应用较广泛的采矿方法。它具有回采强度大、劳动生产率高、坑木消耗量小、采矿成本低、回采作业安全等突出优点。它的严重缺点是：矿柱所占比重大，达35%~60%，且矿柱回采损失率与贫化率高，有时高达40%~60%；采切工作量大等。

这种方法适用于矿岩稳固（特别是上盘围岩）急倾斜厚大矿体，矿体内不含或很少含夹石，矿体形态比较规则，层、节理不发育，无明显构造破坏，矿岩接触界线明显的矿山。

8.4.4 技术经济指标

分段落矿阶段矿房采矿法主要技术经济指标，见表8-5。

表 8-5 分段落矿阶段矿房采矿法主要技术经济指标

矿山名称	矿体及围岩情况		主要技术经济指标								
	矿 体	围 岩	阶（分）段高/m	矿块生产能力/t·d⁻¹	采切比/m·kt⁻¹	损失率/%	贫化率/%	工作面工班效率/t·（工·班）⁻¹	炸药消耗/kg·t⁻¹	雷管消耗/·t⁻¹	木材消耗/m³·t⁻¹
金岭铁矿	厚5~30m，倾角45°~60°	顶板稳固，底板稳固	60（10）	300~400	8.4	6.5	13.5	20.7	0.454	0.19	0.0002
胡家峪铜矿	厚5~6m，倾角40°~55°	顶板较稳固，底板不稳固	50（17~25）	303	20.3	10.8	16.7		0.46	0.031	0.004
开阳磷矿	厚5~7m，倾角25°~45°	顶板稳固，底板稳固	40（10）	143	10.97	49.2	20.5	5.3	0.22		0.002

8.5 阶段矿房采矿法

8.5.1 水平深孔落矿阶段矿房采矿法

水平深孔落矿阶段矿房采矿法根据凿岩工作地点不同，有硐室落矿、天井落矿、凿岩横巷落矿三种方案。

天井落矿方案是将天井布置在矿房内，由天井向四周钻凿水平扇形深孔，然后由下而上逐层落矿。由于靠近上盘、下盘与间柱处爆破自由面不很充分；而且孔底距大，炮孔末端直径又较小，致使该处装药量相对减小，不能充分爆落矿石而使矿房面积逐层减小。另外，每次爆破前必须由上向下修理上次爆破损坏的天井台板，费工费时费料不安全，现已无矿山采用。

凿岩横巷落矿方案由于采切工作量大，也采用不多。这里，着重介绍凿岩硐室落矿方案。

在凿岩天井内每隔一定高度布置凿岩硐室，凿岩天井的位置与数量对提高凿岩效率、矿石回收率、减少采切工程量有较大影响。确定天井位置和数量时既要求炮孔的深度不应过大，又要求落矿范围符合设计要求，防止矿房面积逐渐缩小。采用中孔凿岩机时，孔深一般不超过15m，深孔凿岩则不超过30m。一般凿岩天井多布置在矿房两对角或四角及间柱内。

8.5.1.1　典型方案

水平深孔落矿阶段矿房采矿法典型方案，如图 8-42 所示。

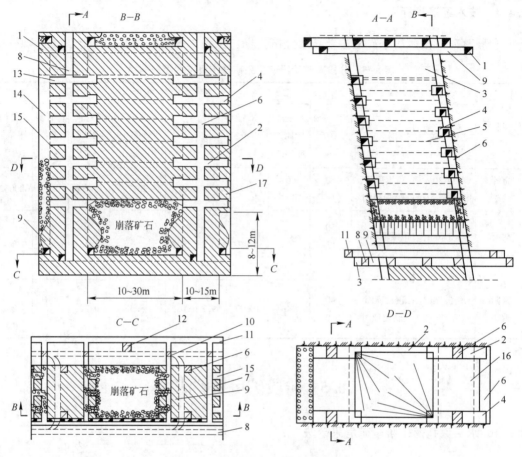

图 8-42　水平深孔阶段矿房采矿法

1—上阶段沿脉运输巷；2—联络道；3—顶柱；4—凿岩硐室；5—炮孔；6—人行通风天井；7—电耙巷道；
8—阶段沿脉运输巷道；9—阶段穿脉运输巷道；10—回风平仓；11—电耙联络道；12—底柱；
13—人行小井；14—相邻矿块；15—出矿口；16—间柱；17—相邻采准矿块

A　矿块构成要素

水平深孔落矿阶段矿房采矿法由于工人是在专用的巷道或硐室内作业，而且顶柱是在矿房最后一个分层落矿后才暴露出来，因此可以采用较大的矿房尺寸。其矿块构成要素见表8-6。

表 8-6　阶段矿房采矿法矿块构成要素　　　　　　　　　　　　（m）

矿块布置	阶段高度	矿块长度	矿块宽度	间柱宽度	顶柱高度	底柱高度	
						有漏斗底部结构	平底结构
沿走向	>50	40~50	矿体厚	10~15	6~8	8~13	6~8
垂直走向	>50	矿体厚	20~30	10~15	6~8	8~13	6~8

B 采准切割

水平深孔落矿量大，大块产出率高，故常用平底二次破碎底部结构。

在间柱下部掘进运输横巷将上、下盘的脉外运输平巷贯通，形成环形运输系统。在运输平巷的上部掘进两条电耙道，在电耙道中每隔6~8m掘进放矿口连通矿房底部的平底，形成二次破碎平底底部结构。凿岩天井在间柱中矿房对角线的两端，凿岩天井旁的凿岩硐室垂直距离为6m，两天井的凿岩硐室交错布置。为保证凿岩硐室的稳固，上下相邻两凿岩硐室的投影不应重合。

第一排水平深孔的爆破补偿空间是平底底部结构的拉底空间，其拉底方法如图8-43~图8-45所示。

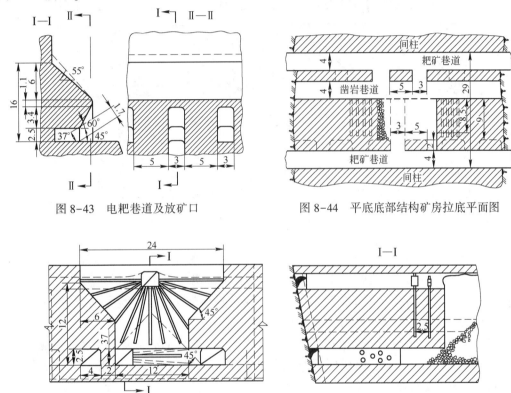

图 8-43 电耙巷道及放矿口 　　　　　图 8-44 平底底部结构矿房拉底平面图

图 8-45 平底底部结构矿房拉底第二步骤（单位为 m）

电耙道的上部留有梯形保护檐，电耙道、放矿口的规格、位置应满足电耙耙矿的要求。两放矿口之间留有5m×2m的矿柱，以增加保护檐的强度，如图8-43所示。

拉底工作分两步进行。先在一条电耙道的侧方开掘与其平行的凿岩巷道，垂直凿岩巷道在矿房中部开切割巷道，以切割巷道为自由面，爆破在凿岩巷道中布置的水平深孔形成第一步骤的拉底空间，如图8-44所示。在电耙道中每隔8m开放矿口，两条电耙道的放矿口交错布置，以利放矿。在电耙水平上部约12m处沿矿房长轴方向开掘第二条拉底凿岩横巷，自第一步骤拉底水平中心，向上开凿切割天井连通凿岩横巷，然后用下向深孔将其扩大成垂直凿岩横巷的切割自由面，并将矿石全部放出，如图8-45所示。最后，沿凿岩横巷分次逐排爆破下向扇形深孔，形成整个拉底空间。

C 回采工作

使用 YQ-100 型凿岩机钻凿水平扇形深孔，最小抵抗线 3m 左右，孔底距 2.85~3.9m。为保护底柱及适应拉底补偿空间的需要，初次爆破以 1~2 排孔为宜，以后可适当增加爆破排数。凿岩硐室的规格应满足操作钻机的需要，通常高为 2.2~2.4m，长度与宽度不小于 3m。水平扇形深孔排列常用的布置方式有如图 8-46 所示的几种。

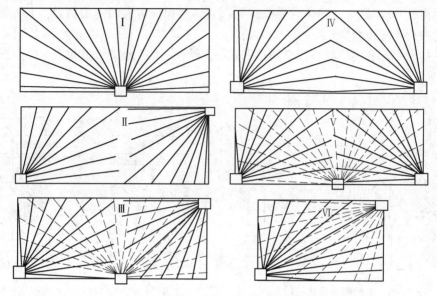

图 8-46 水平扇形深孔排列形式

（1）下盘单一布置。天井布置在矿房下盘的中央，在每个硐室内打两排炮孔。这种布置，天井与硐室的掘进、维修工作量小，但不易控制上盘与间柱方向的矿房界线。

（2）上下盘对角式。天井布置在间柱内，硐室对角布置。这种布置，容易控制矿房边界，天井以后可作回采矿柱使用，每个硐室仍需打两排炮孔。

（3）上下盘对角与中央混合式。这种布置为上两种布置的混合使用，容易控制矿房边界，每个硐室只钻一排孔，落矿爆破对天井的破坏小，两侧天井仍可用于矿柱回采。但是，此方案掘进工程巨大。

（4）下盘对称式。这种布置对下盘边界控制较好，其他同（2）。

（5）下盘对称与中央混合式。这种布置对下盘控制最好，其他同（3）。

（6）上下盘对角交错式。这种布置一个硐室只钻一排孔，交错控制矿房边界，效果好；但炮孔长度大，易产生偏斜，矿房长度不大时常用这种布置。

矿山生产经验表明，靠近矿房上盘的矿石较易崩落，即使落矿时未能崩落，在放矿过程中往往会与围岩一齐片落，故靠近上盘的矿石损失较小，而下盘未崩下的矿石则易形成永久损失。因此，选择炮孔布置方式时应考虑有利于控制下盘边界，并且使与下盘相交的炮孔超出矿体边界 0.2~0.3m。

矿房落矿炮孔通常一次钻凿完毕，而后分次爆破。分次爆破的间隔时间不宜过长，以免炮孔变形。矿柱若用大爆破回采，则其落矿炮孔应与矿房回采炮孔同时凿完，矿房矿石放完后，间柱、顶柱与上阶段矿房底柱同期分段爆破。

8.5.1.2 实例

大吉山钨矿为岩浆后期高温热液裂隙充填型黑钨石英脉群矿床，矿脉平行密集成带，单脉平均厚度仅 0.4m，脉间距 0.2~2m。该矿将矿脉群组合开采，开采厚度达 20m。矿体倾角为 65°~85°，上下盘均为砂板岩、闪长岩与花岗岩，坚硬致密，稳固至中等稳固。矿石无氧化、自燃与结块特性，矿石坚固，$f = 8~14$。矿岩接触界线明显，较易分离。

沿走向布置，矿块长 50m，间柱宽 10m，阶段高 54m，顶柱厚度 6~8m，底柱高 8~9m，矿块布置如图 8-47 所示。

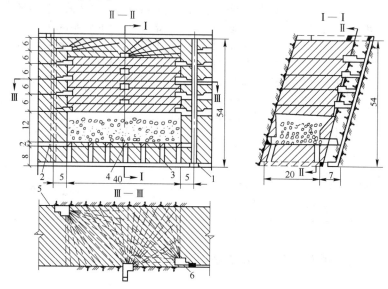

图 8-47 大吉山钨矿的水平深孔崩矿阶段矿房采矿法（单位为 m）
1—运输平巷；2—二次破碎巷道；3—放矿小溜井；4—漏斗穿脉；5—凿岩天井；6—凿岩硐室

布置脉内或脉外上下盘运输平巷，在间柱下部掘进穿脉运输平巷，形成环形运输系统。在间柱中，布置上下盘对角凿岩天井与矿块中央下盘脉外凿岩天井，在立面上两间柱内的凿岩硐室对称布置，它们又与下盘布置的凿岩硐室交错布置，同一凿岩天井内两相邻硐室之间的垂距为 6m。采用不设格筛的自溜放矿平底底部结构。

使用 BA-100 型潜孔钻机凿岩，炮孔直径 100~130mm、直径 85mm 的圆柱药包落矿。初期最小抵抗线取 3m，孔底距 2.85~3.9m，后期将最小抵抗线减小至 2.5m，孔底距 3~3.75m，爆破效果得到了改善。爆破后块度大于 400mm 的大块仅为 13%~15%。大块在二次破碎水平用裸露药包破碎。

8.5.1.3 评价及适用条件

水平深孔落矿阶段矿房采矿法在矿房全断面上落矿与出矿，生产能力大，劳动生产率高；采切工程量小，约为分段落矿方案的 50%；作业人员均在专用的巷道或硐室内作业，工作安全，劳动条件好；炸药及坑木等材料消耗少，采矿成本低。

该方法的缺点是矿柱矿量比重高，矿块矿石贫化与损失量大；大块产出率高，二次破碎作业繁重，工作量大，劳动条件差；二次破碎炸药消耗量大。

该方法适用于矿岩均稳固的急倾斜厚矿体或极厚矿体，矿体形态规则，矿岩接触界线分明，不含或少含夹石的中、低价矿体。

8.5.1.4 技术经济指标

水平深孔落矿阶段矿房采矿法主要技术经济指标，见表8-7。

表 8-7 水平深孔落矿阶段矿房采矿法主要技术经济指标

矿山名称	矿体及围岩情况		主要技术经济指标								
	矿 体	围 岩	阶段高/m	矿块生产能力/t·d⁻¹	采切比/m·kt⁻¹	损失率/%	贫化率/%	工作面工班效率/t·(工·班)⁻¹	炸药消耗/kg·t⁻¹	雷管消耗/发·t⁻¹	木材消耗/m³·t⁻¹
大吉山钨矿	矿脉厚0.3~0.6m，倾角70°~85°	顶板稳固，底板稳固	50~58	210~450	3.6~6.5		70~90	25~60	0.25~0.35	0.23~0.24	
红透山铜矿	厚8~12m，倾角72°~83°	顶板较稳固，底板不稳固	60	300~400		20~25	18~20	50~68（回采）	0.26~0.49	0.42~0.8	0.00004
锦屏磷矿	厚2~30m，倾角40°~75°	顶板稳固，底板中等稳固	60	360~500	5.7	10~16	8~14	22.5	0.53	0.42~0.8	0.0003

8.5.2 倾斜深孔落矿爆力运搬阶段矿房采矿法

8.5.2.1 炮孔布置

开采倾斜矿体，矿石不能沿采场底板自溜运搬。此时，可凭借炸药爆破时的能量将矿石抛运一段距离，矿石便可借助动能与位能沿采场底板滑行、滚动进入重力放矿区。爆力运搬的采场结构可避免人员进入空区作业及在底盘布置大量漏斗，其采场结构如图8-48所示。

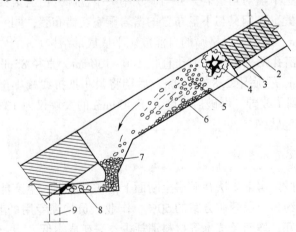

图 8-48 爆力运搬采场结构示意图

1—矿体；2—凿岩上山；3—炮孔；4—正在爆炸的药包；5—抛掷中的矿石；
6—滑行、滚动中的矿石；7—重力放矿区；8—铲运机道；9—溜矿井

8.5.2.2 实例

图 8-49 为胡家峪铜矿倾斜中孔落矿爆力运搬阶段矿房采矿法。矿体赋存于片岩与厚层大理岩接触带中，为细脉浸染型透镜状中厚矿体，矿体厚度 10m，倾角 45°。矿石为矿化大理岩，节理发育，断层较多，中等稳固，$f=8\sim10$。顶板为黑色片岩或钙质云母片岩中等稳固，$f=6\sim8$。底板为厚层大理岩，中等稳固，$f=8\sim10$。

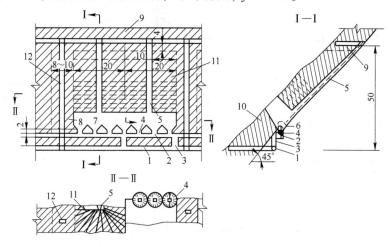

图 8-49　胡家峪铜矿阶段矿房爆力运搬采矿法（单位为 m）
1—脉外运输平巷；2—电耙道；3—溜矿井；4—漏斗；5—凿岩上山；6—切割平巷位置；
7—矿房；8—间柱；9—顶柱；10—底柱；11—扇形孔；12—天井

该矿的阶段高 50m，矿块沿走向布置，长 50m，间柱宽度 $8\sim10$m，矿块斜长 $55\sim70$m，顶柱厚度为 $4\sim6$m，漏斗电耙道底部结构，漏斗间距 $5\sim6$m。

在矿体下盘布置脉外运输平巷 1，间柱内布置矿块天井 12，溜矿井 3 的上部开电耙道 2，在拉底水平布置切割平巷 6，矿房内布置两条凿岩上山 5，如图 8-49 所示。

补充切割为扩漏与拉底，先形成垂直矿体走向的小切割立槽，再爆破拉底巷道中的扇形中孔形成拉底空间。斗颈内打的扩漏炮孔与拉底炮孔同期先爆。

扇形中孔落矿，炮孔排面垂直矿体的倾斜面，孔径 $68\sim72$mm，最小抵抗线 $2.2\sim2.6$m，每次爆破 $2\sim3$ 排孔，爆力运搬距离 $24\sim60$m，每米中孔崩矿量 $6.5\sim7$t，抛掷爆破炸药量控制在 $0.27\sim0.32$kg/t 之间。

8.5.2.3 评价及适用条件

与底盘漏斗方案相比，爆力运搬方案采切工程量小，底盘废石切割量小；与房柱法相比，其人员不进入空场，安全性好。

爆力运搬方案的主要缺点是：矿柱所占比重仍然较大，特别是用大爆破回采矿柱，损失量大；使用条件严格；爆破量受重力放矿区的容积限制，因此落矿爆破次数多；凿岩上山维护工作量大。

适用条件：开采矿岩稳固，矿石爆破后块矿多、粉矿少、含泥量少，底板界线平整、沿倾斜方向产状变化小、倾角 $40°\sim50°$ 的非富、非高价矿床开采。

8.5.3   垂直深孔落矿阶段矿房采矿法

垂直深孔落矿阶段矿房采矿法按凿岩方向不同，分为上向落矿方案与下向落矿方案。由于凿岩设备及操作技术等原因，下向落矿方案应用较为广泛，因此这里着重介绍下向深孔大孔径球状药包落矿阶段矿房采矿法（简称 VCR 法）。

8.5.3.1   VCR 采矿法

VCR 采矿法是下向深孔大孔径球状药包落矿阶段矿房采矿法的简称，是加拿大国际镍公司列瓦克镍矿 1975 年在回采充填体之间的矿柱试验成功。

VCR 采矿法的实质是：用地下潜孔钻机，按最优的网孔参数，从采场顶部的切顶凿岩空间向下打垂直、倾斜的平行大直径深孔或扇形深孔，直通采场的拉底层。然后，用高密度、高威力、高爆速、低感度的炸药，以装药长度不大于药包直径 6 倍的所谓球状药包，沿着自下而上的顺序向下部拉底空间分层爆破落矿，然后用高效率的出矿设备，将爆下的矿石通过下部巷道全部运出。

8.5.3.2   典型方案

下向平行深孔球状药包落矿阶段矿房采矿法典型方案，如图 8-50 所示。

A   矿块构成要素

矿体厚度不大时，沿走向布置采场，其长度视围岩稳固程度与矿石允许暴露面积而定，一般为 30~40m；矿体厚大则垂直走向布置，宽度一般为 8~14m。

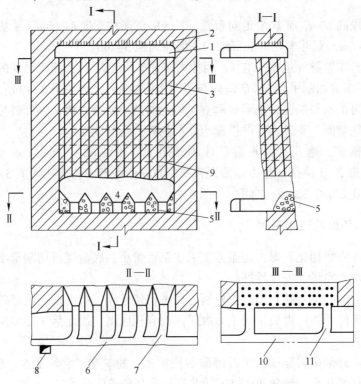

(a)

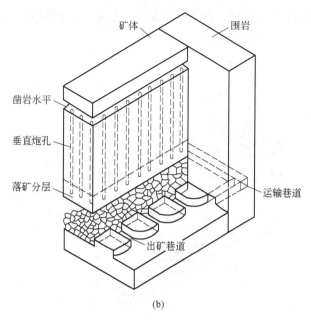

图 8-50　下向平行深孔球状药包落矿阶段矿房采矿法

（a）三视图；（b）立体图

1—凿岩硐室；2—锚杆；3—钻孔；4—拉底空间；5—人工假底柱；6—下盘运输巷道；

7—装运巷道；8—溜井；9—分层崩矿线；10—进路平巷；11—进路横巷

阶段高度除考虑矿岩稳固程度外，还取决于下向深孔钻机的技术参数。太深的炮孔，除凿岩效率低以外，炮孔还容易发生偏斜，一般以 40~80m 为宜。

间柱的宽度取决于矿石的稳固程度与间柱的回采方法。矿房回采并胶结充填后，可用与矿房相同的方法回采。沿走向布置矿块时，间柱宽度取 8~14m，垂直走向布置时可取 8m。

顶柱高度根据矿石稳固程度决定，一般为 6~8m。

底柱高度取决于出矿设备的技术参数，铲运机出矿可取 6~7.5m，为提高矿石回采率，有的矿山采用人工浇灌混凝土底柱而不留矿石底柱。为此，先将拉底和回采一、二分层的矿石全部出空，并对空间进行胶结充填达底柱高度，然后在充填体内爆破形成铲运机出矿平底结构，从而免除了架设模板。也有的矿山只掘进装运巷道直通开采空间而不另做底部结构，待整个矿房矿石山完后，再用无线遥控铲运机进入采空区，铲出原拉底空间残留的矿石。

B　采准切割

在顶柱下面开凿凿岩硐室 1，硐室的长应比矿房长 2m，硐室的宽应比矿房宽 1m，以便钻凿边界孔时安装钻机，如图 8-50 所示。凿岩硐室为拱形断面，墙高 4m，拱顶全高 4.5m。用管缝式全摩擦锚杆加金属网护顶，锚杆长 1.8~2m，梅花形布置，网度为 1.3m×1.3m，锚固力为 68670~78480N。

采用铲运机出矿，由下盘运输巷道 6 掘进装运巷道 7 通达矿房底部拉底层，与拉底巷道贯通。装运巷道间距 8m，巷道断面为 2.8m×2.8m，转弯曲率半径为 6~8m。为使铲运机在直道中铲装，装运巷道长度不得小于 8m。

当采用垂直扇形深孔落矿时，在顶柱下掘进凿岩平巷，便可向下钻凿炮孔，如图8-51所示。切割工作只有一条拉底巷道。

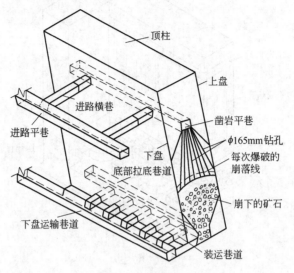

图 8-51　下向扇形深孔球状药包落矿阶段矿房采矿法

C　回采工作

a　补充切割

VCR 采矿法的补充切割只有拉底一项，使用铲运机为平底结构时，拉底高度一般为6m。当留矿石底柱时，在拉底巷中央上掘高 6m、宽 2~2.5m 的上向扇形切割槽，再爆破拉底巷道中的上向扇形中孔，形成平底堑沟式的拉底空间。

b　大量回采

大理回采包括深孔凿岩和爆破。

（1）深孔凿岩。为控制炮孔的偏斜度与球状药包结构，国内外多用 φ165mm 的炮孔落矿。炮孔的排列有下向平行与下向扇形两种。下向平行炮孔能使两侧间柱面保持垂直平整，为间柱回采创造良好条件，而且炮孔利用率高，矿石破碎均匀，容易控制炮孔的偏斜；但硐室开挖量大，当矿石稳固性差时，硐室支护量大。采用扇形深孔，凿岩巷道的工程量显著减小，在回采间柱时可考虑采用。

下向平行深孔的孔网规格一般为 3m×3m，各排炮孔交错排列或呈梅花形布置，周边孔适当加密，并距上下盘一定距离，以便控制贫化和保持间柱的几何尺寸。

凿岩设备可用潜孔钻机或地下牙轮钻机。

（2）爆破。球状药包所用的炸药，必须是高密度（1.35~1.55g/cm³）、高爆速（4500~5500m/s）、高威力（铵油炸药为 150~200）的炸药。

采场可单分层落矿，也可以多分层落矿。装填药包之前为了准确确定药包重心，必须测量炮孔深度井堵塞孔底。将一根中部绑有测绳长 0.6m 左右的 φ2.5cm（1in）胶管送入孔内，待胶管从孔口下方出来后，拉紧测绳测出孔深，然后再用力把测管拉出来，测孔方法如图 8-52 所示。全部孔深测完，即可绘出分层崩矿线，并进行落矿设计。

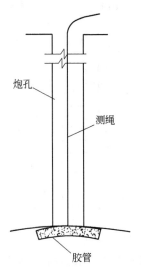

图 8-52 用胶管测孔深

可采用带碗形胶皮环的水泥堵孔塞堵孔，用尼龙绳将堵孔塞放入孔内，胶皮上翻，堵孔塞借自重下落，直出炮孔下口；然后上提将堵孔塞重新拉入孔内，此时胶皮下翻呈倒置的碗形紧贴孔壁，具有一定的承载能力，如图 8-53 所示。

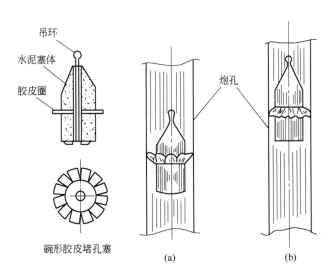

图 8-53 碗形胶皮堵孔塞堵孔方法
(a) 下放孔塞；(b) 上提堵孔

分层爆破高度为 3~4m，图 8-54 为单分层爆破装药结构，孔径 165mm，耦合装药，球状药包总重 30kg。首先，装入适量河沙，用于调整药包重心位置，使用带铁钩的尼龙绳吊装一个 10kg 的药包入孔，然后用导爆索把装有 250g 的 TNT—黑索金强力起爆弹的 5kg 包送入，再吊装一个 5kg、一个 10kg 的药包。药包上部填入砂，填塞高度以 2~2.5m 为宜。

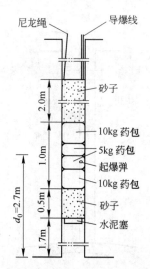

图 8-54　单分层爆破装药结构

采用如图 8-55 所示的起爆网路，即强力起爆弹-孔内导爆索-导爆管-孔外导爆索-电雷管起爆系统。孔内外导爆索之间用导爆管双向连接，这种方法除了便于选择孔内爆破段位外，还可以减少拒爆的可能性。

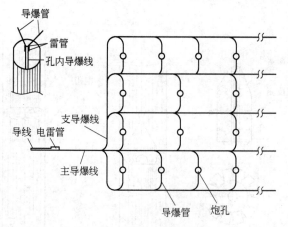

图 8-55　起爆网路示意图

采用多分层落矿可以大大减少清孔、量孔、堵孔、装填、避炮、通风等辅助作业时间，每次落矿的数量应视采场下部补偿空间的大小及安全技术要求等因素来确定。多分层落矿的工艺与单分层落矿相似。

8.5.3.3　实例

凡口铅锌矿金星岭东盘区 1 号采场，位于 Jb2 主矿体西端，矿体上盘近于直立，下盘局部不规则。围岩均为花斑状、条纹状灰岩，中等稳固，$f = 8 \sim 10$。矿石为致密块状黄铁铅锌矿，中等稳固，$f = 9 \sim 10$，矿体厚度 30m。

采场如图 8-56 所示垂直走向布置，矿房宽 8m，阶段高 48m，凿岩硐室布置在 -104m

水平,使用管缝式锚杆和金属网联合支护。出矿水平为-152m阶段,采用铲运机单侧出矿平底结构,出矿巷道间距8m,用网度为1.0m×0.8m的管缝式锚杆支护。

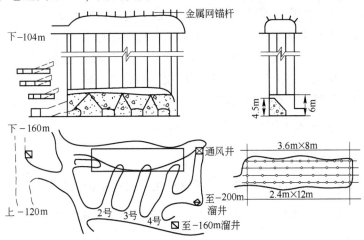

图8-56 凡口铅锌矿1号采场VCR法

采场全面拉底后,再采去矿房中的适量矿石,矿石全部出完后,用混凝土胶结充填料充填,最后再次扩漏形成人工底柱。

凿岩设备为配COP-6冲击器的ROC-306和DQ-150J型潜孔钻机各一台、两台VY-2.2/5-15型增压机,设备平均效率为19.83m/(台·班)。采用下向垂直平行深孔落矿,孔径165mm,炮孔排距2.5m,矿房边部炮孔间距2.4m,中部3.6m,共44个孔,每个孔深42m。

经计算,球状药包质量为30kg,$d=2.61m$。装药结构如图8-54所示。六个单分层爆破均采用分区微差起爆,分段药量均控制在350kg以内。

采场出矿使用LF-4.1型2m³铲运机,平均运距45m,出矿能力平均达420t/d。

8.5.3.4 评价

下向深孔大孔径球状药包落矿阶段矿房采矿法有下列显著优点:
(1)采场结构简单,采切工程量小;
(2)采场生产能力高,劳动生产率高,采矿成本低,是一种高效而经济的采矿方法;
(3)矿石破碎效果好,大块产出率低,有利于提高铲装效率;
(4)工艺简单,工作安全,各项工作可实现机械化作业,工人劳动条件好。
该方法的缺点:
(1)大型设备购置费高,凿岩技术要求高,若无铲运机、胶结充填等先进技术配合,不能充分发挥其优越性;
(2)对矿体整体性要求高,不能有大的裂隙或断层穿插其间,否则很容易发生堵孔事故;
(3)要使用高爆速、高密度、高威力的炸药,爆破成本高;
(4)矿体形态变化较大时,矿石损失率与贫化率高。

8.5.3.5　适用条件

下向深孔大孔经球状药包落矿阶段矿房采矿法的适用条件如下：

(1) 急倾斜厚大或中厚矿体，水平微倾斜、缓倾斜极厚矿体；

(2) 矿体规则、产状稳定，矿体不含或少含夹石，否则贫化与损失量大；

(3) 矿体无分层现象，无较大的裂隙、断层、破碎带穿插；

(4) 围岩中稳至稳固，矿石中稳以上；

(5) 用于胶结充填后的间柱回采最为有利。

8.5.3.6　技术经济指标

下向深孔大孔径球状药包落矿阶段矿房采矿法主要技术经济指标，见表8-8。

表8-8　下向深孔大孔径球状药包落矿阶段矿房采矿法主要技术经济指标

矿山名称	矿体及围岩情况		主要技术经济指标								
	矿体	围岩	阶段高/m	矿块生产能力/t·d^{-1}	采切比/m^3·kt^{-1}	损失率/%	贫化率/%	炮孔崩矿量/t·m^{-1}	工作面工班效率/t·(工·班)$^{-1}$	大块产出率/%	炸药消耗/kg·t^{-1}
凡口铅锌矿（矿房回采）	厚20~60m，倾角45°~70°	顶板稳固，底板稳固	40	182~304	52.3~67.6	2~4	4~8.4	15~20	19.23	0.98~1.04	0.4~0.43
凡口铅锌矿（矿房回采）	厚20~60m，倾角45°~70°	顶板稳固，底板稳固	40	161~301	48.9~63	3	5.9~10.9	18~25		1.18~2	0.28~0.33
金川二矿区	厚98~118m，倾角60°~75°	顶板欠稳固，底板稳固性较差	50	250	85.1	0.93	6.3	14.66			0.468

8.6　矿柱回采和空区处理

应用空场采矿法时，矿房回采以后，还残留大量矿柱（包括顶柱、底柱和间柱）。对于缓倾斜、倾斜矿体，柱矿量占15%~25%；对于急倾斜厚矿体，矿柱矿量达40%~60%。为了充分回采地下资源，及时回采矿柱，是本类采矿方法第二步骤回采时不可忽视的工作。矿柱存在时间过长，不仅增加同时工作的阶段数目，积压大量的设备和器材，延长维护巷道和风、水、压风管道的时间，增加生产费用；而且由于地压增加，使矿柱变形和破坏，为以后回采矿柱增加困难，甚至不能回采，造成永久损失。同时，矿房回采后在地下形成大量采空区，严重地威胁下部生产阶段的安全，成为以后发生大规模地压活动的隐患。我国辽宁、湖南、江西等省的某些矿山，曾经先后发生的灾害性地压活动，对生产和资源已经造成很大损失。因此，及时回采矿柱和处理采空区，是极其重要的第二步回采工作。

在敞空矿房条件下，回采矿柱的同时，就应处理采空区，两者必须互相适应。

8.6.1　矿柱回采方法

8.6.1.1　矿柱回采的要求和顺序

矿柱回采的要求和顺序如下：

（1）矿柱回采是矿块回采的一个组成部分，要求与矿房一并考虑采准、切割工程，并按矿量比例编制采掘计划；

（2）根据地表是否允许塌落，确定回采矿柱的方法；

（3）分段出矿时，分段回采结束后即可进行矿柱回采，而阶段出矿时，一般待阶段回采结束后才能进行矿柱回采；

（4）矿柱回采应不影响或破坏矿石运输线路和通风线路等。

8.6.1.2　顶、底柱的回采

一般情况下，在充满崩落矿石的已采矿房内，顶、底、间柱可同时或分次进行回采。在未充填的已采矿房内，顶、底、间柱一般是同时进行回采；在缓倾斜的矿房内一般先采间柱，后采顶、底柱。

顶、底柱一般是一并进行回采，即上阶段的底柱和本阶段对应的顶柱，在同时间内进行回采，其回采方式有如下两种。

（1）上阶段的底柱和本阶段的顶柱，一并纳入矿房回采或同时回采。纳入矿房回采一般用于缓倾斜采场和逆倾斜回采的倾斜采场，同时回采用于急倾斜中厚（或厚）矿体的充满崩落矿石或放空矿石的采场内。

（2）上阶段底柱，利用上阶段运输平巷进行回采，而本阶段的顶柱，利用矿房进行回采。

先利用沿脉平巷回采底柱，向上、下盘扩大成拉底层，然后采用浅孔压顶或挑顶回采，或用中深孔钻凿，采透上部采场的拉底层，并采用后退式回采矿柱。对急倾斜矿体的底柱一般全部回采；对缓倾斜矿体的底柱可全部或间隔回采。如间隔回采时，间隔的分段长度为8~10m，或两个漏斗颈之间的距离。采下的矿石用装岩机（或装运机）从平巷中运出。

图8-57为矿房充满崩落矿石下的顶柱回采。底柱回采后，开始本阶段顶柱的回采。对于缓倾斜矿体，充满崩落矿石矿房的急倾斜薄矿体和急倾斜中厚、厚矿体可直接在空场内钻凿浅孔或中深孔。

例如，急倾斜薄矿脉采用留矿法矿山的空场内回采顶柱的方法有以下两种。

（1）在充满崩落矿石的矿房内进行顶柱的回采，如图8-57所示。

矿房在大量放矿前，为贯通上阶段沿脉平巷，在顶柱中选择一两处掘进小井。然后在崩落矿石上对顶柱钻凿浅孔或中深孔。放炮后矿房和矿柱的崩落矿石一起放出，并视放矿过程中围岩的片落程度来确定贫化、损失的大小，一般只回收50%~60%的矿石。

（2）在放空矿石的矿房内进行顶柱回采，如图8-58和图8-59所示。回采顶柱时，由于矿脉厚度较薄，直接在顶柱下架设工作台，用压顶或挑顶来回采。

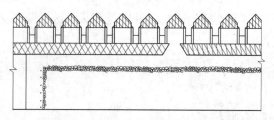

图 8-57　充满崩落矿石下的顶柱回采

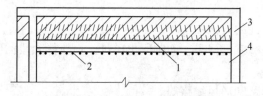

图 8-58　横撑支柱回采顶柱

1—炮孔；2—工作平台；3—天井；4—采空区

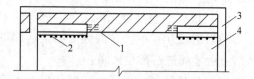

图 8-59　上向水平梯段回采顶柱

1—炮孔；2—工作平台；3—天井；4—采空区

采用急倾斜阶段矿房法、分段空场法和深孔留矿法的采场，顶、底柱的回采方法有：

1）顶、底同时回采，即大量崩矿法；

2）顶、底柱分别回采，即分段崩矿法和分层崩矿法。

急倾斜矿体顶、底柱回采一般多采用中深孔和深孔崩矿。

回采顶柱时，可用上向垂直中深孔和水平扇形深孔。一般在凿岩天井、凿岩平巷或凿岩硐室内钻凿炮孔。

回采底柱时，一般在原有的运输平巷和电耙道中钻凿上向扇形和上向平行中深孔，利用漏斗和运输巷作补偿空间。

8.6.1.3　间柱回采

间柱回采有以下两种方法。

（1）矿块的一侧留不设天井（或上山）的间柱，一般出现在薄矿体的采场内。间柱宽度一般为 1.5~2.0m。缓倾斜采场内，一般待沿走向推进至矿块边界时，一并把间柱回采。而急倾斜薄矿脉采场内，为了不使采空区过早陷落，一般对间柱不予回采。

（2）矿块的一侧有采准天井（或切割上山）和联络道的间柱。缓倾斜矿体的采场间柱，一般利用切割上山，在倾角较缓的地段钻凿浅孔，在倾角较陡的地段，钻凿中深孔来回采间柱。根据采场的具体条件，有如下的回采方式：

1）回采半边，留下半边；

2）回采上（或下）半部，留下下（或上）半部；

3）间隔回采，留下间隔矿柱；

4）全部回采：一般把全斜长分成 3~4 个分段；分段间采用自上而下逐次回采，而分段内采用自下而上的回采。

急倾斜薄矿脉一般利用间柱中的天井和联络道，钻凿中深孔，待矿房中的崩落矿石放空后，与顶、底柱一起爆破和放矿。

急倾斜中厚（或厚）矿体的间柱回采，根据空场内的条件和顶、底柱的回采顺序来选择回采方式。一般回采方式有大量崩矿法、分段崩矿法和分层崩矿法。

1）大量崩矿法：适用于矿房和相邻矿房为放空矿房，一般采用顶、底柱和间柱同时爆破出矿，如图8-60所示。崩落矿石经漏斗或间柱补充漏斗自重放出，矿石损失率达50%~60%。

2）分段崩矿法：适用于顶、底柱已用大量崩落法回采，间柱宽度大于6m，如图8-61所示。因此，这种方法回采率比大量崩落法高。

3）分层崩落法：一般用于矿石稳固性较差，品位较高或价值较大的矿石。

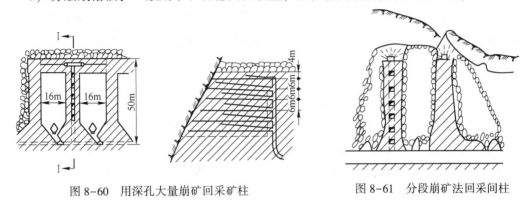

图8-60 用深孔大量崩矿回采矿柱   图8-61 分段崩矿法回采间柱

8.6.1.4 采场内矿柱的回采

采场内所留矿柱，主要用于支护顶板岩石。从安全要求考虑，矿柱一般作为永久性损失。但个别品位较高的矿柱也可回采，回采前，事先需要在所回收矿柱的周围加砌石垛后，方可进行回采。

场内矿柱的留存或爆破与采空区的处理方法有关。采用充填处理采空区，场内矿柱可以留存，而采用崩落处理采空区，则可根据地压的要求爆破部分或全部矿柱，以利顶板岩石崩落。例如，洛林铁矿其场内矿柱，随回采而崩落。

图8-62为某矿用留矿法回采矿房后所留下的矿柱情况。为了保证矿柱回采工作安全，在矿房大放矿前，打好间柱和顶底柱中的炮孔。放出矿房中全部矿石后，再爆破矿柱。先爆间柱，后爆顶、底柱。

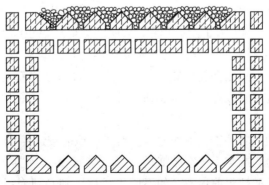

图8-62 留矿法矿柱回采方法

为了降低矿柱的损失率，可以采取以下措施：

（1）同次爆破相邻的几个矿柱时，可先爆中间的间柱，再爆与废石接触的间柱和阶段间矿柱，以减少废石混入；

（2）及时回采矿柱，以防矿柱变形或破坏，且不能全部装药；

（3）增加矿房矿量，减少矿柱矿量，例如，矿体较大或开采深度增加，矿房矿量降低40%以下时，则应改为一个步骤回采的崩落采矿法。

8.6.2　采空区处理

采空区处理的目的是，缓和岩体应力集中程度，转移应力集中的部位；或使围岩中的应变能得到释放，改善其应力分布状态，控制地压，保证矿山安全持续生产。

采空区处理方法有崩落围岩法、充填法和封闭法三种。

8.6.2.1　崩落法

崩落围岩处理采空区的目的，是使围岩中的应变能得到释放，减小应力集中程度。用崩落岩石充填采空区，在生产地区上部形成岩石保护垫层，以防上部围岩突然大量冒落时，冲击气浪和机械冲击对采准巷道、采掘设备和人员的危害。

崩落围岩又分自然崩落和强制崩落两种。矿房采完后，矿柱是应力集中的部位。按设计回采矿柱后，围岩中应力重新分布，某部位的应力超过其极限强度时，即发生自然崩落。从理论上讲，任何一种岩石，当它达到极限暴露面时，应能自然崩落。但由于岩体并非理想的弹性体，往往在远未达到极限暴露面积以前，因为地质构造原因，围岩某部位就可能发生破坏。

当矿柱崩落后，围岩跟随崩落或逐渐崩落，并能形成所需要的岩层厚度，这是最理想的条件。如果围岩不能很快自然崩落，或者需要将其暴露面积逐渐扩大才能崩落，为保证回采工作安全，则必须在矿房中暂时保留一定厚度的崩落矿石。当暴露面积扩大后，围岩长时间仍不能自然崩落，则需改为强制崩落围岩。

一般地，围岩无构造破坏、整体性好、非常稳固时，需在其中布置工程，进行强制崩落，处理采空区。爆破的部位，根据矿体的厚度和倾角确定：缓倾斜、中厚以下的急倾斜矿体，一般崩落上盘岩石；急倾斜厚矿体，崩落覆岩；倾斜的厚矿体，崩落覆岩和上盘；急倾斜矿脉群，崩落夹壁岩层；露天坑下部空区，可崩落边坡。

崩落岩石的厚度，一般应满足缓冲保护垫层的需要，以20m以上为宜。对于缓倾斜薄、中厚矿体，可以间隔一个阶段放顶，形成崩落岩石的隔离带，以减少放顶工程量。

崩落围岩方法，一般采用深孔爆破或药室爆破（极坚硬岩石，崩落露天坑边坡）。崩落围岩的工程，包括巷道、天井、硐室及钻孔等，要在矿房回采的同时完成，以保证工作安全。

在崩落围岩时，为减弱冲击气浪的危害，对于离地表较近的空区，或已与地表相通的相邻空区，应提前与地表或与上述空区崩透，形成"天窗"。强制放顶工作，一般与矿柱回采同段进行，且要求矿柱超前爆破。如不回采矿柱，则必须崩塌所有支撑矿（岩）柱，以保证较好强制崩落围岩的效果。

8.6.2.2 充填法

在矿房回采后，可用充填材料（废石、尾砂等）将矿房充满，再回采矿柱。这种方法不但处理了空场法回采的空区，也为回采矿柱创造了良好的条件，提高了矿石回采率。

用充填材料支撑围岩，可以减缓或阻止围岩的变形，以保持其相对的稳定，这是因为充填材料可对矿柱施以侧向力，有助于提高其强度。充填法处理采空区，适用于下列条件：

（1）上覆岩层或地表不允许崩落；

（2）开采贵重矿石或高品位的富矿，要求提高矿柱的回采率；

（3）已有充填系统、充填设备或现成的充填材料可供利用；

（4）深部开采，地压较大，则有足够强度的充填体，可以缓和相邻未采矿柱的应力集中程度。

充填采空区与充填采矿法在充填工艺上有不同的要求。它不是随采随充，而是矿房采完后一次充填，因此充填效率高。在充填前，要对一切通向空区的巷道或出口进行坚固地密闭。如用水力充填时，应设滤水构筑物或溢流脱水。干式充填时，上部充不满，充填所产生的冲击气浪，遇到隔墙时能得到缓冲。

8.6.2.3 封闭法

封闭法适用于空区体积不大，且离主要生产区较远，空区下部不再进行回采工作的情况。对于处理较大的空区，封闭法只是一种辅助的方法，如密闭与运输巷道相通的矿石溜井、人行天井等。

封闭法处理采空区，上部覆岩应允许崩落，否则不能采用。

—— **本 章 小 结** ——

金属矿地下开采的采矿方法，按地压管理方式分为空场采矿法、充填采矿法、崩落采矿法三大类。本章介绍了空场采矿法中的全面采矿法、房柱采矿法、分段凿岩矿房法、阶段凿岩矿房法、留矿采矿法。每种采矿方法均从适用条件、采矿方法特点、主要结构参数及技术经济指标、采准工程布置、矿块切割方法、回采生产工艺方面介绍，还列举了矿山常用的各种采矿方法方案。根据空场采矿法的回采特点，介绍了矿柱的回采方法及采空区的处理方法。

复习思考题

8-1 空场采矿法的特点是什么？

8-2 常用的空场采矿法有哪些，分别适用于什么条件？

8-3 全面法和房柱法有什么共同点和不同点？

8-4　绘制分段采矿法的采矿方法图，并说明采准、切割及回采工艺。

8-5　绘制分段落矿阶段矿房法的采矿方法图，并说明采准、切割及回采工艺。

8-6　绘制水平深孔阶段矿房法的采矿方法图，并说明采准、切割及回采工艺。

8-7　绘制 VCR 法的采矿方法图，并说明采准、切割及回采工艺。

8-8　空场采矿法矿柱回采有什么意义，回采方法有哪些？

8-9　空场法为什么要进行空区处理，处理方法有哪几种，分别适用于什么场合？

9 充填采矿法

随着回采工作面的推进，逐步用充填料充填采空区的采矿方法，称为充填采矿法，其主要特征在于充填工序作为回采工序的一环。有时还用支架与充填料相配合，以维护采空区，称为支架充填采矿法。充填法可在工作面内进行手选，矿柱可以用充填体代替，矿石损失、贫化较低，在开采贵金属、稀有金属、有色金属富矿等矿山中得到了较为广泛的应用。

充填采矿法的应用条件主要是：围岩不稳固，或围岩及矿石均不稳固的有色金属富矿或贵金属、稀有金属矿床。由于近年来采用了无轨设备、高分层落矿及充填系统自动化等技术，使采矿成本下降，采场生产能力及劳动生产率提高，在一些矿石及围岩均稳固的矿山，也开始使用充填法，并取得了较好的采选综合经济效果。因此，充填法有利于开采深部矿床，水下、建筑物下、构筑物下矿床及有自燃倾向的矿床。

按矿块结构和回采工作面推进方向，充填采矿法可分为单层充填采矿法、上向分层充填采矿法、下向分层充填采矿法。根据所采用的充填和输出方法不同，充填采矿法又可分为：

（1）干式充填采矿法，用矿车、风力或其他机械输送干充填料（如废石、砂石等）充填采空区；

（2）水力充填采矿法，用水力沿管路输送选厂尾砂、冶炼厂炉渣、碎石等充填采空区；

（3）胶结充填采矿法，用水泥或水泥代用品与脱泥尾砂或砂石配制而成的胶结性物料充填采空区。

充填采矿法有许多优点：采准切割工程量小，适应矿体形态变化的能力强，灵活性大，矿石的损失、贫化率小，能有效地支撑围岩，减缓岩石的移动，有利于防止矿床开采中内因火灾的发生，有利于深热矿井的工作面降温；此外，还可以选别回采极薄矿脉、多品种矿石的矿体。

充填采矿法采矿工艺复杂，除需将矿石运出外，还要把充填料运来充填空区，劳动生产率低，开采成本高，采场生产周期长，故多用于开采高价富矿或地表不允许崩落的矿体。

充填采矿法使用的充填料应是惰性材料，不应有自燃性、放射性、不会分解，不会放热，不会产生有害气体，还要具有一定强度。

9.1 单层充填采矿法

9.1.1 单层壁式充填采矿法

单层充填采矿法多用于开采水平微倾斜、缓倾斜薄矿体，或者上盘岩石由稳固到不稳固、地表或围岩不允许崩落的矿体。

将阶段（或盘区）划分成矿块（或采区），沿矿块（采区）倾斜全长用壁式工作面走向回采，或沿倾向划分成分条按一定顺序将矿体全厚单层一次回采。随工作面的推进，有计划地用水砂或胶结料充填采空区，以控制顶板崩落。由于采用壁式工作面回采，也称为壁式充填法。

湖南湘潭锰矿的单层充填采矿法如图 9-1 所示。该矿床为以缓倾斜为主的似层状薄矿体，走向长 2500m，倾斜延深 200~600m，倾角 30°~70°，厚度 0.8~3m；矿石稳固，有少量夹石层；顶板为黑色页岩，厚 3~70m，不透水，含黄铁矿，易氧化自燃，且不稳固；其上部为富含水的砂页岩，厚 70~200m，不允许崩落；底板为砂岩，坚硬稳固。

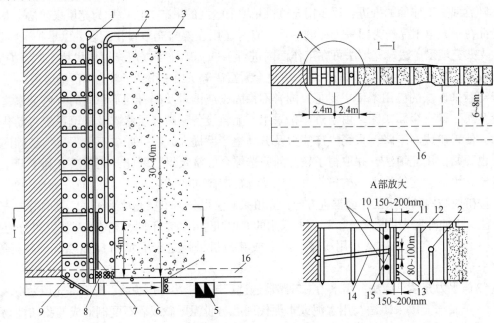

图 9-1　单层充填采矿法

1—钢绳；2—充填管；3—上阶段脉内巷道；4—半截门子；5—矿石溜井；6—切割平巷；
7—帮门子；8—堵头门子；9—半截门子；10—木梁；11—木条；12—立柱；
13—砂门子；14—横梁；15—半圆木；16—脉外巷道

9.1.1.1　采场结构参数

阶段高 20~30m，矿块斜长 30~40m，沿走向长度 60~80m。控顶距 2.4m，充填距 2.4m，悬顶距为 4.8m。矿块间不留矿柱，一个步骤回采。矿块结构如图 9-1 所示。

9.1.1.2　采准和切割

底板起伏较大，顶板岩石有自燃性，阶段运输巷道掘在底板岩石中，距底板 8~10m。在矿体内布置切割平巷，作为崩矿的自由面，同时可作行人、通风和排水等用。上山多布置在矿块边界处。沿走向每隔 15~20m 掘矿石溜井，连通切割平巷与脉外运输巷道。不放矿时，矿石溜井可做通风和行人的通道。

9.1.1.3　回采充填

长壁工作面沿走向一次推进 2.4m，沿倾斜每次的崩矿量根据顶板允许的暴露面积决定，一般为2m左右。用YT-24型浅孔凿岩机凿岩，孔深1m左右。崩下的矿石，用2JP-13型电耙运搬；先将矿石运至切割平巷，再倒运至矿石溜井；台班效率25~30t。

由于顶板易冒落，要求边出矿边架木棚，其上铺背板和竹帘。当工作面沿走向推进4.8m时，应充填2.4m。充填前应做好准备工作，包括清理场地、架设充填管道、钉砂门子和挂砂帘子等。砂门子分帮门子、堵头门子和半截门子等，其主要作用是滤水和拦截充填料，场地充填料堆积是预定的充填地点。

水力充填是逆倾斜由下而上间断进行，即由下向上分段拆除支柱和充填。每一分段的长度和拆除支柱的数量，根据顶板稳固情况而定，也可以不分段一次完成充填，但支柱回收率很低。

采用胶结充填法时，一般用采矿巷道回采矿石，其矿壁起模板的作用。

9.1.2　单层分条充填采矿法

单层分条充填采矿法是将采场划分成若干分条，逐条回采，逐条充填。在采空分条的两端建立密闭墙进行充填，待充填体脱水并达到一定强度后，再回采紧贴充填体的分条。

现以某铜矿为典型例子介绍此种采矿方法。该矿床为一长条形板状、微倾斜的多金属矿床，矿体长3.5km，宽50~200m，平均厚度5~6m，埋深50~150m，为高价矿石，平均含铜2%~2.5%、锌1%~1.5%、铁22%及钴、镍等金属。矿石稳固性一般，围岩不稳。为降低矿石贫化率、损失率而采用了单层分条充填采矿法。

9.1.2.1　采场结构

采场结构因矿体的产状和厚度不同而不同，一般沿矿体走向划分为长80~100m的采区，采区的宽等于矿体的宽度。沿采区的宽度方向再划分为宽6~7m，长等于采区长度的若干分条，分条高度等于矿体厚度。

9.1.2.2　采准切割

在采区的两端沿矿体长度方向开运输巷道6，每隔一个采区开采区巷道3连通运输巷道6，采准切割如图9-2所示。为适应铲运设备运行，巷道规格均为4m×3.7m。在运输巷道6中每隔一定距离设有矿石溜井通到矿石破碎水平。

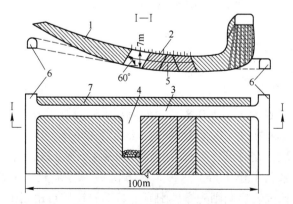

图9-2　单层分条充填采矿法

1—倾斜矿体；2—充填体；3—采区巷道；4—回采分条；5—切割巷道；6—运输巷道；7—小型矿柱

9. 1. 2. 3 回采

回采采区中部开切割分条（巷道）。切割分条断面为正梯形，梯形斜边与水平面的夹角为 60°~65°，以便在开采相邻分条时使充填体的两壁保持稳定，以后两壁的回采分条紧贴切割分条充填体的侧壁。此后，回采分条的断面均呈平行四边形，分条的倾斜边壁可允许采用强度较低的充填料。

用全断面掘进方式回采分条。为提高采区的生产率，使出矿和凿岩在不同的地点同时作业，也可由分条的两端向中央推进。凿岩使用凿岩台车，炮孔深度为 2.8~3.6m，使用压气装药机装药，铵油炸药落矿，爆下的矿石用斗容 3.8~6.3m³ 的铲运机装运。

采场顶板用钢筋砂浆锚杆和喷射混凝土加固，锚杆长 2.4m，个别达 6m。由于建设密闭墙和维护采区巷道的需要，在分条和采区巷道的交界处留有小型矿柱。

9. 1. 2. 4 充填

分条采完后，在两端建 0.7m 厚的混凝土密闭墙，安装充填管道、排滤水管道后进行充填，如图 9-3 所示。充填料为浓度 60% 的分级尾砂，滤水管为用麻袋片包扎的有孔框型管。

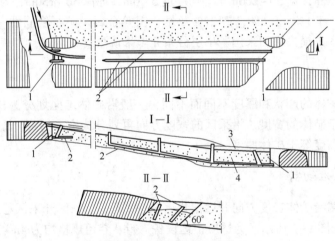

图 9-3 采场充填示意图

1—密闭墙；2—排滤水装置；3—水；4—充填料

9.1.3 分采充填采矿法

9. 1. 3. 1 典型方案

矿石品位较高的薄矿体（小于 0.8m），如果只采矿石则工人无法在工作面工作。为保证开采时的正常工作空间宽度（0.8~0.9m），必然要采下部分围岩，若将废石与矿石混合开采，在经济上不合理。此时可将矿石与围岩分别采下，矿石运走，岩石留在空区作为充填料，也作为继续上采的工作平台，这种采矿方法称为分采充填采矿法或削壁充填采矿法。回采时，若矿石比围岩稳固则先爆破围岩，若围岩比矿石稳固则先采矿石。

这种采矿法矿块尺寸不大（段高 30~50m，天井间距 50~60m），掘进采准巷道便于更好地探清矿脉。运输巷道一般切下盘岩石掘进。为了缩短运搬距离，常在矿块中间设顺路天井，如图9-4所示。

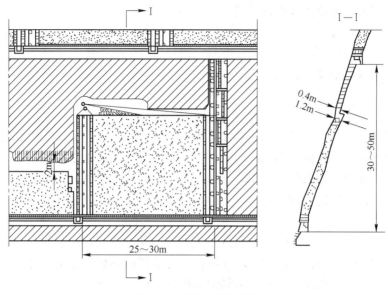

图9-4 分采充填采矿法

自下向上水平分层回采时，可根据具体条件决定先采矿石或先采围岩。若矿石易于采掘，有用矿物又易被震落，则先采矿石；反之，先采围岩（一般采下盘围岩）。在落矿之前，应铺设垫板（木板、铁板、废输送带等），以防粉矿落入充填料中。采用小直径炮孔，间隔装药，进行松动爆破。

削壁围岩厚度需要根据矿脉宽度而定，其原则是每分层削壁围岩的松散体积正好将分层空区充填。因此，根据采场充填条件，确定合适的开掘宽度，是这种采矿方法回采中的重要问题。要使崩落下的围岩刚好充满采空区，则必须符合下列条件：

$$M_y K_y = (M_q + M_y) k \tag{9-1}$$

即

$$M_y = M_q \frac{k}{K_y - k} \tag{9-2}$$

式中 M_y——采掘围岩的厚度，m；

M_q——矿脉厚度，m；

K_y——围岩崩落后的松散系数，1.4~1.5；

k——采空区需要充填的系数，0.75~0.8。

由于矿脉很薄，开掘的围岩往往多于采空区所需充填的废石，此时应设废石溜井运出采场。当采幅宽较大（1.0~1.3m）时，可采用耙斗为0.15m³的小型电耙运搬矿石和耙平充填料。近年来，应用分采充填法的矿山，为回采工作面创造机械化条件，有增大采幅宽度的趋势（达到1.2~1.3m）。

用分采充填法开采缓倾斜极薄矿脉时，一般逆倾斜作业。回采工艺和急倾斜极薄矿脉条件相似，但充填采空区常用人工堆砌，体力劳动繁重，效率更低。另外，可用电耙和链板输送机在采场内运搬矿石，采幅高度一般比急倾矿脉要大。

这种采矿法由于铺设垫板质量达不到要求，矿石损失较大（7%～15%），因矿脉很薄落矿时不可避免地带下废石混入矿石中，贫化率较高（15%～50%）。因此，铺设垫板的质量好坏，是决定分采充填法成败的关键。

尽管这种方法存在工艺复杂、效率低、劳动强度大等缺点，但对开采极薄的贵重金属矿脉，在经济上仍比混采留矿法优越。今后应研制适合于窄工作面条件下作业的小型机械设备，并研究有效的铺垫材料和工艺。

9.1.3.2　应用实例

湘西金矿为钨、锑、金共生中温热液充填石英脉矿床，矿体赋存于紫红色板岩的层间裂隙及羽毛状节理中，矿体倾角 20°～38°，平均 26°。矿脉走向长 500～1500m，倾斜延伸 1500m 以上。矿体厚度东部平均 0.6m，西部平均 0.4m。矿石稳固，$f = 10～12$，顶、底板为紫红色板岩，断层节理发育，不稳固，$f = 4～6$。矿岩接触明显，容易分离。地面有河流及建筑物，不允许陷落。

采用如图 9-5 所示的 V 形工作面分采充填采矿法，阶段高度 25m，采场斜长 50～57m，矿块长 50～60m，阶段巷道沿脉布置。为便于矿石运输，又布置了下盘运输平巷，并掘进放矿溜井及电耙绞车硐室等。采场边部掘进人行、通风天井。

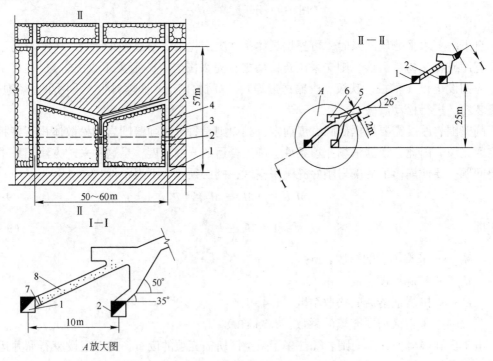

图 9-5　湘西金矿 V 形工作面分采充填采矿法
1—沿脉平巷；2—下盘运输平巷；3—人行通风天井；4—充填区；5—放矿漏斗；
6—电耙硐室；7—圆木撑；8—充填料

回采自矿块中央开始，以 V 形倾斜工作面向上推进，一侧凿岩，另一侧耙矿或充填。用 YT-25 型凿岩机浅孔落矿，孔深 1.5m，一次把矿岩眼全部打完，先爆破底板围岩，然后充填。若矿脉太薄，为保证作业空间尺寸，采下的充填料过多，则可用电耙耙出一些；矿脉较厚，充填料不足，可采取间隔充填的方法，在空区内留下一些"巷道"以减少充填体积。

9.1.3.3 与留矿法联合应用

当开采围岩属中等稳固以上的极薄矿脉时，可采用分采充填与留矿采矿法回采矿脉，该方法是将分采充填法（削壁充填法）的工艺特点与普通浅孔留矿法的工艺特点结合起来应用的一种新型采矿方法。

为尽量减少废石量，合理利用巷道进行探矿，同时使放矿漏斗易于放矿，将中段运输平巷沿矿体下盘边界掘进。为了提高采出矿石品位和矿石质量品级，减少废石外运量，在采场中部砌混凝土墙构筑废石格。削壁废石运至废石格充填采空区。

采场间留设宽度为6m左右的间柱，采场顶柱一般高3m。采用漏斗放矿底部结构，漏斗间距根据矿体厚薄而定，一般为5~6m。

（1）采准切割。自中段运输平巷，在矿块两侧间柱内掘进通风人行材料天井，与上中段运输平巷贯通，天井断面2m×1.5m，在天井中按垂距5m掘采场联络道，联络道断面1.5m×2m，沿中段运输平巷每隔5~6m掘漏斗并安装木材漏斗闸门。

（2）矿房回采。矿房回采作业有凿岩爆破、采场通风、运输、局部放矿、平场及削壁充填等。由下往上回采，矿体厚度小于0.8m时均按0.8m的采幅宽度进行分别回采（爆下盘围岩），矿石与围岩分采分运。采用YSP-45型向上式凿岩机凿岩，浅孔落矿，落矿分层高1.5~1.8m，按"之"字形布置炮孔。

采场通风采用贯穿风流通风，新鲜风从采场一侧人行通风井进入采场工作面，污风由采场另一侧间柱内的人行通风井汇入上中段回风巷道。

每次落矿后，落在充填格上部的矿石采用手推车运输或直接扒至两侧留矿格内，通过下部的漏斗放出部分的矿石，其余矿石留在采场内，以保证作业面有2~2.5m高的作业空间，待采场最上一分层落矿完成后，再进行采场大量出矿。

采场削壁产生的废石直接运往采场中部设置的废石充填格内，废石充填格长度需要根据采场削壁的废石量决定，废石充填格与留矿格之间使用毛石砂浆隔墙进行分隔，隔墙一般顺路砌筑。砌筑隔墙的水泥应加入速凝剂，标号不低于425，终凝时间以不超过0.5h为宜。

（3）矿柱回采。因矿脉薄，在矿柱内除天井、联络道已掘矿石外，剩下矿石量仅是联络道间3m高的一小部分矿石，所以在保证安全前提下尽量利用采场天井、联络道回采联络道间的矿柱，利用中段运输平巷回采顶、底柱矿石。

9.1.4 单层充填采矿法评述及应用

9.1.4.1 评价

单层充填采矿法的优点是矿石损失率和贫化率低，矿石回采率可达91%~95%，贫化率仅为6%~10%，工人在不太大的空间作业，顶板维护比较好时，比较安全；采场充填饱满、接顶好时，可以有效地减小或延缓采空区的围岩变形、控制地表岩移。

9.1.4.2　适用条件

单层充填采矿法适用于开采水平微倾斜、缓倾斜、中厚以下的高价矿床；围岩或地表不允许崩落，或矿石、围岩易氧化自燃的矿体；围岩从稳固到不稳固、矿石稳固性不限的矿体。

单层充填法的最大缺点是采矿成本高，劳动生产率低，若用木料支护时坑木消耗量大。

9.1.4.3　技术经济指标

单层充填采矿法主要技术经济指标，见表9-1。

表 9-1　单层充填采矿法主要技术经济指标

名　称	湘潭锰矿	湘西金矿	芬兰布沃罗斯矿
回采方案	单层壁式充填法	单层分条充填法	单层分条充填法
采场生产力/t·d^{-1}	30~40	1267t/月	
出矿设备	13~30kW 电耙	28kW 电耙	斗容3.6~6m^3 铲运机
设备台效/t·(台·班)$^{-1}$	15	—	—
采矿工效/t·(工·班)$^{-1}$	3~4	7.6	9.5
采矿成本/元·t^{-1}	3.81	4.06	3.5~5 美元/t
充填成本/元·m^{-3}	8.27	1.37	6.5 美元/m^3
矿石直接成本/元·t^{-1}	2.97	0.49	2.25 美元/t
	6.78	4.55	5.75~7.25 美元/t

9.2　上向分层充填采矿法

上向分层充填采矿法的矿块多用房式回采。将矿体划分为矿房和矿柱，第一步骤回采矿房，第二步骤回采矿柱。回采矿房时，自下向上水平分层进行，随工作面向上推进，逐层充填采空区，并留出继续上采的工作空间。充填体维护两帮围岩，并作为上采的工作台。崩落的岩石落在充填体表面上，用机械方法将矿石运至溜井中。矿房回采到最上面分层时，进行接顶充填。矿柱则在采完若干矿房或全阶段采完后，再进行回采，视情况采用不同的方式回采矿柱。回采矿房的充填方法，可用干式充填法、水力充填法或胶结充填法。干式充填采矿法，目前应用很少。水力充填采矿法虽然充填系统复杂，基建投资费用高，但充填体致密，充填工作易实现机械化，工人作业条件好，矿山采用较多。

9.2.1　干式充填采矿法

干式充填采矿法的矿块布置方式，根据矿体厚度及矿岩稳固程度不同而定。当矿体厚度小于15m 时一般沿走向布置，矿体厚度大于15m 时一般垂直走向布置。但是，目前垂直走向布置矿块的充填法大都不用干式充填。

9.2.1.1　典型方案

图9-6为上向水平分层干式充填采矿法典型方案图。

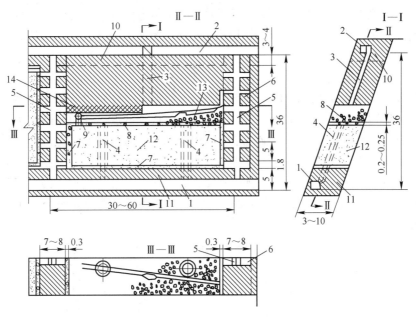

图9-6　上向水平分层干式充填采矿法（单位为m）

1—阶段运输平巷；2—回风巷道；3—充填天井；4—放矿溜井；5—人行通风天井；
6—联络道；7—隔墙；8—垫板；9—电耙绞车；10—顶柱；11—底柱；
12—充填料；13—崩下矿石；14—炮孔

A　矿块构成要素

矿房长30~60m，宽为矿体的水平厚度，间柱的宽度取决于矿柱的回采方法、矿岩稳固程度及人行通风天井是否在间柱中，一般为7~10m。矿房的面积主要取决于矿石的稳固程度，矿石稳固时为300~500m^2，矿石极稳固时可达800~1200m^2。

阶段高度一般为30~60m，加大阶段高度，可以增加矿房矿量，降低采切比及损失率与贫化率。但是，当矿体厚度不大而倾角变化大时会造成溜矿井的架设困难。溜井溜放矿石多，下部磨损大，维护困难。

无二次破碎底部结构，底柱高度一般为4~5m，顶柱高3~5m。

B　采准与切割

采准工程包括阶段运输巷道1、矿块人行通风天井5、联络道6、充填天井3及溜矿井在底柱中的部分、回风巷道2，如图9-6所示。

切割工程是在矿房拉底水平的中央沿采场的长轴方向掘进拉底平巷。

溜井的下部在底柱中的一段是掘进形成，空区内的部分是在充填料内顺路架设而成。采用木料支护时溜井断面为方形、矩形，用混凝土支护则为圆形。溜井短边尺寸或内径由溜放矿石的块度决定，一般为1.5~1.8m。每个矿房的溜井数应不少于两个，爆破时应将一个落矿范围内的溜井上口盖住，而用另一个溜井出矿。溜井位置的确定以运搬矿石距离最小为原则。阶段运输巷道采用脉内布置形式，这样便于布置溜井。矿块人行通风天井设于间柱中，并靠近上盘，以便将来改为回采间柱的充填天井。天井用联络道与矿房连通，上下两联络道的间距为 6~8m。

为了减少采切工程，也可以在充填料中顺路架设人行井，这样还能适应矿体的形态变化。充填天井一般不储存充填料，故其倾角大于充填料自然安息角即可。为便于充填料的铺撒，充填天井应布置在矿房的中部靠上盘的地方。为保证安全，任何顺路井不得与充填井布置在同一垂面上。

拉底方法有下述两种。

（1）不留矿石底柱的拉底方法，如图 9-7（a）所示。拉底由阶段运输巷道开始，用浅孔扩帮到矿房边界，矿石出完后，用上向式凿岩机挑顶两次，使拉底高度达到 6m 左右。撬毛清理松石后，将矿石出完，在拉底层底板上铺 0.3m 的钢筋混凝土底板，并在原运输巷道的位置上架设模板，浇灌混凝土假巷，混凝土厚度为 0.3~0.4m。在溜矿井的设计位置浇灌放矿溜口及溜矿井，若人行井顺路架设还需浇灌人行井。然后下充填料充填，当充填高度达到假巷上部 1m 时，再浇灌 0.2m 厚的混凝土垫板，以防矿石与充填料混合，造成贫化损失。

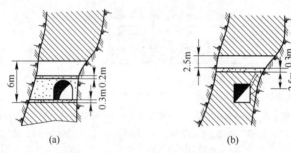

图 9-7　拉底方法
（a）不留矿石底柱；（b）留矿石底柱

（2）留矿石底柱的拉底方法，如图 9-7（b）所示。由运输巷道打溜矿井接通拉底巷道。若人行井也顺路架设，还要打人行井。在拉底巷道中用浅孔扩帮到矿房边界，然后在拉底层上铺 0.3m 的钢筋混凝土底板，拉底即告完成。

不留矿石底柱的拉底方法，需浇灌人工假巷，工作量大，效率低。若阶段运输巷道为脉内布置，相邻采场互相干扰大，但避免了将来回采底柱的麻烦。

留矿石底柱的拉底方法简单、方便、效率高，但将来回采底柱困难，底柱回采安全性差、贫化率与损失率高。

C　回采及充填工作

大量回采及充填。大量回采是由下向上水平分层逐层回采，采完一层及时充填一层。回采一个分层的作业有：凿岩爆破、洒水撬毛、矿石运搬、砌筑隔墙、接高顺路井、充填及浇灌混凝土垫板等，上述作业的总和称为一个分层的回采循环。

回采分层高度为 1.5~2m。用上向式或水平式凿岩机浅孔落矿，前者可一次集中把分层炮孔全部打完，然后一次或分次爆破。上向孔凿岩工时利用率高，辅助作业时间少，大块产出率低，但打上向孔操作条件差，在节理发育的地方作业不够安全；整个分层一次爆破时，需拆除所有设备及管线，凿岩与运搬难以平行作业，所以用上向孔落矿时多采用分次爆破。水平孔落矿顶板平整，作业安全，凿岩与运搬可同时平行作业，但每次爆破矿石量少，辅助作业时间比重高。

矿石运搬使用电耙，电耙坚固耐用，操作简便，维修费用低，并可辅助铺撒充填料，但采场四周边角的矿石不易耙尽，需辅以人工出矿。此外，需在充填料上铺高强度的混凝土垫板，否则贫化与损失增加。

为了防止将来回采间柱时，矿石与充填料相混，需预先将充填料与间柱分开。分开的方法是：在矿房充填体与间柱之间浇灌或砌筑混凝土隔墙，隔墙的厚度为 0.5~1m。接高顺路井可与砌隔墙同时进行。为提高效率减轻劳动强度，一些矿山采用了先充填后筑墙的方法，即先用混凝土预制砖的干砌体构成隔墙的模板，然后开始采场干式充填。当充填至应充高度还差 0.2m 时停止，由井下混凝土充填，同时浇灌隔墙、混凝土垫板及顺路井井壁。

干式充填料为各种废石，要求含硫不能太高，无放射性，块度不超过 400mm，以便充填料的铺撒。

干式充填系统简单，从矿山废石场或采石场将充填料运至矿山充填井，下放至采场充填巷道（上一阶段运输巷道）水平，再由采场充填井下放至采场充填。混凝土可在采场充填巷道内搅拌后，经采场充填井用管道送至工作面。

9.2.1.2 倾斜分层干式充填采矿法实例

当厚度较小的矿体采用干式充填采矿法时，为便于或部分利用自重进行采场矿石及充填料的运搬，可将回采工作面变成倾斜的。按需要工作面可布置成单向倾斜或双向倾斜的形式。图 9-8 为我国金州石棉矿双倾斜工作面采矿方法图。

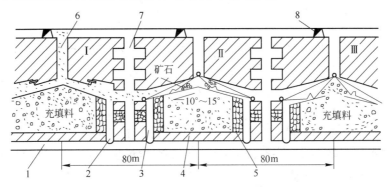

图 9-8 双倾斜工作面采矿方法图
1—阶段运输平巷；2—漏斗；3—溜矿井；4—底柱；5—隔墙；
6—充填天井；7—人行天井；8—穿脉巷道
Ⅰ~Ⅲ—矿房编号

也有的矿山将采场划分为近 40°倾角的倾斜分层回采，如图 9-9 所示。充填料自上部充填巷道用无轨设备倒入充填地点，借自重铺撒，然后铺设倾斜混凝土垫板，进行落矿。采下矿石借自重落入下部阶段运输巷道，用无轨装运设备运走。此时，整个采场形成无矿柱的连续回采。

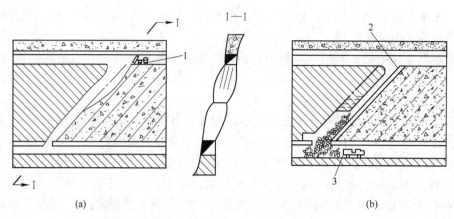

图 9-9　连续回采倾斜分层充填法
(a) 充填阶段；(b) 落矿阶段
1—自行充填车；2—垫板；3—自行装运设备

随着上向水平分层充填采矿法机械化程度的不断提高，倾斜分层干式充填采矿法已很少使用。倾斜分层回采使用条件要求苛刻，如要求矿岩稳固性好、矿体形态规则等。此外，此方案工人在倾斜面上作业，安全条件也差。

9.2.1.3　干式充填采矿法评述及应用

A　评价

倾斜分层干式充填采矿法优点：

(1) 干式充填采矿法对充填料的粒度要求不严，充填料来源广泛；

(2) 采场结构简单，工艺不复杂，工人易于掌握；

(3) 井下巷道无充填泥水污染，不需支付因水力充填而增加的井下排水、排泥费用；

(4) 可直接利用井下废石充填，减少矿井提升费用；

(5) 充填系统简单，不需很多的设备与投资。

倾斜分层干式充填采矿法缺点：

(1) 工人劳动强度大，生产效率低，作业环境粉尘浓度高；

(2) 充填料的沉降率大，一般达 10%~15%；充填料强度低，接顶效果不好，不能有效地控制围岩及地表岩石移动；

(3) 干式充填体的表面不易平整，铺设垫板比较困难，充填成本高。

B　适用条件

倾斜分层干式充填充矿法的适用条件如下：

(1) 开采矿石稳固、围岩从稳固到不稳固，矿石价值高、品位高，地表或围岩不允许陷落的急倾斜薄矿体至中厚矿体；

(2) 矿岩忌水，矿石遇水后金属会被浸出，造成贫化，或围岩遇水会膨胀而增加矿山压力的矿床；

(3) 位于高山或沙漠地带，缺水而不能使用水力充填的矿山；

(4) 地下涌水量大，用水力充填会导致矿井排水更加复杂和困难。

C 技术经济指标

某铅锌矿干式充填法主要技术经济指标，见表9-2。

表9-2 某铅锌矿干式充填法主要技术经济指标

采场能力 /t·d^{-1}	电耙效率 /t·(台·班)$^{-1}$	矿石损失率 /%	矿石贫化率 /%	炸药消耗 /kg·t^{-1}	合金片消耗 /g·t^{-1}	钎钢消耗 /kg·t^{-1}	坑木消耗 /m³·万吨$^{-1}$	水泥消耗 /kg·t^{-1}
50~60	80	3~5	10	0.4	1.2	0.04	10	11

9.2.2 水力充填采矿法

水力充填是利用水力将充填料输送到充填地点，水滤出后，充填料填充于回采空间。水力充填的压头可以是自然压头，也可以是机械加压；充填线路可以是沟道、管道、钻孔或它们的组合。采用水力充填的采矿方法称为水力充填采矿法。水力充填采矿法多将矿块划分为矿房和矿柱分别进行回采。

按充填料的种类不同，水力充填又分为水砂充填与尾砂充填两种；前者充填料为碎石、砂、炉渣等，后者为选矿厂尾砂。

水力充填采矿法虽然充填系统复杂，基建投资费用高；但充填体致密，充填工作易实现机械化，工人作业条件好，广泛为矿山采用。

9.2.2.1 典型方案

A 矿块构成要素

图9-10为水力充填采矿法典型方案。矿体厚度小于15m，矿块沿走向布置，矿块长为30~60m；矿体厚度大于15m，矿块垂直走向布置，矿房宽度为8~15m。

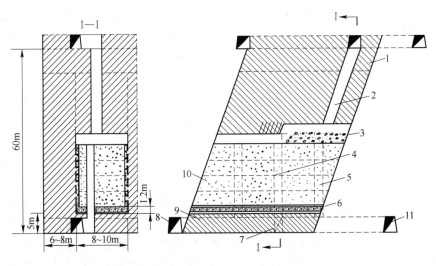

(a)

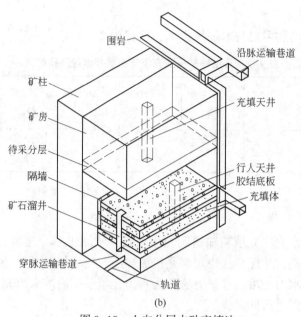

(b)

图 9-10　上向分层水砂充填法

（a）三视图；（b）立体图

1—顶柱；2—充填天井；3—矿石堆；4—人行滤水井；5—放矿溜井；6—主副钢筋；

7—人行天井联络道；8—沿脉巷道；9—穿脉巷道；10—充填体；11—脉外巷道

影响阶段高度的因素与干式充填法相同，一般为 30~60m。矿体倾角大、矿体规整时，可选取较大的阶段高度。

间柱的宽度为 6~8m，矿岩稳固性差时取较大值。阶段运输巷道布置在脉内时，需留顶柱，顶柱厚度为 4~5m；留矿石底柱时，底柱高 5m 左右。采用混凝土假巷时，可不留底柱。

B　采准与切割

图 9-10 为垂直走向布置矿块方案。在矿体的上下盘布置脉外沿脉运输巷道。为减少采切工程量，在矿房与矿柱的交界处布置穿脉运输巷道，形成穿脉装矿的环形运输系统。在矿房内布置一个充填天井、两个溜矿井和一个人行滤水井。溜矿井与人行滤水井的下部需穿过底柱，是掘进形成的，其余部分在充填料中随充填顺路架设而成。矿房面积较大时，需在拉底水平掘进拉底巷道。

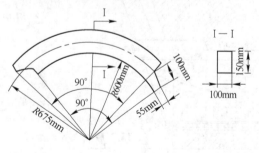

图 9-11　预制混凝土溜井构件图

溜矿井常用圆形断面，内径 1.2~2m。溜矿井可用如图 9-11 所示的四块预制混凝土构件组成，每块重约 30kg。这种溜井预制件虽然架设速度快，但有时会被矿石击坏，影响出矿。有的矿山使用如图 9-12 所示的钢板溜井，这种钢溜井由四块圆弧形钢板用螺栓连接而成，它的特点是质量较轻，使用、制作、安装方便。还有一些矿山使用混凝土现浇的圆形断面溜矿井，内径 1.5~2m，壁厚一般 400~500mm。当溜井高度大于 40m 时，溜井下段的壁厚应加大到 0.8~1m。

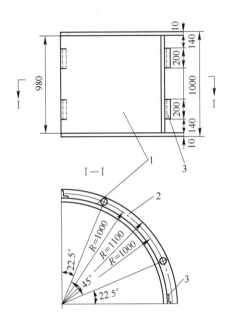

图 9-12 铜绿山铜铁矿钢溜井构件图（单位为 mm）

1—钢筒钢板；2—法兰钢板；3—连接角钢

采场的滤水井兼作人行井，在内部架设台板及梯子。目前使用的滤水井有方形断面与圆形断面两种。方形断面可用木料或如图 9-13（a）所示的混凝土预制件构成，榫头结构如图 9-13（b）所示，预制件各部尺寸如图 9-13（c）所示。每架预制件之间留有 100mm

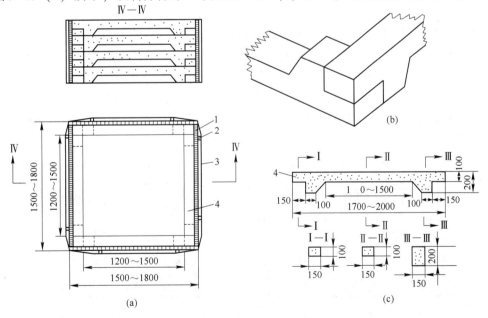

图 9-13 钢筋混凝土预制件人行滤水井（单位为 mm）

（a）人行滤水井结构；（b）榫头结构；（c）预制件各部尺寸

1—草袋；2—固定木条；3—箍紧铁丝；4—混凝土预制件

的空隙，用来架设人行台板及作滤水间隙。滤水井预制件架好后，四周包扎 1~2 层塑料窗纱，外加 1~2 层麻布及草席，压上木条后用铁丝捆扎牢固。圆形断面人行滤水井，用混凝土现浇而成，内径 1.6~1.8m，使用如图 9-14 所示的滤水窗滤水，井壁厚 0.3m，在井壁上每个充填分层埋有 4 个 500mm×800mm 的滤水窗，滤水窗由钢板网、金属丝网、尼龙纤维布、麻袋布构成。

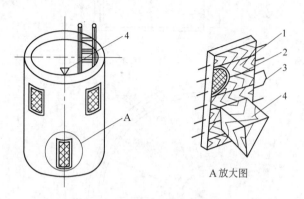

图 9-14　圆形断面滤水井图
1—滤水窗；2—过滤层；3—钢筋；4—内侧出水口

也有矿山采用滤水塔滤水。滤水塔不兼人行，是用孔网为 150mm×150mm 的金属网或钢板网卷成直径 460mm 的圆筒，并用直径 100mm 的塑料管把滤水塔与排水井连通，用排水井排水。滤水塔外包金属丝网、尼龙纤维布、麻布等滤水材料。

切割工作与干式充填采矿法基本相同，但有两个问题需要注意。

（1）拉底层中钢筋混凝土底板的强度要大，水砂充填中，特别是尾砂充填，充填体中的水很难全部脱尽，围岩中的裂隙水也有可能不断向充填体渗透，相邻阶段、采场充填体内的水也有可能通过底柱、间柱及围岩裂隙渗入。所以，充填体中可能存在着强大的、不可忽视的静水压力，给井下生产带来安全隐患。因此，钢筋混凝土底板的强度要大。很多矿山使用如图 9-15 所示的厚 0.8~1m 的钢筋混凝土底板，配双层钢筋。两层钢筋间距700mm，主筋直径 12mm，副筋直径 6~8mm，平面上网格为 300mm×300mm；要求混凝土标号达 150 号。

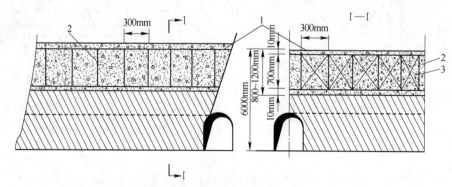

图 9-15　钢筋混凝土底板结构
1—主钢筋；2，3—副钢筋

（2）顺路天井要有锁口装置，以防止充填料从顺路天井与底柱矿石接合部的缝隙中流出（也称跑砂）而造成事故。在井与拉底水平的相交部位必须设置如图9-16所示的锁口结构，该结构也可与钢筋混凝土底板浇灌成一个整体。

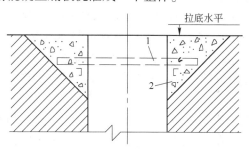

图9-16 顺路井锁口示意图
1—钢架；2—混凝土

C 回采工作

（1）大量回采。大量回采工艺过程由凿岩爆破、洒水撬毛清理松石、矿石运搬、清理采场矿石、筑混凝土隔墙、加高顺路天井、充填、铺设混凝土垫板等工序组成。大量回采是逐层进行的，采完一层，及时充填一层，并使作业空间保持一定的高度：垂直孔落矿应保持在2~2.2m，水平孔落矿可低些。

（2）分层高度。加大分层高度可减少清场、铺设混凝土垫板的数量及浇灌混凝土隔墙的次数，有利于提高效率。但加大分层高度，使运搬及充填时采场空间高度加大，对采场的安全不利。

采用水平浅孔落矿时，分层高度一般为1.8~2m。有的矿山矿石较稳固，先用上向中深孔落矿，然后再用水平浅孔光面爆破护顶，此时分层高度可达4~5m。一些矿石很稳固的矿山，为了减少充填工艺的重复次数，回采两个分层的矿石后才充填一次，这种工艺称为"两采一充"，此时出完矿的空场高度可达6~8m。

出矿后空场高度过大还会给后续工序带来困难，如难以观察处理采场顶板、砌筑混凝土隔墙、接高顺路井也有困难，工人劳动强度大等。因此，矿山应根据采场实际情况慎重确定分层高度。长锚索技术的采用，为提高矿石稳固性，增加分层高度提供了可能。水力充填采矿法的矿石运搬多用电耙或无轨装运设备。一些矿山将电耙与无轨设备配合使用，取得了良好的效果：分层爆破后先用电耙运走它所能耙运的所有矿石，而运搬边角及清扫残留矿石的任务由无轨设备来完成。

为防止运搬矿石时，设备将充填料与矿石一起运走，造成矿石贫化，防止高品位粉矿落入充填料中造成损失，所以在充填料上必须铺设隔离垫板。目前多用浇灌混凝土和水泥砂浆形成垫板。混凝土垫板的厚度不得小于200mm，水泥砂浆垫板厚度不得小于50mm，且强度要大。因为充填后水砂充填料会不均匀地沉降30~50mm，在无轨设备压碾下，垫板很快损坏失去作用，所以有的矿山宁肯运搬时铲走一些尾砂，以便加速采场的回采速度，也不铺设垫板。

（3）采场地压管理。回采空间靠充填料支撑或充填料强化矿柱与围岩自身支撑力进行支撑。采场顶板矿石欠稳时，可用锚杆局部支护。上盘局部不稳的也可用木料支撑。

D　充填

充填前应对充填管道、通讯、照明等系统的线路进行检修，架设采场内的充填管道，加高顺路天井，修筑隔墙，采场设备的移运与吊挂。

主干管道多用钢管，采场管道可用内径 100~150mm 的塑料管。架设管线时要求平直，易装易拆，并能在一定范围内移动。为了检查管道是否通畅或漏水，充填前应先通清水 10min。充填时以充填天井为中心，由远而近分条后退。尾砂充填的最初落砂点应远离人行滤水井，以保证滤水井附近的尾砂有较粗的粒径和足够的渗透系数。充填高度为3~4m 时，可分 2~3 次完成。

每次充填结束，需用清水清洗管道 5~10min。整个充填过程中，砂仓、搅拌站、砂泵、管路沿线及采场内应有专人巡视，以便掌握系统运行及充填情况。

混凝土隔墙及顺路天井的砌筑方法有两种。第一种是先砌筑隔墙、接高顺路天井再充填，另一种是先充填再砌筑隔墙、接高顺路天井。前者，要架设模板，工人劳动强度大，材料（特别是木料）消耗大，而且充填完后还要再送一次混凝土供铺设垫板使用。因此，很多矿山使用混凝土预制砖干砌体代替隔墙模板和顺路天井的外侧模板，先充填，而后再浇灌隔墙、顺路井，并在充填料表面铺混凝土垫板。顺路天井内侧模板可使用质轻、耐用、安装拆卸方便的塑料模板。

9.2.2.2　实例

红透山铜矿为黄铁矿型黄铜矿床，矿体厚度 5~20m，倾角 60°~70°，矿岩均稳固，现采深已达 700~900m。30 号矿体上盘断层、节理发育，稳固性有些差，矿石稳固。采用如图 9-17 所示的上向机械化分层尾砂充填采矿法开采。采场沿走向布置，采场长 130~160m，阶段高 60m，分层高 3m，开采时要求采场面积控制在 1600~2000m²。

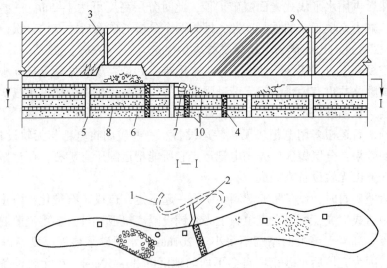

图 9-17　红透山铜矿机械化分层充填法示意图

1—采区斜坡道；2—采场联络道；3—充填天井；4—溜矿井；5—滤水井；6—尾砂；
7—尾砂草袋隔墙；8—混凝土垫板；9—充填管；10—废石堆垫的斜坡

在采场下盘距矿体 5~10m 处掘进坡度为 2% 的斜坡道 1，规格为 3.5m×3m，并用采场联络道 2 连通矿体；在采场 1/4 长的两端掘进充填天井 3 通达回风巷道；滤水井、溜矿井顺路架设，如图 9-17 所示。

用 YSP-45 型凿岩机钻凿上向倾斜炮孔，用硝铵炸药，人工装填、分段分次爆破落矿。使用铲运机出矿，班纯作业时间 4h，平均台班效率 227t。出矿时，大块集中堆放一旁，班末二次爆破破碎。废石用铲运机剔除成堆，供充填用。矿石出完后，加高滤水井和溜矿井。滤水井用木料框架叠垛而成，净断面为 1.2m×1.2m，框间留有 50~60mm 的空隙，井框外包钢丝网、乙烯编织布和麻布各一层；溜矿井由钢板制成，如图 9-17 所示。分级尾砂充填，然后铺厚 0.5m 的尾砂混凝土，作为下一分层的工作面底板。为提高效率，在铲运机进出口附近用草袋装尾砂砌隔墙 7。采场分成左右两半，分别进行采矿、出矿与充填作业。

9.2.2.3 水力充填采矿法评述及应用

A 评价

上向水平分层水力充填采矿法的优点：

（1）使用水力沿管道输送充填料，易于实现输送系统的机械化与自动化，可提高充填能力，降低成本；

（2）水力充填料的粒度小且比较均匀，充填体较为密实，沉降率比干式充填小，能较为有效地防止围岩移动，控制矿山压力；

（3）充填料潮湿，充填体致密，有利于通风防尘及防止内因火灾的发生。

与水砂充填相比，尾砂充填有下列优点：

（1）填料来源丰富，不需开采，原材料成本低；

（2）选矿厂大部分尾砂下井充填，减少尾矿库的库容、占地面积与修筑费用；

（3）利用尾砂作为充填料，不需破碎、筛分即可充填；

（4）尾砂颗粒小，便于管道水力输送，管道磨损小，水力输送设施比水砂充填简单。

水力充填采矿法的缺点：

（1）充填料的输送、加工、制备工作和充填系统、设施比较复杂，特别是水砂充填材料大多是来自矿山外部的岩石、砾石、卵石、河沙及炉碴等工业废料，其采掘、运输、破碎、磨砂、筛分等工作都比较复杂繁重；

（2）增加充填用水及井下排水、排泥设施的工程量及费用；

（3）若充填体的脱水措施不力，将给井下生产带来严重的安全隐患，对充填系统、管路的设计、施工、管理要求高，若管理不善，将给矿山生产造成被动局面；

（4）充填废水管理不善，将污染巷道与水仓，恶化井下作业环境，加大清理工作量，特别要注意尾砂充填；

（5）水力充填虽给间柱回采创造了条件，但由于充填时接顶困难，顶底柱的回采仍有一定困难。用人工底柱代替矿石底柱，并提高人工底柱的建造速度、降低成本，是解决这个问题的有效途径。

B 适用条件

水力充填采矿法的适用条件如下：

（1）开采围岩从稳固到不稳固的高价、富矿床，矿石的稳固程度必须满足工人在其下面安全、正常地进行作业；

（2）开采有自燃火灾危险的矿床，非金属矿床；

（3）开采地压很大的深部矿床；

（4）开采地表有江、河、湖、海，或矿体形态很复杂，但有品位很高的贵重、稀有金属和重要建（构）筑物、交通干线，因而地表不允许陷落的矿床。

C　技术经济指标

上向水平分层水力充填采矿法主要技术经济指标，见表 9-3。

表 9-3　上向水平分层水力充填采矿法主要技术经济指标

矿山名称	青上铜矿	凡口铅锌矿	红透山铜矿	芒特·艾萨铅锌矿
采矿方法	尾砂充填	水砂，尾砂充填	尾砂充填	尾砂充填
采切比/m·kt^{-1}	10.4	4.4~4.8	6.5~7.5	
采场生产能力/t·d^{-1}	80	盘区 400~500	200~250	700
凿岩设备		CTC-102 台车	YSP-45、7655	双机台车
凿岩台效	40t/（台·班）	48.9m/（台·班）	47~125t/（台·班）	90~103m/（台·班）
出矿设备	电耙	TORO-100DH 铲运机	LK-1 铲运机	ST-5 铲运机
出矿台效/t·（台·班）$^{-1}$		167~246.7	186~210	500
工人劳动生产率/t·（工·班）$^{-1}$	2.7	30.96	24~31	130
矿石回采率/%	96	96	95	90
矿石贫化率/%	12	13.8	18~27	10
炸药消耗/kg·t^{-1}	0.22	0.385	0.36	0.18~0.20
雷管消耗/发·t^{-1}	0.33	0.413	0.25~0.315	
合金片消耗/g·t^{-1}		1.477	2.2	
钎子钢消耗/kg·t^{-1}		0.048	0.045	
混凝土消耗/m^3·t^{-1}	0.11			
坑木消耗/m^3·kt^{-1}	2.30	2.17	0.8~1	
水泥消耗/kg·t^{-1}		50~60	14	
采矿直接成本/元·t^{-1}	9.88	11.06	2.18	
充填成本/元·m^{-3}		30.94	13.07	

9.2.3　胶结充填采矿法

用干式、水砂、尾砂充填料充填空区，虽可以承受一定的压力，但它们都是松散介质，受力后被压缩而沉降，控制岩移效果差。回采矿房时需砌筑混凝土隔墙、浇灌钢筋混凝土板，但回采矿柱时，隔墙隔离效果不理想，还需要建水力充填料及混凝土输送两套系统及排水、排泥设施。

目前，为更有效地控制岩移，保护地表，降低矿石损失贫化指标，国内外的矿山越来越多地采用胶结充填采矿法。

　　胶结充填的实质，就是在松散充填料中加入胶结材料，使松散充填料凝结成具有一定强度的整体，使之最大限度发挥控制地压与岩移、强化矿岩自身支撑能力的作用。目前最常用的胶结材料仍是硅酸盐水泥。

　　使用胶结充填料进行充填的采矿法，称为胶结充填采矿法。

9.2.3.1 典型方案

A 矿块构成要素

　　图9-18为胶结充填采矿法的典型方案。将矿块划分为矿房与矿柱，先用胶结充填法回采矿房，再用水力充填法回采矿柱。因为胶结充填成本高于水充填，故将矿房的尺寸设计得比矿柱小。矿房尺寸应根据被开采矿床的矿岩稳固程度及矿房开采以后形成的"人工柱子"能保证第二步回采矿柱时的安全需要来决定。

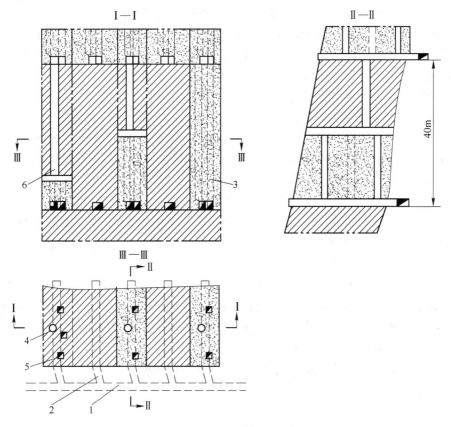

图9-18　胶结充填采矿法典型方案

1—运输巷道；2—穿脉巷道；3—胶结充填体；4—溜矿井；5—人行井；6—充填天井

　　胶结充填采矿法多用于开采厚大矿体，因此，采场多垂直走向布置，阶段高度40m，矿房宽度6~8m，矿柱宽度8~10m。矿房、矿柱的长度为矿体的水平厚度，可达35~40m。顶柱厚度4~6m；当留矿石底柱时，其高度为5~6m。

B 采准与切割

　　在下盘脉外掘进阶段运输平巷1，然后在矿房中部掘进穿脉巷道2，自每个矿房拉底水平掘进充填天井 6 贯通充填巷道，如图 9-18 所示。采用矿石底柱时，自穿脉巷道上掘两个溜矿井和一个人行井至拉底水平，在拉底水平掘进与采场长度相同的拉底巷道。

切割工作。留矿石底柱时，自拉底巷道用浅孔扩帮至采场边界，即完成采场的拉底，拉底层的高度为 2~2.5m。采用人工底柱时自穿脉巷道扩帮至采场边界，矿石出完后，挑顶一层，使拉底高度不小于 5m。将矿石出完并清理干净后，在预留假巷及顺路井的位置架设模板，然后下胶结充填料充填，充填高度为 3m，分层作业空间高度约为 2m。

C 回采及充填

大量回采，回采分层高度为 2~2.5m。为提高效率，减少辅助作业时间，在矿岩稳固程度允许的条件下，可以使用"两采一充"工艺。落矿多用上向浅孔；矿石稳固性差时，也可以使用水平浅孔落矿，但爆破、通风等耗用的总时间多。采场运搬可用无轨设备或电耙，或者是两者的配合。矿石运搬完后，若采场全断面一次充填，此时可将凿岩、运搬设备悬吊在工作面顶板上；若采场分成两段，一段出矿、一段充填时，可将设备移运至未充填的地方。

充填前，应将采场底板的粉矿清扫干净，这样做除可减少矿石损失外，还有利于两层混凝土的胶合。接高顺路井只需内侧单面架设模板，顺路井周围的胶结充填料需进行捣实。胶结充填料的水灰比合适时，人行井无须考虑兼作滤水使用。

采场充填工作，是利用胶结充填料自身的流动性及搅拌站与充填地点的高差，采取自流并辅以人工耙运来进行的。

为了保护地表和围岩，降低矿石的损失与贫化，采场最后充填时，充填料必须紧密地接触采场顶板，才能有效承受地压，充分体现胶结充填的优点，这一工作称为"接顶"。常用的接顶方法有两种，即人工接顶与加压接顶。

（1）用人工接顶时，沿采场的长度方向将最后一个分层需充填的空间分成 1~2m 宽的条带，在条带交界处按充填顺序架设模板，然后逐条浇注充填料。当充填至顶板 0.5m 时，改用浆砌块石或混凝土预制块接顶，将残留的空间全部填满。这种接顶方法可靠，但劳动强度大、效率低、木料消耗量大。

（2）加压接顶是利用砂浆泵、混凝土泵、混凝土输送机等机械设备对胶结充填料加压，使之沿管道压入接顶空间。接顶充填前应对接顶空间进行密封，以防充填料流失，而且输送充填料管道的出口应尽量高些。这种方法简单易行，接顶压力高，接顶密实，劳动生产率高，木料消耗少，但投资费用高，接顶效果不易检查。

此外，体积较大的接顶空间，也可打垂直钻孔进行接顶充填。

9.2.3.2 实例

A 斜坡道进入采场的上向分层全面胶结充填采矿法

矿块沿走向布置成平行四边形，矿块之间不留间柱，采用全面式回采顺序，如图9-19所示。采切工作仅掘进阶段运输平巷 1、充填天井 3、切割平巷 4 及底柱中的矿石溜井。回采工作由矿房底部的切割巷道 4 开始向上逐层回采。为使无轨运搬设备进入采场，在回采过程中利用充填体与回采工作面顶板之间的空间形成采场斜坡道 6。使用凿岩台车钻凿水平孔或向上孔落矿，崩下的矿石用铲运机装运至采场矿石溜井 5。

这种方法充分利用采场作业空间作为无轨设备进出采场的通道，可大大减少采场的采切工作量。

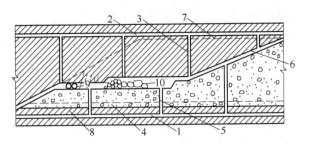

图 9-19 斜坡道进入采场的上向分层全面胶结充填采矿法

1—阶段运输平巷；2—阶段通风平巷；3—充填天井；4—切割平巷；5—矿石溜井；
6—斜坡道；7—顶柱；8—底柱；9—凿岩台车；10—铲运机

B 金川龙首矿上向水平分层胶结充填采矿法

龙首矿矿体厚大，矿石围岩均欠稳固，矿石为高价富矿，岩体及地表不允许陷落，采用了如图 9-20 所示的上向水平分层胶结充填采矿法。

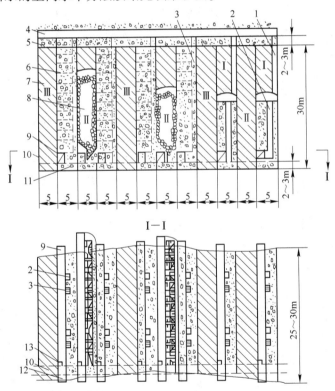

图 9-20 龙首矿上向水平分层胶结充填采矿法

1—充填井；2—顺路溜井；3—预留人行道；4—充填巷道；5—混凝土顶柱；6—已采矿房；
7—未采矿柱；8—矿柱回采；9—电耙道；10—上盘脉内运输巷；11—混凝土底柱；
12—电耙硐室；13—装车小漏斗；
I，II，III—回采顺序

矿块垂直走向布置，矿房、矿柱的宽度各为 5m，长为矿体的水平厚度，一般为 25~30m。该矿山总结了回采矿石底柱费料费工费时、劳动强度大、回采率低等经验教训而改用人工底柱；但需架设假巷模板，木料消耗多，施工周期长。

　　胶结充填中的粗细骨料为戈壁集料，剔除较大的卵石后其级配能满足充填料的需要，胶结剂为普通硅酸盐水泥。

　　矿房、矿柱的回采都不留顶柱，一直采至上阶段人工底柱下面，要求胶结充填接顶良好。矿房回采完毕，形成坚固的"人工柱子"，为矿柱回采创造条件。矿柱回采采用局部留矿的分段凿岩阶段矿房方案，采后一次胶结充填。

　　C　上向倾斜分层充填采矿法

　　上向倾斜分层充填采矿法与上向水平分层充填法的区别是，用倾斜分层（倾角近40°）回采，在采场内矿石和充填料的运搬，主要靠重力。这种采矿方法，只能使用干式充填。

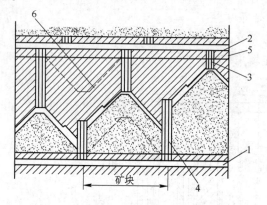

图 9-21　矿块回采倾斜分层充填法

1—运输巷道；2—回风巷道；3—充填天井；4—行人、溜矿井；
5—顶柱；6—倾斜回采工作面上部边界

　　过去，这种采矿方法用矿块回采，如图 9-21 所示。充填料自充填井溜至倾斜工作面，依靠自重铺撒。铺设垫板后进行落矿，崩落的矿石靠自重溜入溜矿井，经漏口闸门装入矿车。在矿块内，回采分为三个阶段，首先回采三角形底部，以形成倾斜工作面，然后进行正常倾斜工作面的回采，最后采出三角顶部矿石。

　　应用自行设备后，倾斜分层充填采矿法改为沿全阶段连续回采，如图 9-22所示。最初只需掘进 1 个切割天井，形成倾斜工作面，沿走向连续推进。崩下的矿石沿倾斜面依靠自重溜下，用自行装运设备运出。充填料在回风水平用自行设备运至倾斜面靠自重溜下。

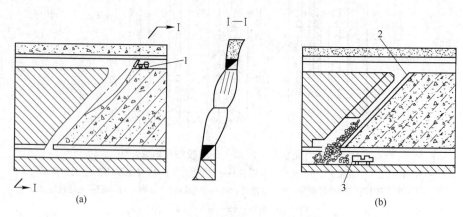

图 9-22　连续回采倾斜分层充填法

（a）充填阶段；（b）落矿阶段

1—自行矿车；2—垫板；3—自行装运设备

随着上向水平分层充填采矿法的机械化程度提高，利用重力运搬矿石和充填料的优越性越来越不突出。倾斜分层回采的使用条件较严格（比如要求矿体形态规整；中厚以下矿体，倾角应大于65°等）、铺设垫板很不方便，以及不能使用水力和胶结充填等，矿块回采的倾斜分层充填法，将被上向水平层充填法所代替。在这种情况下，连续回采倾斜分层方案可能还会采用。

9.2.3.3 胶结充填采矿法评述及应用

A　评价

胶结充填采矿法的优点：

（1）采矿损失、贫化率最小，这是其他任何采矿方法不能比拟的；

（2）胶结充填采矿法使用灵活，可以分层开采、分段开采、上向开采、下向开采，可以开采任何复杂条件的矿体；

（3）充填体具有一定的强度，可以最大限度地保护地表与岩体，而且充填体的强度在开采过程中可根据需要进行调整。

胶结充填采矿法的缺点：

（1）胶结充填系统设备复杂，基建工程量大，基本建设投资高；

（2）生产工艺复杂，水泥耗用量大，充填速度慢，成本高。

因此，各矿山多将胶结充填与其他采矿方法联合使用，在保证生产与安全的前提下，减少胶结充填的数量，以保证企业的经济效益。

目前，为了推广胶结充填，需要研究解决以下问题：

（1）研究和寻求价廉的胶结剂来代替或减少水泥的消耗量；

（2）进一步研究胶结充填体控制地压的机理，使之在保证生产及安全的前提下，尽可能地使用低标号胶结充填体；

（3）研究高浓度胶结充填料的输送工艺，寻求最佳的输送方案；

（4）研究新的生产工艺，使胶结充填法的生产能力大幅度的提高。

B　适用条件

（1）开采贵重、稀有、有色金属和非金属高价富矿，要求尽可能提高矿石回采率的矿山；

（2）为消灭内因火灾，开采有自燃性的高价富矿体；

（3）要求尽最大努力保护地表或限制岩移的地方。

C　技术经济指标

上向水平分层胶结充填采矿法主要技术经济指标，见表9-4。

表9-4　上向水平分层胶结充填采矿法主要技术经济指标

矿山名称	二机部某矿	焦家金矿	金川二矿
使用方法	胶结充填	尾砂胶结	细砂胶结
采切比/m·kt^{-1}	18~40.3	17~18	
矿块生产能力/t·d^{-1}	60~80	30	60~80
凿岩设备		7655	YT-25
凿岩台效/t·(台·班)$^{-1}$	25~29	40	
出矿设备	电耙	14kW 电耙	30kW 电耙

续表 9-4

矿山名称	二机部某矿	焦家金矿	金川二矿
出矿台效/t·(台·班)$^{-1}$	40	40	
采矿工劳动生产率/t·(工·班)$^{-1}$	3.16	4.78	9~11
矿石损失率/%	1.2~8	15.2	0.3~0.7
矿石贫化率/%	18~22	17.8	0.6~1.2
主要材料消耗			
炸　药/kg·t^{-1}	0.45~0.69	0.3	0.3
雷　管/个·t^{-1}	0.75~0.90		
木　料/m^3·kt^{-1}	2.8~15	3	3~4
水　泥/kg·t^{-1}		42.5	70~100
采矿直接成本/元·t^{-1}		7.14	6~7
充填成本/元·m^{-3}		14.0	11~12

9.3　下向分层充填采矿法

　　下向分层充填采矿法，用于开采矿石很不稳固或矿石和围岩均很不稳固，矿石品位很高或价值很高的有色金属或稀有金属矿体。这种采矿方法的实质是：从上往下分层回采和逐层充填，每一分层的回采工作，是在上一分层人工假顶的保护下进行。因此，采矿工作面的安全主要取决于人工充填假顶的质量，与矿石的稳固程度无关。回采分层为水平的或与水平成 4°~10°（胶结充填）或 10°~15°（水力充填）倾斜。倾斜分层主要是为了充填接顶，同时也有利于矿石运搬，但凿岩和支护作业不如水平分层方便。

　　下向分层充填法按充填材料可划分为水力充填和胶结充填两种方案，但不能用干式充填。两种方案均用矿块式一个步骤回采。

9.3.1　下向水平分层胶结充填采矿法

　　一般采用巷道回采，其高度为 3~4m，宽度 3.5~4m，甚至可达 7m，主要取决于充填体的强度。巷道的倾斜度（4°~10°），应略大于充填混合物的漫流角。回采巷道间隔开采，逆倾斜掘进，便于运搬矿石，如图 9-23 所示；顺倾斜充填，利于接顶。上下相邻分层的回采巷道，应互相交错布置，防止下部采空时上部胶结充填体脱落。

　　用浅孔落矿，采用轻型自行凿岩台车凿岩，自行装运设备运搬矿石。自行设备可沿斜坡道进入矿块各分层。

　　从上分层充填巷道，沿管路将充填混合物送入充填巷道，以便将其充填至接顶为止。充填尽可能连续进行，有利于获得整体的充填体。在充填体的侧部（相邻回采巷道），经5~7d，便可开始回采工作，而其下部（下一分层），至少要经过两周才能回采。

　　对于深部矿体（500~1000m 或更大）或地压较大的矿体，充填前应在巷道底板上铺设钢轨或圆木，在其上面铺设金属网，并用钢绳把底梁固定在上一分层的底梁上，充填后形成钢筋混凝土结构，可增加充填体的强度。

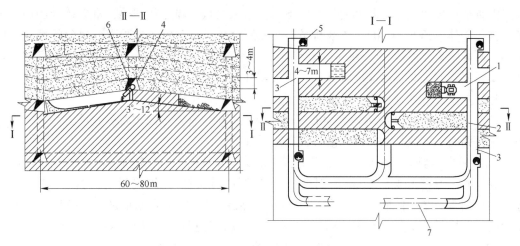

图 9-23 下向分层胶结充填采矿法

1—巷道回采；2—进行充填的巷道；3—分层运输巷道；4—分层充填巷道；
5—矿石溜井；6—充填管路；7—斜坡道

9.3.2 下向倾斜分层进路充填法

下向水平分层充填采矿法在分层充填中很难做到密实接顶，充填料脱水后收缩，在充填料的上部常常留有 0.2~0.5m 的空隙，不能有效地控制地压、限制岩移。若采用加压充填消灭空隙，则需增加大量专用设备。为解决这一问题，也可采用下向倾斜分层充填。现用金川龙首矿下向倾斜分层充填采矿法作为典型方案，如图 9-24 所示。

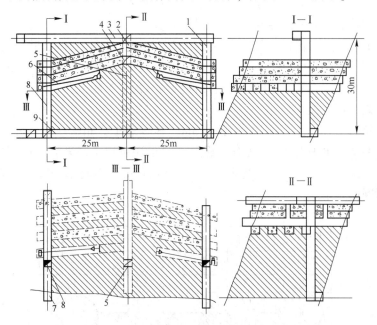

图 9-24 金川龙首矿下向倾斜分层充填法

1—人行井；2—穿脉充填平巷；3—沿脉充填平巷；4—第三层充填巷道；5—充填井；
6—回采进路；7—分层横巷；8—溜矿井；9—沿脉运输巷道

龙首矿矿床生成于超基性岩体的中下部，呈似层状、扁豆状产出，富矿体的四周包裹贫矿体，矿体倾角65°~80°，矿区断层、裂隙发育、矿石破碎，且受强烈风化的煌斑岩脉穿插、破坏。矿体厚度30~100m，沿走向长450~550m，矿石品位高，并含多种稀有、贵重金属，要求开采时尽可能地降低矿石损失率并保护远景贫矿资源。为此，金川龙首矿经过多年的探索，成功地使用了下向倾斜分层胶结充填采矿法。

（1）矿块构成要素。阶段高30m。矿体厚大，矿块垂直走向布置；充填天井的一侧布置回采进路时，矿块长25m，两侧布置进路时长50m。

（2）采准与切割。在矿体近下盘处掘进沿脉运输巷道9。沿走向每隔50m在矿块中开溜矿井，并用厚度为4.5~6mm的钢板全焊接护壁，钢板后充填混凝土。掘进充填天井5通穿脉充填平巷2。上部分层开采后，充填井在胶结充填料中顺路形成，每分层垂直矿体走向掘进分层横巷7，规格为2.5m×2.5m，作为初始切割巷道，如图9-24所示。

（3）回采及充填。分层高度为2.5m。分层倾角视充填料的流动角而定，用细砂胶结充填为3°~5°，用粗骨料胶结充填为8°~10°。分层用进路回采，随采随充。回采进路垂直分层横巷布置，可以间隔回采，也可以依次回采。回采进路规格为2.5m×(3~4)m。相邻两条进路共用一个充填小井，充填小井与穿脉充填平巷2连通。使用气腿式凿岩机浅孔落矿，30kW电耙出矿。矿石经回采进路6、分层横巷7、溜井8落至沿脉运输巷道9，用振动放矿机装车运出。因为上分层的充填料是胶结体，且铺了金属网，所以回采进路不需再进行支护。

进路底板矿石清理干净后，在进路与分层横巷的结合部作木板隔墙，并用立柱加固，再钉上草袋、塑料编织布等滤水材料后开始充填。充填料经过沿脉充填平巷3、穿脉充填平巷2、充填小井进入待充进路，充填料的输送全用电耙。建滤水隔墙的目的是滤出充填前后清洗耙道而进入进路的多余水。每个进路的充填必须一次连续完成，不能多次充填，不然难以保证质量。最后的进路与分层横巷同时充填。

通过多年的矿山生产实践，下向倾斜分层胶结充填经过两个阶段的演变：一是由高为2m×2.5m的低进路演变为4m×4m隔一采一的高进路，使采矿工艺特别是充填工艺大为简化，产量也随之提高；二是由正方形高进路演变为六角形断面进路，采场工作面安全性大为提高，生产效率再次提高。

六角形进路高4m，上、下宽3m，腰宽5m，其形成过程如图9-25所示。先用高2.5m的普通进路采两层，再采高2m、宽4m，隔一采一的预备层Ⅰ，采后封口充填。接着采高进路扩帮层Ⅱ，采高4m、宽3m，再适当扩帮至腰宽5m，也是采一隔一。以下分层就可按正常六角形断面开采。

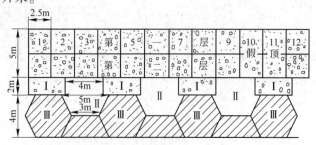

图9-25　六角形进路形成过程

Ⅰ—预备层；Ⅱ—高进路扩帮；Ⅲ—六角形进路

采场平场后，将耙矿时换下的废钢丝绳留在进路底板上，待下层回采时从顶板露出来的钢丝绳供挂耙矿滑轮使用。

采用-40mm戈壁集料混凝土胶结充填，每立方米充填料耗水泥170~180kg，充填体的强度可达2.64~4.6MPa。

在六角形进路内，顶板充填体被两帮充填体托住，两帮未采矿石又托着两帮充填体，故可提高作业的安全性。根据对六边形断面采场稳定性非线性有限元分析认为，六角形进路的应力集中系数比正方形进路降低3~4倍，且把进路两帮的拉应力变为压应力，增加了进路周围充填体与矿石的承载能力，提高了进路的稳定性。根据现场调查，自使用六角形进路回采以来，采场从未发生因冒顶、片帮而引起的重大安全事故。

9.3.3 下向分层充填采矿法评述及应用

随着矿床开采深度的增加，地压加大，下向分层胶结充填采矿法具有广阔的应用前景。

9.3.3.1 评价

下向分层充填采矿法优点：

（1）下向分层充填采矿法的开采，是在整体混凝土人工假顶下进行的，所以回采工作安全；

（2）下向分层充填采矿法的矿石损失、贫化指标比任何采矿方法都低；

（3）回采进路的方向、数量、规格均可根据矿床的条件变化而调整，因此该法较灵活、可靠；

（4）开采矿岩极不稳固的矿体时，可使地表岩移达到最小，倾斜分层方案，由于充填料的接顶效果好，可以最大限度地保护地表及岩体；

（5）该法均为单步骤回采，不留矿柱，省去了回采矿柱的麻烦。

下向分层充填采矿法缺点：

（1）下向分层充填采矿法是所有采矿方法中工序最复杂的采矿方法之一；

（2）矿块生产能力低，采矿强度低，采矿工劳动生产率低；

（3）成本高。

9.3.3.2 适用条件

下向分层充填采矿法特别适用于开采矿石不稳固或矿石围岩均不稳固、地表或岩体需要保护的高价富矿床。

9.3.3.3 技术经济指标

下向分层充填法主要技术经济指标，见表9-5。

表 9-5　下向分层充填法主要技术经济指标

矿 山 名 称	黄沙坪铅锌矿	水口山铅锌矿	金川龙首矿	柏坊铜矿
所用方案	水平分层尾砂充填	倾斜分层胶结充填	倾斜分层胶结充填	倾斜分层胶结充填
分层高度/m	2.6~3		4	2.5~3
进路宽度/m	2~2.5		4	3~4
进路倾斜度/ (°)	0	10~13	5~8	14
采切比/m·kt⁻¹		20.9	10.9	5.5
矿块生产能力/t·d⁻¹	82.7	68	94.3	27.6
凿岩设备			YT-25	
凿岩台效/t·(台·班)⁻¹		34.2	66.2	22.54
出矿设备	电耙	电耙	电耙	电耙
出矿台效/t·(台·班)⁻¹	30~40			
采矿工生产率/t·(工·班)⁻¹	5.1	6.8	7.5	4.66
矿石损失率/%	1.5	1.5	8.6	1.16
矿石贫化率/%	3	5	8.7	5.34
采矿成本/元·t⁻¹		3.44	5.38	4.26
充填成本/元·t⁻¹	2.02	62.9 元/m³	14.78	12.59
充填体强度/MPa			2.2~4.5	2.25
主要材料消耗				
炸　药/kg·t⁻¹	0.17		0.34	0.338
坑　木/m³·kt⁻¹	13		1.2	5.6
水　泥/kg·t⁻¹			75	91

9.4　矿柱回采

用两步骤回采的充填法（主要是上向分层充填法），矿房回采后，矿房已为充填材料所充满，就为回采矿柱创造了良好的条件。在矿块单体设计时，必须统一考虑矿房和矿柱的回采方法及回采顺序。一般情况下，采完矿房后，应当及时回采矿柱；否则，矿山生产后期的产量将会急剧下降，而且矿柱回采的条件也将变坏（矿柱变形或破坏，巷道需要维修等），造成矿石损失的增加。

矿柱回采方法的选择，除了考虑矿岩的地质条件外，主要是根据矿房充填状况及围岩或地表是否允许崩落而定。

间柱回采条件有以下几种：

（1）松散充填料充填矿房（干式充填和水力充填）；

（2）胶结充填矿房或在矿房两侧砌筑混凝土隔墙，顶底柱回采条件比较复杂，其上部可以用胶结充填或筑钢筋混凝土假底，也可能是松散充填料充填的，后者应用很少。

如前所述，矿房的充填方法，主要决定于矿石品位和价值。当矿石品位高或价值大时，应采用胶结充填或带混凝土隔墙和人工假底回采矿房；反之，则用干式充填或水砂充填回采矿房。

9.4.1 胶结充填矿房的间柱回采

矿房内的充填料形成一定强度的整体。此时,间柱的回采方法有上向水平分层充填法、下向分层充填法、留矿法和房柱法。

当矿岩较稳固时,用上向水平分层充填法或留矿法随后充填回采间柱,如图9-26和图9-27所示。为减少阶段回采顶底柱的矿石损失和贫化,间柱底部高5~10m,需用胶结充填,其上部用水砂充填。当必须保护地表时,间柱回采用胶结充填;否则,可用水力充填。

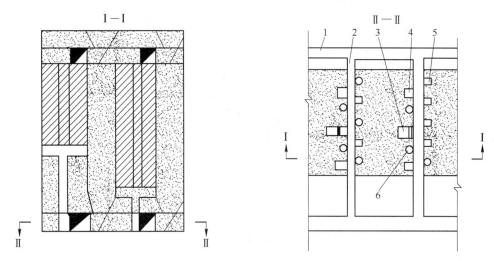

图9-26 上向水平分层充填法回采间柱

1—运输巷道;2—穿脉巷道;3—充填天井;4—人行泄水井;5—放矿漏斗;6—溜矿井

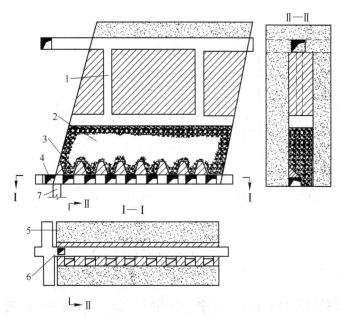

图9-27 用留矿法回采间柱

1—天井;2—采下矿石;3—漏斗;4—运输巷道;5—充填体;6—电耙巷道;7—溜矿井

留矿法随后充填采空区回采矿柱，可用于具备适合留矿法的开采条件。由于做人工漏斗费工费时，一般都在矿石底柱中开掘漏斗，充填采空区前，在漏斗上存留一层矿石，将漏斗填满后，再在其上部进行胶结充填，然后再用水砂或废石充填。

在顶板稳固的缓倾斜或倾斜矿体中，当矿房胶结充填体形成后，可用房柱法回采矿柱，如图9-28所示。在矿房充填时，应架设模板，将回采矿柱用的上山、切割巷道和回风巷道等预留出来，为回采矿柱提供完整的采准系统。

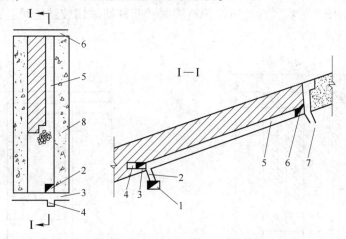

图9-28　房柱法回采矿柱

1—运输巷道；2—溜矿井；3—切割巷道；4—电耙硐室；5—切割上山；
6—回风巷道；7—阶段回风巷道；8—胶结充填体

当矿石和围岩不稳固或胶结充填体强度不高（294.3~588.6kPa）时，应采用下向分层充填法回采间柱，如图9-29所示。

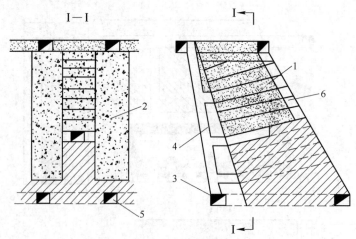

图9-29　下向分层充填法回采间柱

1—间柱的充填体；2—矿房的充填体；3—运输巷道；4—脉外天井；5—穿脉巷道；6—充填天井

胶结充填矿房的间柱回采劳动生产率，与用同类采矿方法回采矿房基本相同。由于部分充填体可能破坏，矿石贫化率为5%~10%。

9.4.2　松散充填矿房间柱回采

在矿房用水砂充填或干式充填法回采，或者用空场法回采随后充填（干式或水砂充填）的条件下，如用充填法回采间柱，须在其两侧留 1~2m 矿石，以防矿房中的松散充填料流入间柱工作面。如果地表允许崩落，矿石价值又不高，可用分段崩落法回采间柱。

间柱回采的第一分段，应能控制两侧矿房上部顶底柱的一半，这样，顶底柱和间柱可同时回采，如图 9-30 所示；否则，顶底柱分别回采。

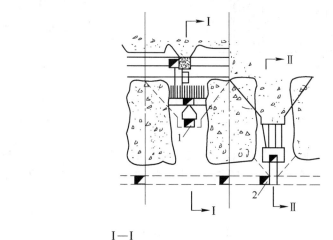

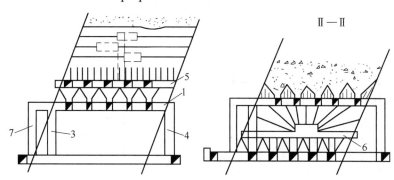

图 9-30　有底柱分段崩落法回采间柱

1—第一分段电耙巷道；2—第二分段电耙巷道；3—溜矿井；4—回风天井；
5—第一分段拉底巷道；6—第二分段拉底巷道；7—行人天井

回采前将第一分段漏斗控制范围内的充填料放出。间柱用上向中深孔，顶底柱用水平深孔落矿。第一分段回采结束后，第二分段用上向垂直中深孔挤压爆破回采。这种采矿方法回采间柱，劳动生产率和回采效率较高，但矿石损失和贫化较大。因此，在实际中应用较少。

9.4.3　顶底柱回采

如果回采上阶段矿房和间柱构筑了人工假底，则在其下部回采顶底柱时，只需控制好顶板暴露面积，用上向水平分层充填法就可顺利地完成回采工作。

当上覆岩层不允许崩落时，应力求接顶密实，以减少围岩下沉。当上覆岩层允许崩落时，用上向水平分层充填法上采到上阶段水平后，再用无底柱分段法回采上阶段底柱，如图9-31所示。

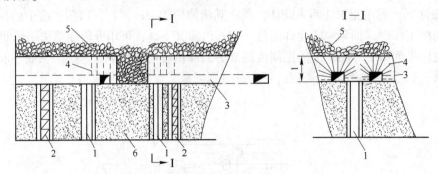

图 9-31　无底柱分段崩落法回采底柱

1—溜矿井；2—行人天井；3—上阶段运输巷道；4—炮孔；5—崩落岩石；6—充填体

由于采准工程量小，回采工作简单，无底柱分段崩落法回采底柱的优越性更为突出；但单分段回采，不能形成菱形布置采矿巷道，其一侧或两侧的三角矿柱无法回收，因此矿石损失较大。

9.5　充填技术

9.5.1　概述

充填采矿法的充填技术，按照充填料输送和充填体在采空区的存在状态可以划分为干式充填法、水力充填法和胶结充填法。充填料的形态不同，采用的输送方式也不同，充填采矿法整个充填系统可以分为充填材料的制备、充填材料的输送、采场充填三个环节，充填材料分为充填料、胶凝剂、改性材料。充填料主要有露天采石或砂石、露天开采排弃废石、尾矿三大来源。

9.5.1.1　充填方式

通常按照充填材料和输送方式，将矿山充填分为干式充填、水力充填和胶结充填三种类型。

A　干式充填

干式充填是将采集的块石、砂石、土壤、工业废渣等惰性材料，按规定的粒度组成，对所提供的物料经破碎、筛分和混合形成的干式充填材料，用人力、重力或机械设备运送到待充空区，形成可压缩的松散充填体。

B　水力充填

水力充填是以水为输送介质，利用自然压头或泵压，从制备站沿管道或与管道相连接的钻孔，将山砂、河砂、破碎砂、尾砂或水淬炉渣等水力充填材料输送和充填到采空区。充填时，使充填体脱水，并通过排水设施将水排出。水力充填的基本设备（施）包括分级脱泥设备、砂仓、砂浆制备设施、输送管道、采场脱水设施及井下排水和排泥设施。管道水力输送和充填管道是水力充填最重要的工艺和设施。砂浆在管道中流动的阻力，靠砂浆柱自然压头或砂浆泵产生管道输送压力去克服。

C 胶结充填

胶结充填是将采集和加工的细砂等惰性材料掺入适量的胶凝材料，加水混合搅拌制备或胶结充填料浆，沿钻孔、管、槽等向采空区输送和堆放浆体，然后使浆体在采空区中脱去多余的水（或不脱水），形成具有一定强度和整体性的充填体；或者将采集和加工好的砾石、块石等惰性材料，按照配比掺入适量的胶凝材料和细粒级（或不加细粒级）惰性材料，加水混合形成低强度混凝土；或将地面制备成的水泥砂浆或净浆，与砾石、块石等分别送入井下，将砾石、块石等惰性材料先放入采空区，然后采用压注、自淋、喷洒等方式，将砂浆或净浆包裹在砾石、块石等的表面，胶结形成具有自立性和较高强度的充填体。

充填采矿法均具有充分回收资源、保护远景资源和保护地表不塌陷三大优势，同时具备充分利用矿山固体废料的优势。由于金属矿山的固体废料源主要为废石、尾砂和赤泥，故根据三大固体废料源可将充填分为废石胶结充填、尾砂充填和赤泥胶结充填三大类型。

9.5.1.2 采矿存在的问题

采矿是矿产资源开发和利用的前端工序。按照传统的认识，在矿床开采过程中，人们通常注重矿床开采的经济活动，较少结合开采过程考虑矿床开采对自然环境的严重负面影响；往往在出现生态破坏和环境污染后再进行末端治理，较少按照矿产资源开采与生态环境相协调的理念，将矿床开采的各个工序作为一个系统从源头解决矿山环境污染问题。我国因矿产资源开发利用造成了大量土地受到破坏，排放的固体废料达工业行业排放固体废料总量的85%。矿山固体废料的排放占用了大量宝贵的土地，造成生态环境恶化，同时也造成大量有价金属与非金属资源的流失。特别是我国大多数矿山生产规模小，数量众多，技术水平差别大，较多矿山的环境保护工作滞后，导致矿山生态环境严重恶化。矿山的环境污染和破坏给当地自然生态环境、社会经济生活带来了很大的负面影响。可见，我国矿产资源开发与利用引发的环境破坏显著增加了地球环境的负荷，已成为亟待解决的重大课题。

A 资源浪费

我国金属矿产资源的开采损失比较严重。我国金属矿产资源的综合利用率比国外先进水平低10~20个百分点。我国矿床的一个显著特点是共生、伴生矿床多，80%的矿床伴生多种有用组分，铜25%、金40%、钼25%是赋存于伴生矿床中。目前不少矿山废弃物中伴生矿物的价值甚至高于主矿物的几倍至几十倍。大量的资源在采选过程中被损失浪费，使人类可利用资源的紧缺程度进一步加剧。

B 地表塌陷

采矿工业在索取资源的同时，因开采而在地下形成大量采空区，即矿石被回采后，遗留在地下的回采空间。用崩落采矿法回采时，在覆盖岩石下出矿，回采空间需要崩落上部矿岩进行填充，造成地表塌陷。采用空场采矿法回采时，出矿后留下采空区。采空区的存在使岩体中的应力重新分布，在空区的周边产生应力集中形成地压，使空区顶板、围岩和矿柱发生变形、破坏和移动，产生顶板冒落，或者强制崩落上部围岩填充采空区，造成地表塌陷。无论是崩落采空区顶板，还是采空区失稳塌陷，都会使地表和植被遭受破坏；矿山开采诱发的地面崩塌、滑坡、塌陷等地质灾害较普遍。

C　排放废料

目前的采矿工业体系实际上是一个开采资源和排放废料的过程。矿山开发活动是向环境排放废弃物的主要来源，我国在矿产资源开发利用过程中产生的尾砂、废石、煤矸石、粉煤灰和冶炼渣已成为排放量最大的工业固体废弃物，占全国工业固体废弃物排放总量的85%。可见，现在的采矿工业模式显著增加了地球环境的负荷，不能满足可持续发展原则。

D　安全隐患

矿床开采留下的采空区、排放的废石场和构筑的尾砂库带来严重的安全隐患。诸如采空区产生或诱发矿区塌陷、崩塌、滑坡、地震、矿井突水、顶板冒落等地质灾害，废石场引发泥石流及尾砂库溃坝等灾害事故严重威胁矿山正常生产和矿区人民的生命财产安全。

E　没有有效治理方法

人类在采矿工业的发展进程中已认识到矿产资源开采所引发的生态问题与环境问题，矿产资源的大量开发遗留给人类的生存环境日趋恶化。近年来世界各国一直采取措施来治理污染和恢复生态，生产过程的末端治理治标不治本，从长远来看，生产过程末端治理所需的资金极大，废物料还必须进行最终处理。

9.5.1.3　充填法采矿的生态功能

常规的矿山充填只是作为采矿工艺或空区处理的一个工序，主要从经济目标或技术目标出发。事实上，矿山充填尤其是能充分利用矿山固体废料的矿山胶结充填，不但能在复杂条件下充分地回采矿产资源，而且能够减少矿山固体废料的排放和保护地表不受破坏。矿山充填具有四大主要的工业生态功能：提高资源利用率、储备远景资源、防止地表塌陷和充分利用固体废料。

A　充分回采矿石资源

矿山充填的首要任务之一是充分回采矿石。众所周知，矿产资源是不可再生的，充分利用矿产资源已是当代人的首要任务。另外，对于一些高品位矿床的开采，从矿山企业的经营目标出发，也应该尽可能提高回采率，以使矿山获取更好的经济效益。

B　远景资源保护

随着可持续发展战略在全球范围内的推行，矿产资源的合理开发不再仅仅局限于充分回收当代技术条件下可供利用的资源，而应该充分考虑到远景资源能得到合理保护。当代被采矿体的围岩极有可能是远景资源，能在将来得到应用。但按照目前通常的观念，这些远景资源是不计入损失范畴的，因为它们在现有技术条件下不能被利用，或根本还不能被认识到将来的工业价值。因而，在当代采矿活动中很少考虑远景资源在将来的开发利用，事实上在远景资源还不能被明确界定的条件下也难以综合规划。因此，在开发当代资源的过程中，远景资源往往受到极大破坏，如崩落范围的远景资源就很难被再次开发，或即使能开发也增加了很大的技术难度。

C 防止地表塌陷

采矿工业在索取资源的同时，因开采而在地下形成大量采空区，即矿石被回采后，遗留在地下的回采空间。无论是崩落采矿法的顶板崩落，还是空场法的采空区失稳塌陷或顶板强制崩落，都会造成大量土地和植被遭受破坏。用充填法开采矿床时，回采空间随矿石的采出而被及时充填，是保护地表不发生塌陷、实现采矿工业与环境协调发展的最可靠的技术支持。

D 充分利用矿山固体废料

目前的工业体系实际上是一个获取资源和排放废料的过程。采矿活动是向环境排放废弃物的主要来源，其排放量占工业固体废料排放量的 80%~85%。可见，现在的采矿工业模式显著增加了地表环境的负荷，不能满足可持续发展战略。采用自然级配的废石胶结充填、高浓度全尾砂胶结充填和赤泥胶结充填技术，不但具有充填效率高、可靠性高和采场脱水量少的工艺性能，可输性好和流动性好的物料工作性能，胶凝特性优良的物理化学性能，充填体抗压强度高和长期效应稳定的力学性能等；而且能够充分利用矿山废石和尾砂（或赤泥）。因此，矿山充填可以将矿山废弃物作为资源被重新利用，达到尽可能地减少废料排放量的目标。

9.5.2 充填材料

9.5.2.1 充填材料的分类

A 充填材料按粒级的分类

根据充填材料颗粒的大小，可将充填材料分为块石（废石）、碎石（粗骨料）、磨砂（及戈壁集料）、天然砂（河砂及海砂）、脱泥尾砂和全尾砂等几类。

（1）块石（废石）充填料：主要用于处理空场法或留矿法开采所遗留下来的采空区，块石充填料的粒级组成因矿山和岩性而异，难以进行统计分析，充填料借助重力或用矿车和皮带输送机卸入采场，在这一过程中由于碰撞、滚磨等原因块石的颗粒级配将明显变小。

（2）碎石（粗骨料）充填料：主要用于机械化水平分层充填法、分段充填采矿法，用水力输送，也可加入胶结剂制备成类似混凝土的充填料。

（3）磨砂（及戈壁集料）充填料：当分级尾砂数量不足时，可采用一部分磨砂或戈壁集料补充。

（4）天然砂（河砂和海砂）充填料：这类充填材料与磨砂一样，也是用于脱泥尾砂的数量不足或选矿厂尾砂不适合用作充填料的情况。

（5）脱泥尾砂充填料：这是使用最广泛的一种充填材料，其来源方便，成本低廉，只需将选矿厂排出的尾砂用旋流器脱泥。这种充填料全部用水力输送，即适合于各种分层或进路充填法，也适用于处理采空区。

（6）全尾砂充填料：选矿厂出来的尾砂不经分级脱泥，只经浓缩脱水制成高浓度或膏体充填料。目前，高浓度或膏体全尾砂充填料在添加水泥等胶结剂后，主要用于分层或进路充填采矿法中，采用泵压输送或自溜输送方法。

B 充填材料按力学性能的分类

根据充填体是否具有真实的内聚力，可将充填材料分为非胶结和胶结两类。

（1）非胶结充填材料。前面所述的各种充填材料均可作为非胶结充填料，但对尾砂来说，由于含细微颗粒多，脱水比较困难，在爆破等动荷载作用下存在被重新液化的危险性，因此，在目前的工程技术水平条件下，全尾砂充填料一般需加入水泥等胶结剂制备成胶结充填料。

（2）胶结充填材料。一般情况下，块石、碎石、天然砂、脱泥尾砂和全尾砂均可制备成胶结充填材料或胶结充填体。对于不适宜用水力输送的块石或大块的碎石，可借助于重力或风力先将其充入采空区，然后在其中注入胶结水砂（尾砂）充填料以形成所谓的胶结块石充填体。

C　按在充填体内作用的分类

在充填采矿过程中，充填到采场或空区的砂、石或其他物料统称为充填材料。常用的充填材料可分为惰性材料、胶凝材料和改性材料三大类。

a　惰性材料

在充填过程中和充填体内，材料的物理化学性质基本上不发生变化，是充填材料的主体，常用的有尾砂、河砂、山砂、人造砂、废石、卵石、碎石、戈壁集料、黏土、炉渣等。惰性材料是充填材料的主体。在充填过程中和充填体内，材料的物理化学性质基本上不发生变化。在建筑用混凝土中，粒径大于 5mm 的碎石、卵石、块石称为粗集（骨）料，粒径小于 5mm 的砂称为细集（骨）料。尾砂作为惰性充填材料在国内外均得到了广泛的应用。应注意：有的矿山在尾砂中 MgO 的含量较高，可能会影响充填体的强度。若惰性材料中含有硫、磷、碳等，会降低充填体的强度、危害井下劳动条件和环境。

b　胶凝材料

在环境的影响下，材料本身的物理化学性质发生变化，使充填料凝结成具有一定强度的整体。主要的胶凝材料有水泥、高水材料和全砂土固结材料等，常用的有水泥、高水材料、全砂土固结材料、磨细水淬炉渣、磨细炼铜炉渣、磨细烧黏土、硫化矿物、磁黄铁矿、石灰、石膏、粉煤灰等。

目前，胶结充填中的胶凝材料仍然广泛采用通用水泥，它是由硅酸盐水泥熟料与不同掺入量的混合材料配制而成。通用水泥包括：硅酸盐水泥（代号 P·Ⅰ和 P·Ⅱ）、普通硅酸盐水泥（P·O）、矿渣硅酸盐水泥（P·S）、火山灰质硅酸盐水泥（P·P）和粉煤灰硅酸盐水泥（P·F）等品种。水泥胶结充填材料则是指以水泥为主要胶凝材料的充填材料，该材料是目前应用最为广泛的充填材料，具有代表性的水泥胶结充填材料主要有：低浓度尾砂胶结充填材料、细砂高浓度胶结充填材料、全尾砂高浓度胶结充填材料和膏体胶结充填材料。

活性混合材料，为节省胶凝材料，广泛采用各种活性混合物材料。其特点是就近采购活性混合材料，散装运至充填料制备站，将其进行加工，湿磨至其火山灰活性和水硬性表现出来时，再直接混入充填料中，送入井下进行充填。最常用的活性混合材料为高炉矿渣，炼铜反射炉渣，其他水淬炉渣，粉煤灰和熟石灰等。

c　改性材料

加入充填料中用以改善充填料的质量指标，例如提高料浆流动性或充填体强度、加速或延缓凝固时间、减少脱水等。

采用改性材料是为了改进充填材料的某种性能或提高充填质量和降低充填成本。改性材料包括絮凝剂、速凝剂、缓凝剂、早强剂、减水剂及加气剂等。

絮凝剂可使水泥在充填体内均匀分布，提高充填体强度或降低水泥用量，消除充填体表层的细泥量。为使细粒级快速沉淀和脱水，必须在加入絮凝剂的同时，对矿浆进行搅拌。因此，使用絮凝剂的效果如何，除了正确地选用合适的絮凝剂外，还与矿浆中固体颗粒碰撞的频率和碰撞的效率有关，也就是要确定合理的搅拌能量、搅拌时间、矿浆各点速度梯度、矿浆浓度及搅拌桶的结构形式等。矿山常用的絮凝剂有聚丙烯酰胺、聚丙烯酸甲酯丙基三甲基氯化铵、聚二甲酯二甲基丙烷磺酸、聚丙烯酸、聚乙烷乙二烯氯化铵等。

缓凝剂是能延缓水泥的凝结时间，并对胶结体的后期强度没有不良影响的改性材料。常用的缓凝剂有酒石酸、柠檬酸、亚硫酸、酒精废液、蜜糖、硼酸盐等。

速凝剂是能加快水泥的凝结时间，并对胶结体的后期强度没有太大影响的改性材料。常用的速凝剂有 $CaCl_2$、$NaCl$ 和二水石膏，$CaCl_2$ 的用量一般不超过水量的 30%。

早强剂是能提高水泥早期强度和缩短凝结时间，并对充填体后期强度无显著影响的改性材料。常用的早强剂有无机早强剂类、有机早强剂类及复合早强剂类。无机早强剂类的硫酸钠，有减少用水量和提高各项物理力学指标的作用。

减水剂为表面活性材料，它吸附在胶凝材料和惰性材料的亲水表面上，增加砂浆的塑性，在料浆坍落度基本相同的条件下，是一种能减少拌和用水量和提高强度的改性材料。国产减水剂多达几十种，可作为矿山充填用的减水剂。

加气剂可以使充填料浆的体积增加，从而可以使充填空区局部达到充填体接顶。如加入铝粉 $0.3 \sim 0.8 kg/m^3$，可以使充填体的体积增加 25% ~ 35%。

d 水

胶凝材料需要水以实现水化反应。水又是各种改性剂的溶剂或载体，同时它还作为充填料浆的输送介质，因此水中所含杂质对胶凝材料有影响。

9.5.2.2 对充填材料的要求

作井下充填用的充填材料需要量大，要让它能切实起到支撑围岩的作用，而又不恶化井下条件，它必须满足下列要求：

（1）能就地取材、来源丰富、价格低廉；

（2）具有一定的强度和化学稳定性，能维护采空区的稳定；

（3）能迅速脱水，要求一次渗滤脱水的时间不超过 3h；

（4）无自然发火危险及有毒成分；

（5）颗粒形状规则，不带尖锐棱角；

（6）水力输送的粗粒充填料，最大粒径不得大于管道直径的 1/3，粒径小于 1mm 的含量也不超过 15%，沉缩率要不大于 15%；

（7）用尾砂作充填料，所含有用元素要充分综合利用，含硫量必须严格控制（一般要求黄铁矿含量不超过 8%，磁黄铁矿含量不超过 4%），选矿药剂的有害影响也必须去除，而且一般要进行脱泥。

9.5.2.3 充填材料的物理性质

充填材料要求化学成分稳定，不迅速氧化、不自燃、不遇水溶解、不具有自胶结性或自胶结性极小等。充填材料的物理性质有密度和堆密度、孔隙率和孔隙比、渗透系数、颗粒级配、压缩特性、非胶结充填材料的强度特性、胶结充填材料的强度特性。

A 充填材料的密度和堆密度

充填材料的密度定义为：单位体积的充填材料在密实状态下的质量，单位为 kg/m^3。

通常，充填材料处于松散状态。充填材料的堆密度即是处于松散状态的充填材料单位体积（包括固体颗粒和空隙）所具有的质量。

B 充填材料的孔隙率和孔隙比

充填材料的孔隙比是指充填材料中孔隙体积与固体颗粒体积之比，而孔隙率是指松散充填材料中孔隙体积所占的百分率。若用 ε 表示孔隙比，用 ω 表示孔隙率，则有

$$\varepsilon = \frac{\omega}{1-\omega}$$

充填材料的孔隙比或孔隙率是一个表示充填料性能的重要参数，其数值的大小反映了充填体的密实程度。对胶结充填材料来说，则进一步反映了充填体的强度特性。

C 充填材料的渗透系数

根据达西定律，多孔介质的渗透性定义为

$$K = \frac{QL\eta}{hA\gamma^2}$$

式中　K——多孔介质的渗透性，m^2；

$\quad\quad Q$——通过多孔介质渗透出来的流体流量，N/s；

$\quad\quad L$——多孔介质在流体流动方向的长度，m；

$\quad\quad h$——静水压头，m；

$\quad\quad A$——（垂直于流动方向的）多孔介质的横剖面面积，m^2；

$\quad\quad \eta$——流体的绝对黏度，$N \cdot s/m^2$；

$\quad\quad \gamma$——流体的重力密度，kN/m^3。

渗透性 K 的单位为 m^2，该指标没有明显的物理意义。因此在充填采矿法中，广泛采用渗透系数这个指标来评价充填材料的脱水性能。

$$k = \frac{qL}{hA}$$

式中　k——多孔介质的渗透系数，m/s，在充填采矿法中常用的单位为 cm/h。

D 充填材料的沉缩率（γ）

充填材料由于自重沉缩或受压条件下产生沉缩后，缩小的体积与原体积之比，称为充填材料的沉缩率，可用下式表示。

$$\gamma = \frac{V_1 - V_2}{V_1} \times 100\%$$

式中　γ——沉缩率，%；

$\quad\quad V_1$——充填材料原体积，m^3；

V_2——充填材料沉缩后的体积，m^3。

自然堆积的松散惰性材料，特别是河砂，当加入水以后，体积立刻发生沉缩，由于水浸作用使得充填材料减少的体积与原体积之比，称为水浸沉缩率。

E 充填材料的含水率

惰性材料的干、湿程度通常用含水率表示

$$W = \frac{W_1 - W_2}{W_1} \times 100\%$$

式中 W_1——自然状态下的试样质量，g；

W_2——在 105~110℃温度下烘干后的试样质量，g。

含水率是计算充填体密度，孔隙率及含水饱和程度等指标的依据。

F 充填材料的粒径（d_s）及粒级组成

惰性材料的粒径是度量其颗粒大小的物理量。碎石或块石的粒径常采用空间三维尺寸的平均值来表示，而尾砂或砂子的粒径则一般采用等效粒径 d_D 来表示。

$$d_D = \sqrt[3]{\frac{6V_D}{\pi}}$$

式中 d_D——尾砂或砂子的等效粒径，mm；

V_D——被测尾砂或砂子的体积，mm^3。

粒级组成是指充填材料中各粒级范围内颗粒质量占总质量的百分比，粒级组成可用列表法或图示法来表示。

9.5.3 胶凝材料

为了提高充填体的强度，使充填体具有一定的稳定性，在充填体内要加入胶凝材料。矿山充填使用的胶凝材料有硅酸盐水泥、高水速凝材料、全砂土固结材料。

9.5.3.1 水泥

矿山及工程常用的是硅酸盐水泥，凡是以适当成分的生料烧至部分熔融，所得的以硅酸盐为主要成分的硅酸盐水泥熟料，加入适量石膏和一定量的混合材，磨细制成的水硬性胶凝材料，称为硅酸盐水泥。生料是指生产水泥的原料，成分主要含有氧化钙、氧化硅、氧化铝、氧化铁等，主要原材料有石灰质原料（石灰石、大理石、贝壳、白垩），黏土质原料（黏土、黏土质页岩、黄土、河泥），辅助材料（铁粉、矾土、硅藻土），矿化剂（萤石）等。

将按一定比例配好的原料经磨细得到生料，放入窑中经 1450℃ 的高温煅烧后，成为熟料。再加入石膏和一定的混合材料磨细，就是水泥。

A 水泥成分

硅酸盐水泥的成分为硅酸三钙与硅酸二钙的含量在 75% 左右，铝酸三钙与铁铝酸四钙的含量在 22% 左右，也就是说硅酸盐成分占 3/4 左右，故称为硅酸盐水泥。除此以外，还有少量氧化钙、氧化镁、氧化钛和碱，但其总含量都很少。在水泥熟料磨细时，还要掺入 3%~5% 的石膏共同磨细。石膏在水泥中的作用主要是为了调节凝结时间。

硅酸盐水泥的性能是由其组成矿物的性能决定的，水泥性能主要是强度、凝结硬化速度、水化放热的多少及收缩大小等指标。

B　水泥硬化

水泥加水拌和后，则发生化学反应，生成多种水化物，这个过程称为"水化"。水泥加水拌和的初期是具有一定流动性或可塑性的浆体，经自身的物理化学变化以后，逐渐变稠而失去可塑性，这时称为凝结。随着水化反应的发生，产生强度，并逐渐发展成坚硬的人造石，称为硬化。

水泥的水化与凝结硬化的过程，也就是水泥强度发展的过程。为了正确使用水泥，并能在生产中采取有效措施，调节水泥性能，必须了解水泥水化硬化的影响因素。

影响水泥水化的因素，除矿物成分、细度、用水量外，还有养护时间、环境的温度、湿度及石膏掺量等。

养护时间，水泥加水后的前4周，早期的水化速度较快，强度发展也快，4周之后显著减慢，6个月的水化深度只有颗粒半径的1/2左右。因此，只要维持适当的温度与湿度，水泥的水化将不再进行，其强度在几个月、几年，甚至几十年后还会持续增长。

温度和湿度，水泥的水化与凝结硬化和环境的温度关系很大。当温度低于5℃时，水化硬化大大减慢；当温度低于0℃时，水化反应基本停止。同时，由于温度低于0℃，当水分结冰时，还会破坏水泥石结构。潮湿环境下的水泥，水分不易蒸发，能保持有足够的水分进行凝结硬化，生成的水化物进一步填充毛细孔，促进水泥的强度发展。保持环境的温度和湿度，是使水泥强度不断增长的主要措施。因此，水泥强度的测定必须在规定的标准温度与湿度环境中养护至规定的龄期情况下进行。

石膏的掺量，水泥加水后成为一种凝胶溶液；硅酸盐胶体带负电荷。由于电性排斥力，使胶粒不容易互相靠近而结合成大颗粒，凝胶溶液具有一定稳定性。加入石膏，与水化铝酸钙作用，可以减少硅酸盐胶体生成，延缓凝结时间。但如果加入的石膏过量，又会使水泥速凝。

C　水泥的性质

根据国家标准 GB 175—1999，对硅酸盐水泥品质要求主要有细度、凝结时间、安定性和强度，而一些工程有时还需了解水化热。

a　细度

细度是指水泥颗粒的粗细程度。水泥细度对水泥的性质有很大的影响。水泥颗粒一般在 $7 \sim 200 \mu m$ 范围内，颗粒越细，与水起反应的比表面积就越大，因而水泥颗粒细，水化较快而且较完全，早期强度与后期强度都较高，但在空气中的硬化收缩性较大，成本也较高。

b　标准稠度用水量

用水泥标准稠度测定仪测定水泥净浆达到标准稀稠程度时所需要拌和水的数量称为标准稠度用水量。按国家标准检验水泥的凝结时间的体积安定性时，就用标准稠度用水量拌和水泥净浆，这样才具有准确的可比性。硅酸盐水泥的标准稠度用水量一般在 23% ~ 30% 之间。

c　凝结时间

凝结时间分初凝时间和终凝时间。初凝时间为从水泥加水拌和时至标准稠度净浆开始失去可塑性所需要的时间；终凝时间为从水泥加水拌和起至标准稠度净浆完全失去可塑性并开始产生强度所需要的时间。为使混凝土和砂浆有充分时间进行搅拌、运输、浇捣和砌筑，水泥初凝时间不能过短。当施工完毕，则要求水泥尽快硬化，具有强度，故终凝时间不能太长。

国家标准规定，水泥的凝结时间是以标准稠度的水泥净浆、在规定的温度及湿度环境下，用水泥净浆凝结时间测定仪测定。硅酸盐水泥标准规定，初凝时间不得早于45min，终凝时间不得迟于6.5h。

d 体积安定性

如果水泥已经硬化后，产生不均匀的体积变化，即所谓的体积安定性不良，就会使构件产生膨胀性裂缝，降低建筑物质量，甚至引起严重事故。国家标准规定，用沸煮法检验水泥的体积安定性。水泥净浆试饼沸煮（4h）后，经肉眼观察未发现裂纹，用直尺检查没有弯曲，则称为体积安定性合格；反之，为不合格。

e 强度等级

硅酸盐水泥的强度决定于熟料的矿物成分和细度。粉末较细的水泥，水化进行较快，而且水化较完全，所以强度增长较快，最终强度也较高。

根据国家标准《通用硅酸盐水泥》（GB 175—2007）和《水泥胶砂强度检验方法（ISO法）》（GB/T 17671—1999）的规定，1份水泥和3份中国ISO标准砂混合，用0.5的水灰比拌制的一组塑性胶砂试件，在标准温度（20±2）℃的水中养护，测定其3d、28d的强度。按规定龄期的抗压强度和抗折强度来划分水泥的强度等级，硅酸盐水泥强度等级分为42.5、42.5R、52.5、52.5R、62.5、62.5R等六个等级。

f 水化热

水泥在水化过程中放出的热称为水泥的水化热。水化放热量和放热速度不仅决定于水泥的矿物成分，而且还与水泥细度、水泥中掺混合材料及外加剂的品种、数量等有关。

g 密度及松散密度

在进行配合比设计及水泥的储运时，必须知道水泥的密度和堆积密度。

D 混合材料

混合材料有活性混合材料与非活性混合材料两种。

（1）活性混合材料有高炉矿渣、火山灰质混合材料（硅藻土、硅藻石、蛋白石、火山灰、凝灰岩、沸石浮石）与粉煤灰三大类，可以提高水化速度。它们与水调和后，本身不会硬化或硬化极为缓慢，强度很低。但在氢氧化钙溶液中，就会发生显著的水化，而在饱和的氢氧化钙溶液中水化更快。当液相中有石膏存在时，将与水化铝酸钙反应生成水化硫铝酸钙。这些水化物能在空气中凝结硬化，能在水中继续硬化，具有相当高的强度。

最常用的是在硅酸盐水泥熟料中掺入活性混合材料并和石膏共同磨细制成普通硅酸盐水泥、矿渣硅酸盐水泥、火山灰质硅酸盐水泥和粉煤灰硅酸盐水泥。

硅酸盐水泥中掺入活性混合材料，可调整性能、增加产量、降低成本。活性混合材料与水泥熟料水化过程中析出的氢氧化钙作用，生成水化硅酸钙和水化铝酸钙而参与水泥的凝结硬化。

（2）非活性混合材料，磨细的石英砂、石灰石、黏土、慢冷矿渣及各种废渣等属于非活性混合材料。它们与水泥成分不起化学作用（即无化学活性）或化学作用很小。非活性混合材料掺入硅酸盐水泥中仅起提高水泥产量和降低水泥标号、减少水化热等作用，当在工地用高标号水泥拌制砂浆或低标号混凝土时，可掺入非活性混合材料以代替部分水泥，起到降低成本及改善砂浆或混凝土和易性的作用。

E　常用水泥的性能

常用水泥的性能有以下几种。

（1）普通水泥。以硅酸盐为主要成分的熟料制成，允许掺 6%～15% 的混合材料，早期强度较高、水化热较大、耐冻性好、耐热性较差、耐腐蚀性较差，适用于一般土建工程中混凝土及预应力钢筋混凝土结构，包括受反复冰冻作用的结构，也可拌制高强度混凝土。

（2）矿渣水泥。在硅酸盐水泥熟料中掺入水泥质量 20%～70% 的粒化高炉矿渣，早期强度低、后期强度增长较快、水化热较小、耐热性较好、耐硫酸盐侵蚀性较好、抗冻性差和干缩性大、抗碳化能力差，适用于高温车间和有耐热耐火要求的混凝土结构、大体积混凝土结构、蒸汽养护的混凝土构件、一般的地上地下和水中的混凝土结构、有抗硫酸盐侵蚀要求的一般工程。

（3）火山灰水泥。在硅酸盐水泥熟料中掺入水泥质量 20%～50% 火山灰质混合材料，抗渗性好、耐热性较差、保水性好、抗冻性干缩性比矿渣水泥还差，适用于地下水中大体积混凝土结构和有抗渗要求的混凝土结构、蒸汽养护的混凝土构件、一般混凝土结构、有抗硫酸盐侵蚀要求的一般工程。

（4）粉煤灰水泥。在硅酸盐水泥熟料中掺入占水泥质量 20%～40% 的粉煤灰，干缩性较小、抗裂性较好，其他与火山灰水泥相同，适用于地上地下水中及大体积混凝土结构、蒸汽养护的混凝土构件、有抗硫酸盐侵蚀要求的一般工程、承受荷载较迟的工程。

9.5.3.2　高水材料

高水速凝材料（简称"高水材料"）是一种具有高固水能力、速凝早强性能的新型胶凝材料。高水材料在煤矿作为沿空留巷巷旁充填支护材料、在金属矿充填采矿中作为充填胶凝材料得到了推广应用，在生产实践中显示出很多优越特性。

高水材料是选用铝矾土为主料，配以多种无机原料和外加剂等，像制造水泥那样经破碎、烘干、配料、均化、煅烧及粉磨等工艺制成的甲、乙两种固体粉料，甲、乙两种固体粉料的比例为 1∶1，是一种新型的胶凝材料。

A　物理性能

高水材料能将 9 倍于自身体积的水固结成固体，形成高结晶水含量的人工石。体积比含水率高达 90% 的高水材料甲、乙两种浆液混合均匀后，5～30min 之内即可凝结成固体，并且其强度增长迅速，1h 抗压强度达 0.5～1.0MPa，2h 强度达 1.5～2.0MPa，6h 强度达 2.5～3.0MPa，24h 强度达 3.0～4.0MPa，3d 强度可达 4.0～5.0MPa，最终强度可达 5.0～8.0MPa。组成高水材料的甲、乙两种固体粉料与水搅拌制成的甲、乙两种浆液，输送或单独放置可达 24h 以上不凝固、不结底，具有良好的流动性，可泵时间长，易于实现长距离输送。高水材料硬化体压裂后，在不失水的情况下，存放一段时间，硬化体还能恢复强度。高水材料硬化体具有弹塑性的特征，当其单向受压后，原有的裂隙被压密，呈现弹性变形，当其外力继续加大、材料变形达到屈服极限后，并没有发生脆性破坏，只出现一定程度的破裂，仍具有一定的残余强度。材料本身无毒、无害、无腐蚀性。随着养护龄期的增长，硬化体的强度也随之增加，而且在24h之内固结体强度的增长速度极快，24h后其强度的增长速度明显减缓。这说明高水材料的凝结速度快、早期强度高，这些特点非常有利于矿山充填，有利于缩短采充循环周期，提高采场综合生产能力。

B 稳定性能

高水材料的碳化。在高水材料的应用环境中，会遇到不同的气体环境，有些气体对高水材料硬化体的稳定性影响较大，而有些气体对硬化体影响较小。在自然条件下，二氧化碳气体对高水材料硬化体影响较大。二氧化碳气体的浓度越大，越容易引起硬化体的碳化反应，使抗压强度降低；而且与湿度也有较大关系，湿度越大，高水材料硬化体越容易发生碳化反应。

高水材料的热稳定性。高水材料硬化体中的主要物相是钙矾石，它在硬化体中起着骨架作用，其他的物相填充于其中，水是主要的填充物，大量存在于高水材料硬化体中，但水呈中性水分子的形式存在，结合力较弱，容易失去，保持含水量对稳定硬化体内部结构是至关重要的。当硬化体处于不同的温度环境时，因温度的变化而失水，对其结构会造成破坏。在干热、无二氧化碳气体存在的条件下，高水材料硬化体可以在90℃以下的温度环境中稳定存在。

高水材料的耐蚀性。高水速凝材料在应用中会遇到不同的溶液环境，特别是在充填采矿的应用中，由于所处的矿山地质条件的不同，高水材料硬化体会与环境中不同的含有盐类、酸类或碱类的水溶液相接触，从而发生一系列的物理化学的变化，使高水材料硬化体的内部结构遭到破坏，引起强度下降。

9.5.3.3 全砂土固结材料

全砂土固结材料（简称"全砂土材料"）是以工业废渣（如沸腾炉渣、钢渣、高炉水淬矿渣等）为主要原料，再加入适量的天然矿物及化学激发剂，经配料后，直接磨细、均化制成的一种粉体物料。该材料对含黏土量高的砂土及工业垃圾（如矿山尾砂）具有很强的固结能力，它是一种新型的胶凝材料。

全砂土固结材料突出的优点如下。

（1）以工业废渣为主要原料，不用煅烧，节约能源，设备投资少，生产工艺简单；生产成本低，经济效益明显；而且由于综合利用工业废渣，从而减少了环境的污染，变废为宝，变害为利。

（2）对含黏土量高的砂土有很强的固结能力。

（3）全砂土硬化体具有早期强度高的明显特性。在矿山充填过程中，与425号水泥用量相同的条件下，其早期强度可达到水泥的2~4倍。

A 物理性能

全砂土固结材料的终凝时间长达7h，28d抗折强度达10MPa，强度标号达到525号普通水泥；普通水泥标号越高，抗折抗压比越小；全砂土固结材料的抗折抗压比不仅高于525号普通水泥，而且高于425号普通水泥，这说明全砂土固结材料具有早强、高强及高的抗折强度等力学性能。

砂土固结材料的细度和颗粒分布直接影响全砂土固结材料的质量和产量。粒度太小，需要粉磨的时间增加，产量降低，这会使全砂土固结材料的加工成本增大；粒度太大，就会造成安定性不良，强度不高。抗压强度受龄期的影响也很大，强度随着龄期的增长而增大。

B　稳定性能

全砂土固结材料稳定性能主要包括抗碳化性，耐酸、碱、盐侵蚀性及耐热、抗冻性等方面。

(1) 碳化性：未碳化的全砂土硬化体试件的平均抗压强度是 2.8MPa，碳化 28d 后，全砂土硬化体试件残余平均强度为 0.7MPa，可见其抗压强度损失 75%。全砂土固结材料的胶凝产物是水化硅酸钙，提高全砂土胶凝剂含量，这些胶凝物质的强度高且性能稳定，不易受风化作用的影响，全砂土硬化体碳化后，硬化体强度下降的幅度较小。

(2) 耐酸、碱、盐的稳定性：呈晶体-凝胶网络结构而均匀分布的全砂土固结材料，具有固结细粒级砂土的作用。当掺入细粒级的砂土后，使界面的黏结力增强，硬化体密实性改善，从而抵抗外界侵蚀能力增强。因此，全砂土硬化体对 Na_2CO_3、$MgCl_2$、单倍海水及 NaOH 等侵蚀溶液具有良好的耐侵蚀能力。

(3) 热稳定性能：在温度较低（40℃、60℃、80℃）时，失水率很小，当温度升到 110℃以上时，失水率有增长的趋势；但失水率变化不大。

(4) 抗冻性能：全砂土硬化体的抗冻性能在很大程度上取决于硬化体的抗渗性，全砂土硬化体所具有的高密实度及其优良抗渗性使其具有良好的抗冻性能。

9.5.3.4　赤泥

赤泥胶结充填剂是利用赤泥的活性，研究开发出的一种低成本和优良性能胶结材料。各种氧化铝生产工艺中的原料均经过配料、熟料煅烧及细磨浸出。赤泥中均含有硅酸钙等水硬性矿物，都具有潜在的水硬活性，可以由碱性激化剂石灰（CaO）和酸性激化剂石膏（$CaSO_4 \cdot 2H_2O$）激化其活性而产生凝固强度。由于赤泥溶出工艺的差异，混联法赤泥粒径较烧结法赤泥粗，沉降脱水较快。

由于烧结法特殊的生产过程，从而使赤泥的化学成分、颗粒级配及物理力学性能等方面具有许多特点，其中赤泥的潜在水硬活性是最具利用价值的特性之一。针对赤泥的潜在活性特点及物理特性，可采用加热活化、添加活性激化剂等方法，使赤泥的活性得到激化和提高。其中添加活性激化剂的方法对矿山充填更具重要意义，它可使赤泥不经煅烧而直接加以利用。同时，由于矿山充填时充填料均以浆状输送至井下，含有一定水分的赤泥可满足技术要求，可省去热耗大、成本高的烘干过程。

赤泥活性激化剂使赤泥中原存在的自由水转变为结晶水、胶凝水，最终使赤泥胶结硬化。正是由于赤泥的上述物理化学特性，构成了被开发为矿山充填用胶结剂的技术基础。

赤泥胶凝材料由两组强度性能与工作性能较优的赤泥胶凝材料配制而成。

第一组的主要成分为赤泥与石灰，以石灰作为赤泥活性的激化剂。这种赤泥胶凝材料的配比简单、加工及原料成本较低。一般在加入粉煤灰作为掺和料后直接用来作为矿山胶结充填材料，作为胶结剂使用时用量较高，故称为普通赤泥胶结料或普强赤泥。

第二组主要成分为赤泥、石膏、石灰、矿渣，以石膏和石灰作为激化剂。这种赤泥胶凝材料所需原料成分较多，加工成本较高，但其胶结性能更好，用于矿山充填的矿山尾砂混合甚至超过普通 425 号硅酸盐水泥的胶结性能。因此，它可以作为矿山充填的胶结剂，称为高效赤泥胶结料或高强赤泥。

赤泥胶结充填剂的矿山充填性能远优于水泥胶结充填料，主要表现在如下方面。

（1）由于赤泥比表面积大、颗粒内部毛细孔发育，其保水性能好，料浆不脱水浓度低。赤泥全尾砂料浆的不脱水浓度为 58%，比水泥全尾砂料浆 78% 的不脱水浓度降低了 20 个百分点。

（2）由于赤泥含有大量黏粒及胶粒，故料浆稳定性好。赤泥全尾砂料浆在流动性很好的低浓度条件下，也能保证料浆的稳定性，料浆不产生离析，充入空区具有很好的流平性，这一性能对于窄长的充填工作面及缓倾斜工作面的充填接顶具有十分重要的意义。

（3）破坏后的愈合能力强。当赤泥胶结充填体产生微裂破坏后，能愈合而重新获得强度，并且其强度还会继续增长。

9.5.4　充填材料输送

9.5.4.1　充填材料输送方式

充填采矿法的充填技术，按照充填料输送和充填体在采空区的存在状态可以划分为干式充填法、水力充填法和胶结充填法。充填料的形态不同，采用的输送方式也不同，充填料的输送方式有风力输送、水力输送、干式输送、膏体泵输送。

A　块石充填料干式输送

干式输送一般均为块石充填料，大多是通过充填井溜入井下，在井下被矿车或皮带运输机转运充入采场或采空区，采用的动力为重力和机械。

图 9-32 为我国新桥矿的块石干式充填输送系统示意图。

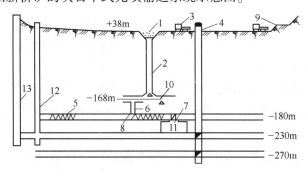

图 9-32　新桥矿块石充填输送系统示意图

1—下料仓；2—块石下料井；3—自卸式汽车；4—措施井；5—副井车场列车；
6—废石分配井；7—充填天井；8—振动放矿漏斗；9—露天边坡；
10—电耙；11—10 号、11 号采空区；12—副井；13—主井

新桥矿使用两步回采的底部漏斗分段空场嗣后充填采矿法。第一步采矿柱，采完后形成人工矿柱；第二步回采矿房，采完后充填空区以控制地压。

充填料用汽车 3 运到下料仓 1，经下料井（溜井）2 溜放到井下 -168m 水平，然后用电耙耙运的方式将充填料耙运到采场充填井（溜井）6，通过放矿漏斗 8 装上矿车，用矿

车将充填料运到采场充填井（溜井）7，然后靠重力充入采场 11，如图 9-37 所示。

充填料的运输方式与充填方式是既有区别又有联系的两个工作过程，充填料的运输方式一定程度上决定着充填方式。

B　颗粒状充填料风力输送

图 9-33 是国外某矿山采用风力输送充填系统的示意图。

充填料从地表采石场运送到破碎站 5，充填料首先用破碎机破碎到块度小于 70mm 的块度，然后经重力或机械运送到风力充填站 8，水泥从地表经竖井 3 靠风力吹到水泥仓 7，然后经过风力充填机将混合后的充填料吹到采场，如图 9-33 所示。按照严格的配比（充填料分级、水分、水泥）可以满足充填体强度的要求。

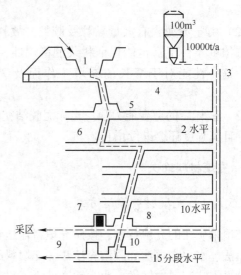

图 9-33　风力充填系统图

1—采石场；2，7，9—水泥储仓；3—竖井；4—通地表运输平巷；
5—破碎站；6—充填料；8，10—中央风力充填站

注意：充填料必须破碎到块度小于 70mm，才能通过储料天井溜放到各中央风力充填站。各充填站均安装有风力充填机。用水泥作胶结剂，从风力充填站沿平巷铺设有固定管道；在采区铺设移动式管道，其直径为 175mm 或 200mm。通过调整配料叶轮的转数、充填料给料量和压缩空气量，适应从充填站至采场工作面的不同距离及管道弯头阻力和不同充填料岩性。风力充填管道长达 370m，如果包括弯头和岔道在内，理论吹送距离可达 600m，此矿从一个风力充填站可以向 17 个采场工作面输送充填料。

C　颗粒状充填料水力输送

水力输送充填料和风力输送充填料基本相同，是将充填料破碎到一定粒径，装入管道依靠水力将充填料输送到采场。如果动力不足，输送中可以添加水泥浆输送砂泵增加动力，完成输送任务。

图 9-34 为澳大利亚芒特·艾萨矿充填料制备系统，该系统既可启用尾砂混合槽 15 制备非胶结充填料，也可启用水泥炉渣搅拌槽 10 和胶结充填料搅拌槽 14 制备水泥炉渣胶结尾砂充填料，还可关闭炉渣料浆储仓 6 而只制备水泥胶结充填料。当制备水泥炉渣胶结充填料时，散装水泥存放入两个 120t 的筒仓 1 中，研磨的炼铜水淬炉渣以 60% 的质量浓度放入有机械搅拌的储仓 6 中。从搅拌槽 14 排出的胶结充填料经过一个双层阀门供给砂泵 16 送入井下充填，双层阀门的作用是使砂泵既能一台单独运转，又可两台同时运转。当只有一台运转时，另一台即可进行冲洗以免胶结充填料在管道内凝结。系统中的控制仪表，对于稳定充填料浆的浓度、提高充填料的质量及充填作业的效率至关重要。

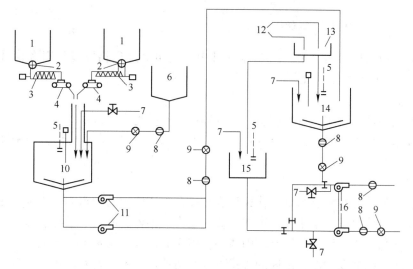

图 9-34　芒特・艾萨矿充填料制备系统示意图

1—水泥筒仓；2—可变速回转阀；3—螺旋输送机；4—皮带秤给料机；5—超声波传感器液面指示仪；

6—炉渣料浆储仓；7—水；8—电磁流量计；9—γ射线浓度计；10—水泥炉渣搅拌槽；

11—V/S水泥浆输送砂泵；12—从一段旋流器组来的尾砂；13—自动取样装置；

14—胶结充填料搅拌槽；15—尾砂混合槽；16—输送充填料的可变速砂泵

D　膏体充填料泵压输送

图 9-35 是铜绿山铜矿的不脱泥尾矿充填系统的工艺流程。来自选矿厂的尾砂浆经过高效浓密机一段脱水，泵入不脱泥尾砂仓储存。充填时，不脱泥尾砂仓内的尾砂进入带式压滤机一段脱水，制成含水 15% 左右的滤饼，经皮带输送机送至双轴叶片式（第一段）和双螺旋（第二段）搅拌机中；炉渣通过圆盘给料机和皮带输送机送至同一搅拌机，水泥经双管螺旋输送机送入双轴叶式搅拌机。尾砂、炉渣、水泥经一段搅拌后制成浓度为 84%~87% 的膏体充填料，由膏体充填泵输送至采场，采用 KSP-80 双缸活塞砂浆泵作为膏体充填泵。

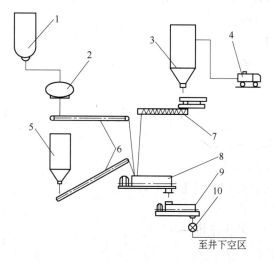

图 9-35　不脱泥尾矿充填系统的工艺流程

1—不脱泥尾矿仓；2—带式压滤机；3—水泥仓；4—水泥罐车；5—炉渣仓；6—皮带机；

7—螺旋输送机；8—双轴叶片搅拌机；9—双螺旋搅拌机；10—双缸活塞泵

9.5.4.2 充填料浆的参数

充填的物料为固液混合物——料浆。其中，固相部分包括胶凝材料和惰性材料（尾砂、河砂等），液相部分是水。

A 密度

固体和液体都是物质，具有质量。单位体积内的质量称为密度。

在国际单位制中，质量以千克（kg）计，体积用立方米（m³）计，则密度的单位是kg/m³。

B 浓度

浓度有体积浓度和质量浓度，体积浓度是指在一定体积的管道内，固体所占的体积与总体积的比率。质量浓度是指在一定体积的管道内，固体所占的质量与总质量的比率。

在固液两相流中，液体的密度较固体小，因而液体的平均速度一般大于固体的平均速度，这样描述体积浓度和质量浓度的方式可以有两种：一种是真实体积浓度和真实质量浓度；另一种是流量体积浓度和流量质量浓度。

观察一小段体积为 V 的管道，其中固体所占的体积为 V_s，液体所占的体积为 V_h。

（1）真实体积浓度：

$$C_V = \frac{V_s}{V} = \frac{A_s l}{Al} = \frac{A_s}{A}$$

式中 C_V——真实体积浓度；

A_s——固体在管道横截面积上所占的截面积，m²；

A——管道横截面积，m²；

l——管段长度，m。

（2）真实质量浓度：

$$C_m = \frac{V_s \rho_s}{V \rho} = \frac{A_s \rho_s l}{A \rho l} = \frac{A_s \rho_s}{A \rho}$$

式中 C_m——真实质量浓度；

ρ_s——固体的密度，kg/m³；

ρ——固液混合物的密度，kg/m³。

（3）流量体积浓度：

$$C_{QV} = \frac{U_s A_s}{UA} = \frac{Q_s}{Q}$$

式中 C_{QV}——流量体积浓度；

U_s——固体的平均流速，m/s；

U——固液混合物的平均流速，m/s；

Q_s——固体体积流量，m³/s；

Q——固液混合物体积流量，m³/s。

（4）流量质量浓度：

$$C_{Qm} = \frac{U_s A_s \rho_s}{UA \rho} = \frac{Q_{mS}}{Q_m}$$

式中　$C_{Q\mathrm{m}}$——流量质量浓度；

　　　$Q_{\mathrm{m}S}$——固体质量流量，kg/s；

　　　Q_{m}——固液混合物质量流量，kg/s。

C　黏性

流体流动时，由于流体与固体壁面间存在附着力、流体本身之间存在分子运动和内聚力，致使流体各处的流速发生差异，不同速度流层之间会受到相互制约，从而产生类似固体摩擦过程的力，称为内摩擦力。流体流动时产生内摩擦力的这种性质称为流体的黏性。

由于流体具有黏性，当流体发生剪切变形时，流体内就会产生阻滞其变形的内摩擦力。可见，黏性实际上是一种表征流体抵抗剪切变形的能力。

对于固液两相流来说，固体物料的化学成分和物理性质都会对两相流的黏性产生影响。固相成分、粒度和浓度不同，其黏性也不同。固体颗粒加入到流体中，会使两相流体的黏性增加。其原因有两个方面：一是两相流中流体与固体颗粒间的接触表面增加的结果，势必使流动中的两相流中流体的内摩擦力增大；二是固体颗粒还会使两相流体的相界面增加，分子力的作用会使固体颗粒表面产生分子吸附水层，层内液体分子受到很高的分子作用力，使层中液体的黏性比普通水（自由水）大很多。一般认为，当两相流体处于水力输送状态时，固体颗粒在水力作用下悬浮流动，液流的切变率与切力的关系呈线性，其黏性系数接近于常数，把这种两相流体称为牛顿流体；当两相流体呈塑性结构流体时，即固体颗粒相互之间在流动过程中几乎不发生相对位移，液流的切变率与切力的关系表现出非线性特性，把这种两相流体称为非牛顿流体。

9.5.5　充填体的作用

采场充填也属于人工支护的范畴，其目的在于维护采场围岩的自身强度和支护结构的承载能力，防止采场或巷道围岩的整体失稳或局部垮冒。在深部开采的特殊环境下，充填采矿法对于岩爆、高温、采场闭合等灾害有重要的抑制作用，随着开采深度的增加、矿产品价格越来越高，充填采矿法的比重会逐渐加大，也会越来越受到重视。

9.5.5.1　充填体的支护作用

对于充填体的支护作用（见图9-36），布雷迪和布朗认为有下列三种类型。

（1）表面支护作用。通过对采场边界关键块体的位移施加运动约束，充填体可以防止在低应力条件下开挖空间周围岩体的渐进破坏。

（2）局部支护作用。由邻近的采矿活动引起的采场岩体帮壁的准连续性刚体位移，使充填体发挥被动抗体的作用。作用在充填体与岩体交界面上的支护压力，允许在采场周边产生很高的局部应力梯度。实践证明，即使小的表面荷载对摩擦型介质中的屈服区范围，也可能产生重大的影响。

（3）总体支护作用。如果充填体受到适当的约束，它在矿山结构中可以起到一种总体支护构件的作用。也就是说，在岩体与充填体交界面上采矿所诱导的位移将引起充填体的变形，而这类变形又导致了整个矿山近场区域中应力状态的降低。

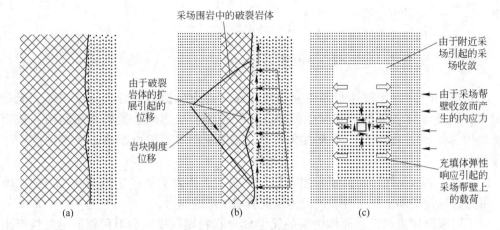

图 9-36　矿山充填支护的作用机理

(a) 低应力区岩体表面块体的运动结果；(b) 在破裂区和节理岩体中产生的局部支护力；

(c) 由充填体受压缩产生的总体支护力

9.5.5.2　充填体与系统的共同作用

于学馥教授提出充填体的三种作用机理。

(1) 应力转移与吸收。充填体进入空区，最初是不受力的，以后随着充填体强度的提高，具备了吸收应力和转移应力的能力，从而也变成了地层"大家族"的成员，参与地层的自组织系统和活动。

(2) 应力隔离作用。充填体对围岩稳定的应力隔离作用有两种情况：一种是隔离水平应力；另一种是隔离垂直应力。

(3) 系统的共同作用。充填体充入地下采场后，由于充填体、围岩、地应力、开挖等共同作用，特别是开挖系统的自组织机能，使围岩变形得到控制，围岩能量耗散速度得以减缓，从而可以有效控制矿山结构和围岩破坏的发展，防止发生无阻挡的自由破坏塌落。充填可减缓围岩能量耗散速度，而围岩系统的能量耗散速度决定着系统稳定性。

9.5.5.3　充填体的充填作用

Kirsten H. A. D. 和 Stacey T. R. 的研究指出，对于维护采场稳定性的作用来说，充填体的功能有多种，支护机理不仅仅是靠充填体压缩所产生的稳定作用。任何一种支护机理单独作用的效果是极小的，但其积累起的作用可大大地影响采场围岩的稳定性。充填体的充填功能主要包括以下几个方面。

(1) 保持顶板岩层的完整性。在顶板岩层因断层、节理和裂隙被切割成结构体的情况下，由于采场形成的临时空面，使得某些结构体具有滑移或冒落的趋向，这些潜在冒落的拱顶岩块称为拱顶石。充填体的重要作用之一是在拱顶石和采场之间提供一种连接，延缓并最终阻止拱顶石移动的任何趋势，从而提高顶板围岩的自身承载能力。在不充填的状况下，可能松动的拱顶石将从顶板自由冒落，从而引起连锁的冒落和塌落而最终导致整个采场失稳。

(2) 减轻地震波的危害。充填体将在地震条件下提供最有意义的连接功能。在没有充填物的情况下，岩爆引起的压缩冲击波将在顶板和底板岩石表面处反射，产生拉应力且趋于将孤立的顶板（或底板）"切断"。充填后与岩石接触的充填料，使冲击波仅在岩石与充填体界面处部分反射，降低了"切断"作用。在短时的动态荷载条件下，松软的充填体还可以起到硬质充填料的作用。

（3）作为节理与裂隙中的填充物。充填时细料将进入上下盘围岩的裂隙和节理中，起到黏结作用。此外，充填料与岩石之间的接触，还能防止在工作面推进时岩层节理遭受曲率逆转所产生的原生细料跑出，促使节理和裂隙闭合，限制拱顶石的松动，提高顶板岩石的稳定性。

9.5.5.4 充填体的综合作用机理

总结上述各种充填体的作用机理，可将充填体作用分为三个层次。

（1）充填体的力学作用机理。充填体充入采场，改变了采场帮壁的应力状态，使其中轴或双轴应力状态变为双轴或两轴应力状态，大大提高了围岩强度，增强了围岩的自支撑能力。因此，充填体不仅起到支撑作用，更重要的是提高了围岩自身强度和自支撑能力。

（2）充填体的结构作用机理。通常岩体中的断层、节理裂隙将岩体切割成一系列结构体，这些结构体的组成方式决定了结构体的稳定状况。地下开挖时，岩体原始的结构体系受到破坏，其本来能够维持平衡和承受载荷的"几何不变体系"变成了几何可变体，导致围岩的连锁破坏，或称渐进破坏。采场充填后，尽管充填体的强度不高、承载时变形大，但是它可以起到维护原岩体结构的作用，使围岩维持稳定，避免围岩结构系统的突变失稳。

（3）充填体的让压作用机理。由于充填体变形远大于原岩体，因此，充填体能够在维护围岩系统结构体系的情况下，缓慢让压，使其围岩地压能够缓慢释放，限制了能量释放的速度；同时，充填体施压于围岩，对围岩起到一种柔性支护的作用。

9.5.5.5 充填体作用的综合表述

综合上述充填体的作用机理，可以把充填体作用表述如下。

（1）有效的支撑和控制矿山地压。采空区经充填材料充填以后，由于充填体围压的作用，从而有效地控制了矿山地压，限制了地表移动和沉陷，能对地表建筑物和河流等起到较好的保护作用。

（2）充填体的隔离作用。胶结充填体或带混凝土隔墙的充填体，在间柱回采时，可避免矿房上下盘及上阶段废石涌入间柱采场，使间柱的回采工作面得到安全保障，降低间柱回采贫化与损失指标；充填体能支撑与隔离自燃发火矿石，防止冒落、破碎、发热，防止内因火灾的发生；充填体能隔离放射源，减轻放射性污染对人体的危害。

（3）采矿环境再造功能。在采用上向采矿的充填采矿方法中，充填体作为继续上采的工作台，为回采前出矿、凿岩、支护创造了良好的工作环境。在采用下向采矿的充填采矿方法中，充填体作为再生顶板，为继续向下采矿创造了安全的工作空间，改善了工作环境，提高了工作效率。

―――― **本 章 小 结** ――――

近年来，由于回采工作应用了高效率的采装运设备，充填工作实现了管路化、自动化，并广泛使用选矿厂尾砂做充填料，使充填采矿法变成效率较高、成本较低、矿石损失与贫化小、作业安全的采矿方法；特别是对于围岩和地表需要保护、地压大、有自燃火灾危险、矿体形态复杂的高品位或贵重金属矿床，充填采矿法的优越性更为突出。因此，这种采矿方法的应用范围不断扩大。实践表明，充填法在回采过程中可密实充填采空区，对于维护围岩，防止发生大规模的岩层移动，减缓地表下沉，都有显著的作用。这种作用，在深部矿床开采时，尤为突出。

　　充填采矿法在回采时期，虽然增加了充填工序，显得比较复杂，但矿床回采之后，为安全有效地回采矿柱，创造了极为有利的条件。高回采率和低贫化率，以及以后无须再行处理采空区等，都弥补了由于充填而增加的费用。这一点对于高品位的富矿或贵重和稀有矿石，更加明显。

　　目前，充填采矿法进一步改进的途径是：实现辅助作业的机械化，完善胶结充填的输送方法，提高充填体的强度，实现充填采矿法的连续回采作业（一步回采），简化水力充填工艺等。可以预计，随着采矿技术的进步，高效率设备的应用，回采工艺机械化和自动化程度的提高，充填采矿法必将获得更为广泛的应用。同时，由于胶结充填技术完善的结果，各种类型的支架采矿法或支架充填法的使用范围，将会逐渐减少，甚至完全被胶结充填采矿法所代替。

复习思考题

9-1　什么是充填采矿法，充填采矿法有哪些主要采矿方案？

9-2　上向分层充填法的应用条件是什么？

9-3　下向分层充填法的应用条件是什么？

9-4　比较全面法与壁式单层充填法的特点与区别，各自的应用条件是什么？

9-5　比较留矿法与上向分层充填法的区别与应用条件。

9-6　比较留矿法与分采充填法的区别与应用条件。

9-7　充填体的作用体现在哪些方面？

9-8　常用的充填材料有哪些？

10 崩落采矿法

崩落采矿法是一种国内外广泛应用的、高效率的、能够适应多种矿山地质条件的采矿方法。据统计，我国重点地下铁矿山中有 94.1%、重点地下有色金属矿山中有 44.4% 采用崩落采矿法开采，化工原料地下矿山中崩落法占 35.7%，铀矿山地下开采崩落法占 26.3%。国外矿山地下开采崩落法所占比重也较大。

崩落采矿法控制采场地压和处理采空区的方法是随着回采工作的进行，有计划、有步骤地崩落矿体顶板或下放上部的覆盖岩石。落矿工作通常采用凿岩爆破方法，此外还可以直接用机械挖掘或利用矿石自身的崩落性能进行落矿。崩落采矿法的矿块回采不再分为矿房与矿柱，故属于单步骤回采的采矿方法。由于采空区围岩的崩落将会引起地表塌陷、沉降，所以地表允许陷落成为使用这类方法的基本前提之一。

崩落采矿法根据矿石是否在上部崩落废石覆盖下放出，分为围岩崩落采矿法与矿石围岩崩落采矿法两种。前者，矿石在空场情况下搬运出采场；后者，矿石在上部崩落松散废石覆盖下放出。因此，对于后者如何预测和控制放矿的损失与贫化是重要问题。

对于空场法和充填法，围岩不稳会给开采造成困难；而对于崩落法则相反，围岩易崩落反而有利于开采。

根据采场回采时的特点和采场结构布置的不同，崩落采矿方法可分为以下五种：

(1) 单层崩落采矿法；

(2) 分层崩落采矿法；

(3) 有底柱分段崩落采矿法；

(4) 有底柱阶段崩落采矿法；

(5) 无底柱分段崩落采矿法。

其中，(1) 和 (2) 属于围岩崩落采矿法，(3)~(5) 属于矿石围岩崩落采矿法。

10.1 单层崩落采矿法

单层崩落采矿法是开采缓倾斜中厚以下顶板不稳固矿体的一种采矿方法。它的特点是矿体全厚作为一个分层（单层）回采，随工作面的推进，有计划地崩落顶板岩石，借以充填处理采空区和降低工作面地压。

根据工作面形状和尺寸等的不同，单层崩落采矿法可分为长壁式、短壁式、进路式、柱式与房柱式等方案。

10.1.1 单层长壁式崩落采矿法

单层长壁式崩落采矿法简称为长壁法，图 10-1 为这种方法的典型方案。

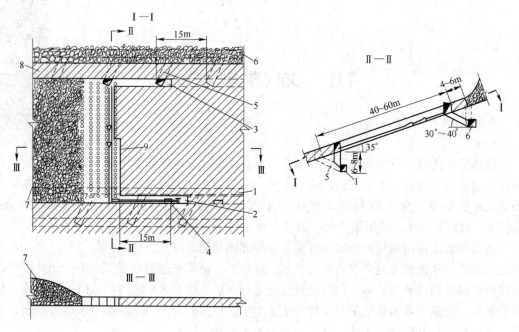

图 10-1　单层长壁崩落采矿法

1—脉外运输巷道；2—切割拉底巷道；3—脉内回风巷道；4—小溜井；5—人行通风材料斜井、安全出口；
6—脉外回风巷道；7—放顶区；8—矿柱；9—长壁工作面

10.1.1.1　构成要素

构成要素矿块斜长主要根据顶板稳固情况及运搬设备有效运搬距离而定，通常为 30~60m，如用电耙运搬则不大于 60m，顶板很不稳固时还可适当缩短。阶段沿走向每隔一定距离，用切割上山划分成矿块，其长度一般不大于 200m；当矿山年产量大、断层多、矿体沿走向赋存条件变化大时，取小值。在阶段之间，矿块的上部有时留永久矿柱或临时矿柱，斜长为 4~6m，当矿石的稳固性差、地压大时，取较大值。

10.1.1.2　采准与切割

（1）阶段运输平巷。在矿体内或下盘围岩中掘进，有双巷与单巷两种形式，如图 10-2~图 10-4 所示。

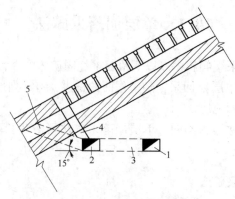

图 10-2　下盘脉外双巷的采准布置

1—阶段运输平巷；2—装矿平巷；3—联络巷道；4—小溜井；5—材料人行斜巷兼做安全出口

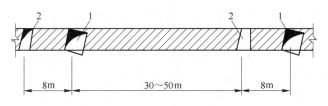

图 10-3　脉内双巷的采准布置
1—阶段运输平巷；2—通风平巷兼做安全出口

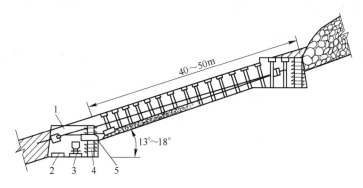

图 10-4　脉内双线单巷布置
1—分段采矿平巷；2—调车线路；3—装车线；4—混凝土块垛；5—铁板装矿溜子

在单层崩落法中，脉外采准比脉内采准布置有许多优点，可开采多层矿体，通风条件好，巷道维修费用低，运输条件好等；但较脉内采准的工程量大，若按掘进体积数统计工作量，则相差不大。

（2）切割上山。用来拉开最初的工作面，一个矿块一个，一般布置于矿块的一侧（也可以布置于矿块中央）。上山宽度通常为 2~2.4m，高度等于矿层厚度，最小不低于 0.8m。

（3）小溜井与安全出口。从脉外运输平巷每隔 15~20m 向切割巷道掘进小溜井，与回采工作面连通，以备出矿。安全出口与小溜井间隔布置。

（4）切割拉底巷道与脉内回风巷道。随着长壁工作面推进而掘进，但必须超前 1~2 个小溜井或安全出口的间距，以便通风和人行。

10.1.1.3　回采工作

矿块回采工作的回采工艺循环主要由落矿、通风、运搬、支柱、架设密集切顶支柱、回柱放顶等工序组成，后三个工序可合称为顶板管理。当前四个工序使工作面推进到一定距离后，进行一次回柱放顶。

由于回采工序多，若工作面推进距离小，一次落矿量少，各工序多次重复变换，会严重影响工作面劳动生产率和采矿强度的提高，并给劳动组织及安全生产带来困难。因此，只要顶板稳固程度允许，应加大每次工作面推进距离，以提高劳动生产率及采矿强度。

（1）落矿：一般用浅孔爆破法。当矿体厚度为 1.2m 以下时，炮孔呈三角形排列；矿体厚度为 2m 或 2m 以上时，炮孔呈"之"字形或梅花形排列。孔间距 0.6~1m，边孔距顶底板 0.1~0.25m，沿走向一次推进距离为 0.8~2.5m。根据顶板稳固程度，可沿工作面全长一次落矿，但推进的距离应为实际采用支柱排距的整数倍。

（2）运搬：多用 14~28kW 电耙，耙斗容积为 0.2~0.3m³，可分两段耙矿：工作面电耙将矿石耙至拉底巷道后，再由另一电耙耙到小溜井中。为提高效率，可用两个箱形耙斗串联耙矿。矿石较轻而软的，可用链板运输机辅以人工装矿来运搬。

（3）顶板管理：这是保证壁式崩落法进行正常生产极为重要的工艺。许多矿山管理认为，长壁式顶板压力显现规律基本符合悬臂梁地压假说。根据龙烟铁矿在倾角 30°顶板不稳固的矿层中回采时，对顶板压力的试验和压力活动规律的观测，有如下认识：

顶板压力沿长壁倾斜工作面上的分布，其最大值集中于距顶柱 2/3 的地段，如图 10-5 所示。直接顶板压力在悬顶距内，距工作面越远压力越大，如图 10-6 所示。

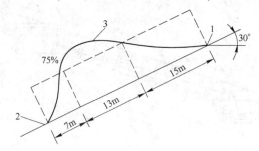

图 10-5　沿倾向顶板压力曲线图
1—安全出口处（或顶柱）；2—小溜井处（或底柱）；3—顶板压力曲线

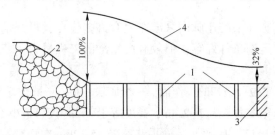

图 10-6　沿走向顶板压力曲线
1—采场支柱；2—放顶区；3—工作面；4—顶板压力曲线

工作面的压力随悬顶时间的延长而增加。回采时应采取措施，尽可能加快工作面的推进速度，特别是开采顶板不太稳固的矿层，加快工作面推进速度，对顶板管理、安全生产、劳动生产率与坑木回收率的提高，都是十分重要的。

开采空间顶板一般用木支护，崩落的矿石运走后，即应迅速用有柱帽的立柱［见图 10-7（a）］、丛柱（二合一或三合一的）或棚子支柱（见图 10-8）支护顶板。工作面的支柱应沿走向成排架设，以利耙矿。支柱的直径为 18~20cm，支柱排距一般为 1~2m，支柱沿倾斜间距为 0.7~1m。工作面支柱的作用是防止工作空间顶板冒落。为此，柱帽可交错排列，柱帽长度 0.8m 左右，如图 10-7（b）所示。为适应地压特征，要求支柱具有一定的刚性和可缩性。为保证支柱的刚性，要求立柱与柱帽全面吻合，且要打柱窝，楔紧，如图 10-7（a）所示。立柱应与矿层垂直厚度方向偏离 5°~10°，如图 10-7（c）所示。为使立柱具有可缩性，除加柱帽外，还要削尖柱脚。当顶板岩石比较破碎而不稳固时，采用棚子支架，常用的有一梁二柱和一梁三柱，如图 10-8 所示。

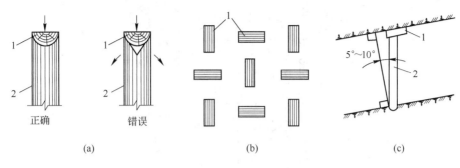

图 10-7 有柱帽立柱支护

1—柱帽；2—立柱

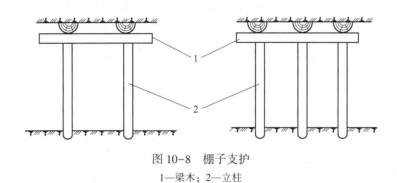

图 10-8 棚子支护

1—梁木；2—立柱

随着长壁工作面的不断向前推进，顶板岩石的暴露面积越来越大，长壁工作面立柱所受的压力也越来越大。为了减小工作面的压力，保证安全和回采工作的正常进行，并且也是为了处理采空区，在长壁工作面推进一定距离后，将靠近崩落区的一部分支柱撤回，有计划地放落顶板岩石，这就是放顶。

放顶前，长壁工作面顶板沿走向暴露的宽度，称为悬顶距；每次放落顶板的宽度，称为放顶距；放顶后，长壁工作面上保留能正常作业的最小宽度称为控顶距。悬顶距为放顶距与控顶距之和，如图 10-9 所示。一般控顶距不小于 2m，悬顶距不大于 6~8m。

放顶时，应将放顶线上的支柱加密，且不加柱帽，以增加其刚性，确保顶板能沿预定的放顶线折断。密集支柱的作用在于切断顶板（密集支柱也称为有切顶支柱），并阻止冒落的岩石涌入工作面。

放顶线上的密集支柱安设好后，即用回柱绞车（一般安设在上部）将放顶区内的支柱自下而上、由远而近地撤除。密集切顶支柱中每隔 3~5m 要留出 0.8m 的安全出口，以便回柱人员撤离。矿体倾角小于 10°时，撤柱的顺序不限。如果放顶时顶板很破碎，压力很大，回柱困难时，则可用炸药将支柱崩倒，或用绞车拉倒。若撤柱后顶板岩石不能及时崩落，或者虽能自行冒落但其冒落厚度不足以充填采空区时，则应在密集支柱外 0.5m 处向欲放顶区开凿倾角为 60°的放顶炮孔，爆破后强制其崩落。

单层长壁式崩落法顶板管理的数据，见表 10-1。

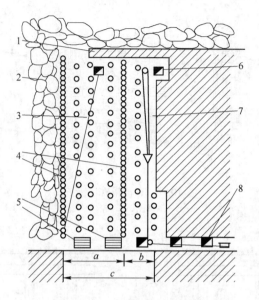

图 10-9　放顶工作示意图

a—放顶距；*b*—控顶距；*c*—悬顶距；

1—顶柱；2—崩落区；3—撤柱绞车钢绳；4—密集切顶支柱；5—已封溜井；6—安全出口；7—长壁工作面；8—溜井

表 10-1　单层长壁式崩落法顶板管理数据

名　　称		庞家堡铁矿	焦作黏土矿	王村铝土矿	明水铝土矿
木支柱	直径/mm	180~220	180~200	180~200	150~200
	排距/m	1.4~1.8	1~1.2	1.2	1.2
	间距/m	0.7~1.0	1~1.4	1.0	0.8
	柱　帽	沿走向放置	沿走向一梁二柱	沿走向	沿走向
悬顶距/m		6~10	4.5	4.8	4.8
控顶距/m		2~4	1.5	3.6	3.6
放顶距/m		4~6	3	1.2	1.2
回柱绞车功率/kW		15	20	15	15

（4）矿块的通风：新鲜风流从本阶段运输平巷经超前于工作面的小溜井进入工作面，污风从材料人行斜巷排至上阶段运输平巷（脉外回风巷道）。

10.1.1.4　长壁法评述及应用

A　评价

单层长壁式崩落采矿法优点：

（1）长壁式工作面的巷道布置简单，便于实现机械化，工作面工效较高；

（2）有可能选别回采和手选，将废石弃于采空区，降低贫化率；

（3）脉外采准时，通风条件好；

（4）采空区处理及时，费用低。

单层长壁式崩落采矿法缺点：

（1）回采工艺比较复杂；

（2）矿体地质条件复杂时安全性较差。

B 适用条件

单层长壁式崩落采矿法的适用条件如下：

（1）顶板岩石不稳固至中等稳固，矿石稳固性不限；

（2）最宜于开采厚度为 0.8~4m 的水平、缓倾斜（倾角小于 35°）的规则矿体；

（3）地表及围岩允许崩落。

C 主要技术经济指标

我国应用单层长壁式采矿法几个矿山的主要技术经济指标，见表 10-2。

表 10-2 长壁式崩落采矿法的主要技术经济指标

名 称		庞家堡铁矿	焦作黏土矿	王村铝土矿	明水铝土矿
矿块生产能力/t·d⁻¹		143~217	60~100	160~240	160~200
工作面工效/t·(工·班)⁻¹		5.8	4~5.5	5.0~5.3	4.5
采切比/m·kt⁻¹		20~40	20~40	8	10~20
矿石贫化率/%		4.6		5	5
矿石损失率/%		26.4	17	17	10
坑木	回收率/%	34.6	80	70	80~90
	复用率/%	24.5	60		
材料消耗	炸药/kg·t⁻¹	0.3~0.4	0.00224	0.16~0.17	0.15~0.18
	雷管/个·t⁻¹	0.4	0.08	0.3~0.36	0.4
	导火线/m·t⁻¹	1.0		0.4~0.52	0.6
	硬质合金/g·t⁻¹	0.319~0.563			
	钎子钢/kg·t⁻¹	0.038~0.063			0.05~0.06
	坑木/m³·t⁻¹	0.007~0.011	0.0125	0.009	0.008~0.01

10.1.2 单层短壁式与进路式崩落采矿法

当开采顶板岩石稳固性很差，或底板起伏变化很大的矿体时，可沿倾向用分段平巷或沿走向用切割上山将采区进一步分成许多小方块，把长壁式工作面缩短，加快出矿，以减少顶板暴露面积和时间，这就形成了短壁式崩落采矿法，如图 10-10 所示。短壁工作面上的作业与长壁式崩落法相同，只是上部短壁面的矿石经下部短壁面或者经分段平巷、切割上山运至阶段运输平巷。

有些矿山的实践证明，只有当短壁工作面相互超前一定距离后，才能有效地减小地

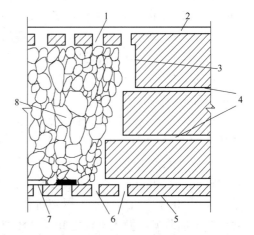

图 10-10 短壁式崩落采矿法

1—安全口；2—回风巷道；3—短壁工作面；4—分段巷道；
5—运输巷道；6—矿石溜子；7—隔板；8—崩落区

压，但又给通风和运输造成困难。

当顶板压力很大以致短壁工作面也无法应用时，则自分段巷道或切割上山向两侧或一侧用进路（采矿巷道）回采。进路回采工艺近似于巷道掘进工艺，进路中用棚子支护。若地压很大，还可在进路靠近放顶区一侧留临时矿柱加强支护。每采完一条进路后，即进行放顶工作，如图 10-11 所示。

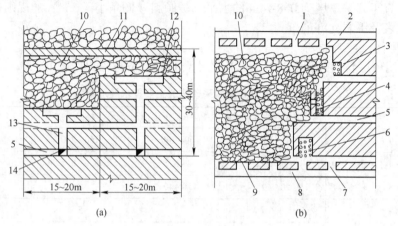

图 10-11　进路式崩落采矿法

（a）自上山向两侧回采进路；（b）自分段平巷回采进路

1—安全口；2—回风巷道；3—窄进路；4—临时矿柱；5—分段巷道；6—宽进路；7—矿溜子；
8—运输巷道；9—隔板；10—崩落区；11—顶柱；12—工作面；13—上山；14—矿石溜井

短壁式与进路式崩落法的采场生产能力和劳动生产率都较低；独头进路工作面只有一个出口，安全与通风条件不佳；留临时矿柱，又加大矿石损失率。所以，只有在条件限制不能采用其他更好的采矿方法时，才使用这两种方案。

10.1.3　单层长壁工作面综合机械化崩落采矿法

柱式长壁工作面回采采矿法生产能力大，机械化条件好，采矿效率高，经济效益好，如图 10-12 所示。该法沿走向布置盘区运输平巷，沿倾斜方向每隔 30~50m 掘进回采巷道，两条回采巷道之间的矿体就是所谓的长壁柱。长壁工作面落矿可以用凿岩爆破或联合采矿机，运搬采用电耙或运输机。根据工作空间支护方法不同，分为两种方案：立柱（木质的或金属的）和全液压掩护支架。立柱方案生产能力小，全液压掩护支架生产能力大，现以某锰矿为例介绍。

坚固的锰矿石需要凿岩爆破方法落矿，为此该矿制造了专用综采机组。它由移动式全液压掩护支架（见图 10-13）、工作面刮板运输机、联合采矿机和皮带转载机组成。

全液压掩护支架由多个单节支架组成，每节包括工作面液压立柱 1、升降液压柱 2、护顶板 3、移动液压缸 4、隔离板 5、挡护板 6。挡护板 6 悬挂在立柱 1 上，可操纵自由移动，如图 10-13（a）所示。爆破前将它伸出，挡护刮板运输机，减轻刮板机的启动负荷，并可防止崩落矿石抛入支柱之间，打坏液压管路，妨碍以后支架移动，加大矿石损失。挡护板 6 上有许多孔，用以消除爆破冲击波。

整个长壁工作面凿岩完毕后，全液压掩护支架连同刮板运输机 7 整体移向工作面，掩

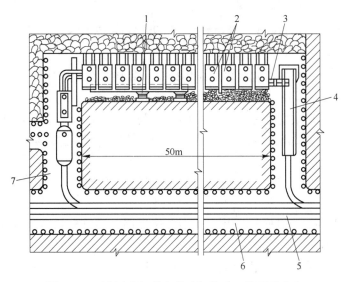

图 10-12 液压支架联合采矿机长壁工作面采矿法

1—联合采矿机装载；2—单节液压支架；3—刮板运输机；4—转载机；

5—铁轨；6—盘区运输平巷；7—通风巷道

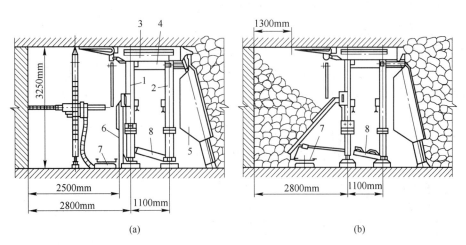

图 10-13 掩护支架在工作面的状态

（a）移动前（出矿后）；（b）移动后（出矿前）

1—液压立柱；2—升降液压柱；3—护顶板；4—液压缸；5—隔离板；

6—挡护板；7—运输机；8—液压缸

护支架后面顶板冒落，挡护板 6 借助液压缸 8 伸向前方。崩落矿石堆积在长壁工作面底板和挡护板上，随着挡护板升高，矿石落入刮板运输机，底板残留矿石的装载和工作面清理可采用联合采矿机。

刮板运输机及皮带转载机的设计生产能力相等，矿石经铁道运输至井底车场。

当矿石松软时联合采矿机上装有切割头，可以直接落矿和装载。工作面长度 50m 时，回采工作面生产能力可达 600~800t/d，比机械化进路式采矿高 2~3 倍，回采工作成本低 30%~40%。

10.2　有底柱分段崩落采矿法

有底柱分段崩落采矿法在我国矿山应用较广，其特点有：

（1）阶段内矿块不再分为矿房与矿柱，沿矿体走向按一定顺序，以一定的步骤连续回采；

（2）在高度上将矿块划分为若干个由 8~15m 至 25~40m 的分段，自上而下依次开采；

（3）落矿前一般需在崩落层的下部或侧面开掘补偿空间，进行自由空间爆破，或小补偿空间挤压爆破；

（4）在回采过程中，围岩自然地或强制地崩落填充采空场，放矿是在崩落的覆盖岩石下进行；

（5）各分段下部均留有底柱，并在其中开凿专门的底部结构承担受矿、储矿、放矿、运搬及二次破碎等任务。

分段是较大的开采单元，回采时需将它进一步划分为采场（一般一条电耙巷道负担的出矿范围称为一个采场）。采场的布置方式主要取决于矿体厚度、倾角。在急倾斜矿体中，矿体厚度小于 15m 时，采场沿走向布置；大于 15m 时，垂直走向布置在缓倾斜、倾斜的中厚矿体中。根据倾角大小，采场可沿倾向或沿走向布置成单一分段。

有底柱分段崩落法的方案很多，可以按爆破方向、爆破类型及炮孔类型加以划分和命名，也有按放矿方式划分的。

（1）按爆破方向可以分为水平层落矿方案、垂直层落矿方案与联合方案。

（2）按爆破类型分为自由空间落矿方案和挤压爆破落矿方案；后者又可分为向相邻采场松散矿岩挤压落矿（简称侧向挤压落矿）及向切割槽（井）挤压落矿方案（小补偿空间挤压爆破）。

（3）按落矿炮孔又可分为深孔与中深孔等方案。

（4）按放矿方式可分为底部放矿与端部放矿。

10.2.1　主要方案

10.2.1.1　水平层深孔落矿有底柱分段崩落法

易门狮山铜矿水平层深孔落矿方案，如图 10-14 所示。

（1）构成要素。阶段高度 50m；分为两个分段，分段高度 25m；分段底柱高 5~6m，电耙巷道（采场）垂直走向布置，间距 10m。

（2）采准切割巷道布置。在阶段水平沿矿体上下盘分别开道运输平巷，间隔 60~80m。用穿脉巷道连通，构成环行运输系统。在各分段运输水平，沿矿体均开有上、下盘脉外分段联络巷道 1、3，其间每隔 10m 用电耙巷道 2 连通。各电耙巷道的垂直溜井均直通上盘沿脉运输巷道。沿矿体走向每隔 300m 左右布置人行、材料、进风和回风天井，与各分段上、下盘联络道连通。

电耙道采用密集支护。为便于架设支柱，斗穿对称式布置，间距 5m，垂直走向连通斗颈形成拉底巷道 6。拉底巷道间留有临时矿柱。在两采场中央利用一个斗颈上掘凿岩天井（净断面 1.8m×1.8m）与上分段（阶段）巷道贯通。沿凿岩天井每隔 6~7m 开凿一个凿岩硐

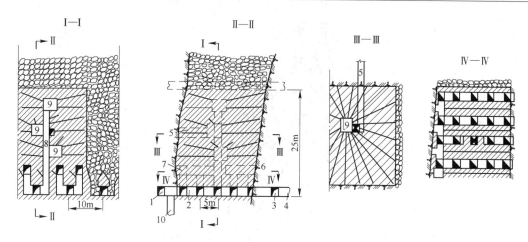

图 10-14 易门狮山铜矿水平层深孔落矿方案

1—上盘分段联络道；2—电耙巷道；3—下盘分段联络道；4—回风道；5—凿岩联络道；
6—拉底巷道；7—拉底硐室；8—凿岩天井；9—凿岩硐室；10—采场小溜井

室 9（3.6m×3.6m×3m），上下硐室交错布置。凿岩天井与硐室位置的选择应保证炮孔布置均匀，且位于矿岩较稳固处，并便于和上阶段贯通，以创造良好的通风条件。

（3）回采。凿岩采用 YQ-100 型钻机。在每个硐室内布置 2~3 排 5°~20°的扇形深孔，最小抵抗线 3~3.5m，炮孔密集系数为 1~1.2。炮孔直径为 105~110mm，孔深一般不超过 20m。在临时矿柱中打水平拉底深孔。当矿体厚度大于 30m 时可开两个凿岩天井。两个采场及临时矿柱的拉底深孔同期分段爆破。耙运层以上的巷道，作为爆破补偿空间，为崩落矿石体积的 15%~20%。由于耙运层上部所有巷道的空间小于自由空间爆破所需要的补偿空间，因此崩落矿石的松散系数也较小，与限制空间挤压爆破类似。出矿采用 28kW 或 30kW 电耙绞车。

10.2.1.2 垂直层中深孔切割井落矿有底柱分段崩落法

以胡家峪铜矿为例，垂直深孔落矿有底柱分段崩落法如图 10-15 所示。

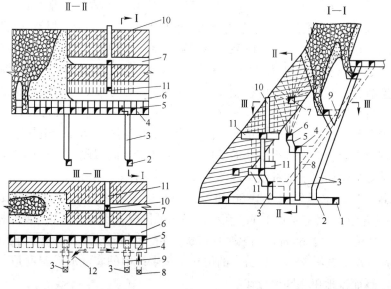

(a)

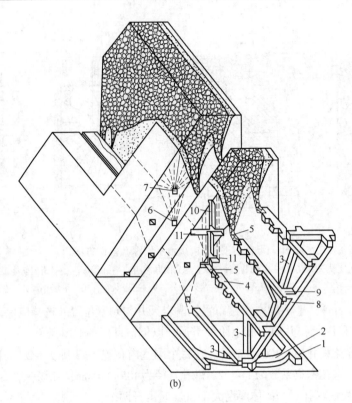

(b)

图 10-15 垂直深孔落矿有底柱分段崩落法

（a）三面投影图；（b）立体图

1—阶段沿脉运输巷道；2—阶段穿脉运输巷道；3—矿石溜井；4—耙矿巷道；5—斗颈；
6—堑沟巷道；7—凿岩巷道；8—行人通风天井；9—联络道；10—切割井；
11—切割横巷；12—电耙巷道与矿石溜井的联络道（回风用）

（1）构成要素。阶段高 50~60m；采场沿走向布置，其长度与耙运距离一致，为 25~30m；分段高度 10~13m；在垂直走向剖面上每个分段开采矿体范围近于菱形。

（2）采准与切割。阶段运输水平采用穿脉装车的环行运输系统，穿脉巷道间距 25~30m。

在下盘脉外布置底部结构，一般采用单侧堑沟受矿电耙道，斗穿间距 5~5.5m，斗穿、斗颈规格均为 2.5m×2.5m，堑沟坡面角 60°。上两个分段用倾角 60°以上的溜井及分支溜井与电耙道连通，下两个分段采用独立垂直溜井放矿。在分段矿体中间部位设专门凿岩巷道并用切割井与堑沟拉底巷道连通。每 2~3 个矿块设置一个进风人行天井，用联络道与各分段电耙绞车硐室连通。每个矿块的高溜井均与上阶段脉外运输巷道贯通，并用联络道与各分段电耙道连通，兼作各个采场的回风井。采场沿走向每隔 10~12m 开凿切割井和切割横巷，以保证耙运层以上的补偿空间体积达 15%~20%。

（3）回采。凿岩主要采用 YG-80 和 YGZ-90 型凿岩机。扩切割槽的最小抵抗线为 1.6~1.7m，孔底距为 (0.5~0.7) W。落矿的最小抵抗线 W 为 1.8~2m，炮孔密集系数为 1~1.1。最终孔径一般不大于 65mm，孔深 10~13m。切割槽与落矿炮孔同期、分段起爆。

出矿采用 30kW 电耙绞车和 0.3m³ 的耙斗。在生产中的实际放矿制度是：首先由近而远，然后再由远而近地单斗顺序放矿。

为了减少放矿时的废石混入，阻止崩落废石过快落入耙巷，可在崩落矿岩接触带设法形成一个细碎矿石隔层（崩落废石块度则较大）。有的矿山采取减小上部炮孔孔底距的措施，由一般的 2.3~2.8m，减小到 1.5~1.8m，爆破后在矿岩接触面处形成 5m 左右的细碎矿石隔层，可使矿石贫化率下降到 5.2%，如图 10-16 所示。

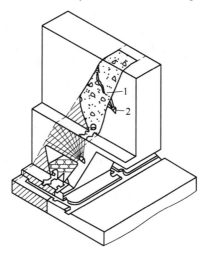

图 10-16 分段崩落法加密炮孔示意图
1—细碎矿石隔层；2—凿岩巷道

10.2.1.3 端部放矿有临时底柱分段崩落法

端部放矿方案如图 10-17 所示。

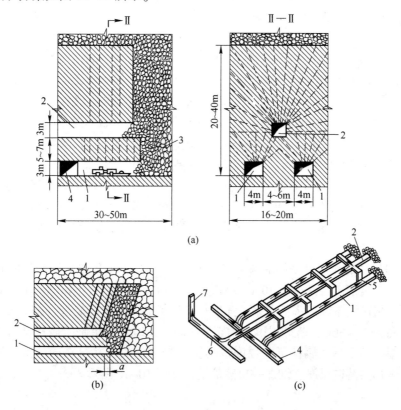

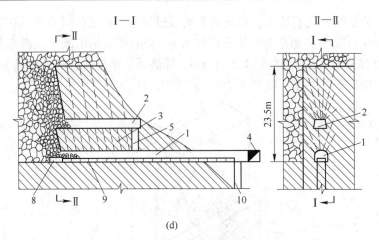

图 10-17　端部放矿有临时底柱分段崩落法
(a) 采场有两条回采运搬巷道垂直层落矿方案；(b) 倾斜层落矿方案；
(c) 采场通风；(d) 采场有一条回采运搬巷道方案
1—回采（运搬）巷道；2—凿岩巷道；3—临时底柱；4—分段巷道；5—通风小井；
6—通风巷道；7—通风天井；8—振动给矿机；9—振动运输机；10—采场溜井

（1）特点。分段高 20m 左右，采场宽 7~20m。在采场底部根据采场宽度不同掘进 1~2 条回采（运搬）巷道，在回采巷道上部 8~10m 处掘进凿岩巷道，上下两层巷道之间留有临时底柱。在临时底柱掩护下，在回采巷道端部底板上直接进行采场装矿运搬。出矿完毕，随着采场工作面的后退，在临时底柱的端头进行局部爆破。

（2）采准与切割。采用侧向挤压爆破，可省去切割井槽；采用端部放矿，无须掘进斗穿、斗颈和进行扩漏，故可大幅度降低采准与切割工程。因有专用凿岩巷道，凿岩和运搬可平行作业，并且有利于回采巷道岩体的稳固，还可以从根本上改善工作面通风。

（3）回采。采用垂直层和倾斜层扇形侧向挤压深孔落矿，倾斜层倾向崩落区的倾角大于 65°。采用潜孔凿岩机凿岩，炮孔直径为 100~110mm，崩矿步距 2~7m。临时底柱落矿采用中深孔，孔径 75mm。当分段高大于 20m 时，落矿层厚也比较大，随着放矿后退临时底柱的落矿可分为 2~3 次。运搬可采用无轨装运设备，将矿石运至采场溜井，如图 10-17 (d) 所示。采用振动运搬设备时，采场每次爆破两排深孔（5m），微差起爆。临时底柱爆破后临时矿柱护檐长为 2~2.5m，出矿机埋入深度为 1.5m。

采用振动装运设备放矿达截止品位时，可拆卸一节振动运输机，移出振动出矿机，而后爆破临时底柱的前端然后再出矿，最后再拆卸一节振动运输机和移出振动出矿机，振动出矿机移动借助于液压牵引设备和出矿机的自振。为了便于出矿机的移动，激振角取 180°。

（4）临时底柱的作用。采用端部分层落矿，落矿层厚（又称为崩矿步距）与层高有一定比例关系。当落矿层高小于 10m、层厚为 1.2~1.5m 时，可不留临时矿柱，但这样每次落矿量小，出矿设备利用率低，采矿强度小。为了加大一次落矿量，需要加大落矿层高与层厚。层高为 20~30m，落矿层厚可增至 4~6m。此时若不留临时底柱会有很多矿石成为正面脊部损失。留临时底柱可大幅度减小正面脊部损失，并且在同一落矿层高的条件下，可以显著加大落矿层厚，增加一次落矿量，如图 10-18 所示。

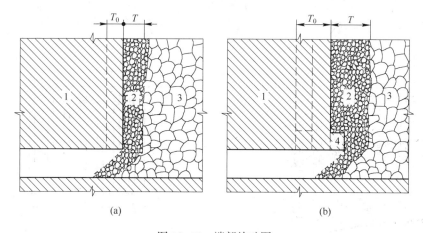

图 10-18　端部放矿图

（a）无临时底柱；（b）有临时底柱

1—尚未崩落部位；2—挤压爆破崩落矿石；3—崩落围岩；4—临时底柱；

T_0—落矿层厚（崩矿步距）；T—放矿层厚（崩落矿石层厚）

临时底柱除可以降低矿石损失外，还可降低放矿中的矿石贫化，防止覆岩在出矿口处提前穿入崩落矿石中。模型试验结果表明，有临时底柱比无临时底柱矿石回收率高，贫化率低，损失率只有5%~6%，贫化率6%~8%；有临时底柱纯矿石回收率为64%，无临时底柱为51%。

临时底柱还可以消除或减少崩落矿石大量涌入和飞散在回采巷道底板上，并且可以消除或减小爆破地震波的破坏作用。

10.2.2　采准与切割工程布置

有底柱分段崩落法的采准与切割工程，包括构成阶段运输系统、放矿与耙矿系统、采场通风系统、人行与材料运送系统及拉底巷道、堑沟巷道、切割井巷、凿岩井巷与硐室等。

10.2.2.1　阶段运输平巷的布置

为提高采场生产能力并适应多溜井的特点，阶段运输水平多采用环行运输系统，并可分为穿脉装车与沿脉装车两种形式，如图10-19所示。

穿脉装车环形运输系统具有如下优点：

（1）采场溜井均布置在穿脉巷道内，运输受装载工作的影响小，故阶段运输能力较大；

（2）开采易自燃的矿石时，若发生火灾，火区易于封闭。

穿脉装车环形运输系统的缺点是，由于一般要求采场溜井闸门布置在穿脉巷道的直线段装车，相应增加穿脉巷道长度，所以采准工程量较大；当电耙道垂直走向布置时，穿脉巷道间距离需与电耙道间距相适应（一般均不超过25m），因而穿脉巷道的数量增加。

下盘脉外运输巷道除供本阶段使用外，一般还兼作下阶段开采时的回风巷道，因此须布置在下阶段岩层移动范围之外。对于厚矿体，还应注意下盘受压引起的破坏范围。

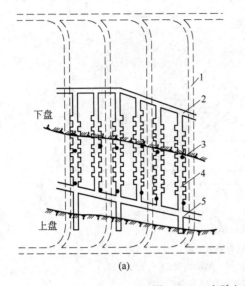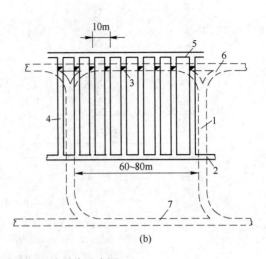

图 10-19　穿脉与沿脉环行运输系统示意图

（a）穿脉装车环行运输；（b）沿脉装车环行运输

实线—分段耙矿水平；虚线—阶段运输水平；

1—阶段运输穿脉；2—下盘回风道；3—采场溜井；4—电耙道；

5—上盘进风道；6—上盘沿脉；7—下盘沿脉

10.2.2.2　切割井（槽）的位置

切割井（槽）的位置及数量，取决于矿体形态与回采方案，可按以下原则确定。

（1）如果采用切割井（槽）落矿方案，切割井应布置于爆破区段的适中位置，使补偿空间分布均匀，同时，应考虑尽量将其布置在矿体厚度较大或转折处。若必须布置在矿体较薄的部位，则应切割顶部部分围岩，以保证有足够的爆破自由面。

（2）如果采用侧向挤压落矿方案，而矿体厚度变化又不大，则每个分段可以只在第一个采场布置切割井（槽）；若矿体厚度变化大，则应增加切割井（槽）的数量，同时将其布置在矿体厚度较大处。

10.2.2.3　凿岩井巷与硐室的布置

采场内凿岩井巷及硐室的数量与位置，主要取决于回采方案、凿岩设备、采场尺寸、矿石稳固性、地质构造、爆破参数等因素。

（1）采用垂直层中深孔落矿方案时，通常是以拉底巷道作为凿岩巷道，其方向可平行或垂直于电耙道，这要由落矿指向而定。凿岩巷道的数量，主要取决于采场尺寸及所使用的凿岩设备。当采用 YG-80 型、YGZ-90 型凿岩机时，炮孔深度以不超过 20m 为宜，凿岩巷道的规格应不小于 2.5m×2.5m。

（2）采用垂直层深孔落矿方案时，通常是在拉底层布置断面为 3.5m×3.5m 的凿岩巷道，凿岩层面可平行或垂直于电耙道。目前，深孔落矿方案的炮孔深度，一般为 20~40m。

（3）采用水平层落矿方案时，需从拉底层向上掘进断面为（2m×2m）~（2.5m×2.5m）

的天井，中深孔可在天井内开凿，而深孔则需在天井内按炮孔排列的需要、隔一定距离布置的凿岩硐室内进行凿岩。

凿岩井巷和硐室位置的选择，应保证炮孔布置均匀，且位于矿岩较稳固处。此外，凿岩天井最好与上阶段（分段）贯通，以创造较好的通风条件。

10.2.3 覆岩下放矿理论

10.2.3.1 椭球体理论

A 放出椭球体

a 放出椭球体的概念

放出椭球体是指从采场通过漏斗放出的一定体积 Q 大小的松散矿石，该体积的矿石在采场内是从具有近似椭球体形状的形体中流出来的。也就是说，放出的矿石在采场内所占的原来空间为旋转椭球体，其下部被放矿漏斗平面所截，且对称于放矿漏斗轴线，如图 10-20 所示。放出椭球体的体积为

$$Q = \frac{\pi}{6}h^3(1-\varepsilon^2) + \frac{\pi}{2}r^2h$$

式中 h——放出椭球体高度，m；

r——放出漏斗口半径，m；

ε——放出椭球体偏心率。

$$\varepsilon = \frac{\sqrt{a^2-b^2}}{a}$$

式中 a——椭球体的长轴半径，m；

b——椭球体的短轴半径，m。

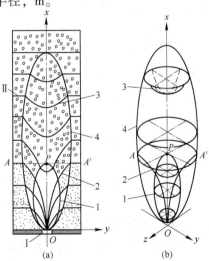

图 10-20 放出椭球体、松动椭球体、废石漏斗示意图

（a）放矿；（b）立体示意图

1—放出椭球体；2—废石漏斗；3—移动漏斗；4—松动椭球体；

Ⅰ—放矿漏斗；Ⅱ—彩色标志带；

$A—A'$—松散矿石与废石接触面

　　b　放出椭球体的性质

　　(1) 放出矿石量是时间的函数。单位时间内所放出的散体体积，它在散体中原来的空间形状为椭球体，且与覆盖层厚（当然覆盖层和矿层最低高度要便于形成椭球体）基本上无关。也就是说，散体放出体积 Q 只与放出的延续时间成正比。

　　放出椭球体的这一性质与液体的放出性质是有区别的。众所周知，当液体从容器中放出时，单位时间内放出的体积是随液面的升高而增加的。

　　(2) 颗粒密度对放出椭球体没有影响。在散体放出速度一定的情况下，处于运动场内颗粒的运动速度，只与它原来所处的位置有关，与颗粒密度无关。

　　(3) 位于放出椭球体表面上的颗粒同时从漏斗口放出。由于受漏斗口大小的影响，这里的"同时"是指一个时间段，不是数学上的"同时"。

　　(4) 放出椭球体下降过程中其表面上的颗粒相关位置不变。随着放出椭球体内的散体从漏斗口放出，放出椭球体从一个高度下降至另一高度；与此同时，椭球体表面上相对应的颗粒点的位置不发生变化，它们的相对距离要保持原来的比例关系，当然不排除特别细小的颗粒（粉末）下降速度加快。

　　c　放出椭球体的形状

　　放出椭球体的形状主要受椭球体偏心率和漏斗口直径的影响。

　　若偏心率 ε 趋于 0，则 b 趋于 a，椭圆接近于圆，放出体接近于圆球，这时放出体体积最大，从漏斗中所放出的矿石量最大。若偏心率 ε 趋于 1，则 b 趋于 0，椭球体接近于圆筒，放出体成管状。

　　由此可见，偏心率越小放出体越大，放出纯矿量越多；反之，放出体越小，放出纯矿量越少。所以，放出椭球体的大小及形状可以通过它的偏心率值来表征。也就是说，偏心率可以作为放出椭球的一个主要特征参数。

　　实践证明，放出椭球体偏心率受到放出层高 h、漏斗口直径 r、矿石粒级、粉矿含量、矿石湿度、松散程度及颗粒形状等因素的影响。

　　由于矿石从漏斗口放出，放出椭球体受到放出口的影响，使得放出椭球体不是完整的数学意义上的椭球体，是一个被放矿口切割掉一部分的椭球体缺，因此，椭球体的形状会受到放矿口大小的影响。

　　d　对放出体的其他描述

　　自从放出体为旋转椭球体的观点（椭球体理论）提出以后，许多研究工作者对放出体的形状也提出了以下不同的看法。

　　(1) 放出体上部是椭球体，下部是抛物线旋转体。有人还提出了上部是椭球体，下部是圆锥体。

　　(2) 放出体的形状在放出过程中是变化的。在高度不大时近似椭球体，随着高度的增加，下部变为抛物线旋转体，上部仍然是椭球体。若继续增高，其上部变化不大，中部接近圆柱体，下部是抛物线旋转体。

　　(3) 放出体不是数学上的椭球体，近放矿口区域要伸长些。

　　(4) 放出体虽然不是数学上的椭球体，但在计算上可以按椭球体公式计算，认为它被漏口截去部分与它整个高度相比较小，对整个影响不大。

B　松动椭球体

a　二次松散的概念

所谓二次松散是相对于放出前的第一次松散状况而言的，是指散体从采场放出一部分以后，为了填充放空的容积，在第一次松散（固体矿岩爆破以后发生的碎胀）的基础上所发生的再一次松散。松散程度可用二次松散系数 K_2 表示，其值在 1.06~1.27。

b　松动椭球体

松散的矿岩从单漏斗放出时，并不是采场内所有散体都投入运动，而只是漏口上一部分颗粒进入运动状态。将散体产生运动的范围连起来，其形状也近似于椭球体，称为松动椭球体，如图 10-21 所示。

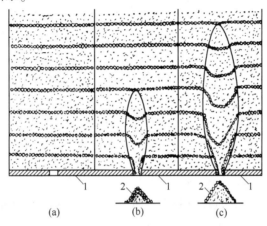

图 10-21　松动椭球体

(a) 放出前；(b) 放出小部分矿石后；(c) 放出较多矿石后

1—放矿模型；2—放出矿石堆

c　松动椭球体的性质

松动椭球体有以下性质：

（1）松动椭球体的母线就是移动散体和静止散体的交界线，即松动椭球体之外颗粒处于静止状态；

（2）松动椭球体内颗粒运动速度不同，越靠近放矿口中轴线部位的颗粒，下降速度越快，如图 10-22（a）所示；从垂直方向看，颗粒越靠近放矿口，其速度增加值越大，如图 10-22（b）所示；

（3）影响松动椭球体偏心率的因素与影响放出椭球体偏心率的因素基本相同；

（4）松动椭球体体积和放出椭球体体积一样，也是放出时间的函数；

（5）经过理论推导，可以得出松动椭球体的高度大约是放出椭球体高度的 2.5 倍，松动椭球体的体积大约是放出椭球体体积的 15 倍；

（6）松动椭球体和放出椭球体是同一时间的函数，即松动椭球体和放出椭球体同时发生、同时成长、同时停止。

C　废石降落漏斗

松动椭球体内颗粒运动速度不同，越靠近放矿口中轴线部位的颗粒，下降速度越快。由此形成包括矿石和岩石接触面在内的各个水平面随着漏斗口矿石的放出，各个水平面均

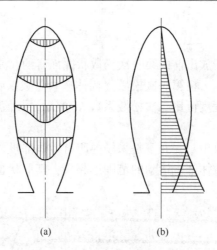

图 10-22　松动椭球体内颗粒运动速度分布图
(a) 各水平层上的速度分布；(b) 流动轴上的速度分布

会向下弯曲；随着时间的推移，弯曲程度越来越大，此弯曲面称为放出漏斗，矿岩接触面（即等于放出椭球体高度 h）形成的放出漏斗称为废石降落漏斗，大约放出椭球体高度 h 的漏斗为移动漏斗，小于放出椭球体高度 h 的漏斗为破裂漏斗。

　　忽略矿岩二次松散，放出矿石体积、放出漏斗的体积、放出椭球体体积相等。同样，松动椭球体、放出椭球体及废石降落漏斗是同一时间的函数，即松动椭球体、放出椭球体及废石降落漏斗同时发生、同时成长、同时停止。

10.2.3.2　多漏斗放矿规律

　　前面研究了单漏斗放出时崩落矿岩运动规律，而在生产实际中，崩落采矿法采场一般是从多漏斗中同时放矿的，因此必须研究在这种条件下进行放矿时崩落矿岩的运动规律。

　　A　相邻漏斗的相互关系

　　多漏斗进行放矿时，相邻漏斗的松动椭球体有不相互影响、相互相切和相互相交三种情形。

　　(1) 相邻松动椭球体不相互影响：

$$R < \frac{L}{2}$$

式中　R——放出椭球体短半轴，m；

　　　　L——放出漏斗半径（即出口间距），m。

　　在这种情况下，当放完与崩落矿石层 h 同高的全部纯矿石后，相邻漏斗所形成的最终松动椭球体和放出漏斗不相交、相互不影响，各放矿漏斗处于单独放矿的条件下，如图 10-23 (a) 所示。

　　(2) 相邻松动椭球体相切：

$$R = \frac{L}{2}$$

　　在这种条件下，当放完与崩落矿石层 h 同高的全部纯矿石体积后，相邻漏斗所形成的

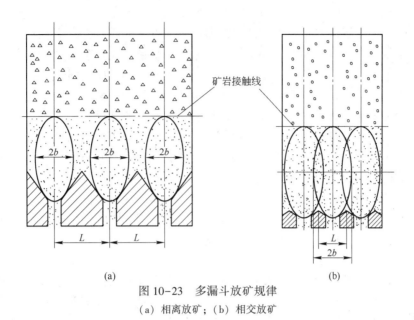

(a)   (b)

图 10-23 多漏斗放矿规律

(a) 相离放矿；(b) 相交放矿

最终松动椭球体正好相切，与其相应的放出漏斗在崩落矿岩接触面处接近于相交。在这种情况下，各漏斗放矿仍然单独进行。

(3) 相邻松动椭球体相交：

$$R > \frac{L}{2}$$

在这种情况下，当放出一定的矿石体积后，相邻松动椭球体和放出漏斗在崩落矿石层范围内相互交叉，如图 10-23 (b) 所示。相邻漏斗放矿时相互影响、相互作用，可以使矿岩接触面保持水平下降，如图 10-24 所示。

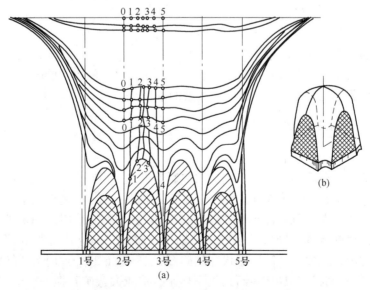

图 10-24 相邻漏斗放矿与脊部损失

(a) 相邻漏斗放矿；(b) 脊部损失

在放矿过程中位于矿岩接触面和两放矿漏斗轴线点上的颗粒,它们在均衡放矿时沿着各自的漏斗轴线向下运动。而在相邻漏斗轴线中间的颗粒,先在第一个放矿漏斗的松动椭球体内运动,然后又在相邻的第二漏斗、其他前后相邻漏斗的松动椭球内依次向下运动。它在各方向上依次向下运动一个周期后,矿岩接触面又趋于平面。由此可见,颗粒的运动速度是周围相邻漏斗放出时对该点所产生的运动速度叠加的结果。

若不采用均衡的等量顺次放矿,则相邻漏斗轴线中间的颗粒将离开中线偏向放矿量多的漏斗一边,不再回到中线上,矿岩接触面开始弯曲,并随着矿石的放出,不断加深弯曲度,造成较大的矿石损失与贫化。

即使在均衡、顺序、等量放矿条件下,矿岩接触面的平坦状态也只能保持到一定的高度。因为相邻漏斗放矿相互影响范围逐渐缩小,到最后相互影响消失时,每个漏斗开始单独放出。矿岩接触面开始弯曲,最后形成破裂漏斗。

B　相邻漏斗放矿脊部损失

放矿初期,矿岩接触面平缓下降,下降到某一高度(极限高度)后,开始出现凹凸不平,随着矿岩界面下降,凹凸现象越来越明显。当矿岩界面到底漏斗口时,在漏斗间形成脊部残留造成损失,此时脊部残留损失高度就是岩石开始混入高度,接着再放矿,矿石发生贫化,可以继续放矿,一直放到放矿截止品位,如图10-24所示。

C　矿石损失与贫化

有底柱崩落采矿法的矿石损失与贫化有两种:一是脊部残留,二是下盘残留(损失)。根据矿体倾角、厚度与矿石层高度等的不同,脊部残留的一部分或大部分可在下分段(或阶段)有再次回收的机会,当放矿条件好时有多次回收机会。下盘损失是永久损失,没有再次回收的可能。同时未被放出的脊部残留进入下盘残留区后,最终也将转变为下盘损失形式而损失于地下。由此看来,下盘损失可称为矿石损失的基本形式。所以,减少矿石损失主要措施是减少下盘损失。

若倾角很陡(大于75°),此时无下盘损失,矿石是以矿岩混杂层形式损失掉的。随着放矿残留矿石下移,在下移中与岩石混杂,构成矿岩混杂层,覆盖在新崩落的矿石层上。因此,矿岩混杂层在放出过程中不断加厚。

矿石贫化一般是由岩石混入造成的。减少岩石混入的主要技术措施,是减少放矿过程中的矿岩接触面积,也就是减少产生矿岩混杂的条件。

10.2.3.3　影响放矿效果的因素分析

影响放矿效果的因素如下。

(1)松散矿石的物理力学性质。它对放矿影响极大,当矿石干燥、松散、块度不大而均匀、无粉矿时,矿石流动性很好,放矿损失与贫化最小。若块度组成中粉矿很多,压实度大,有黏性或湿度大,则矿石流动性差,乃至可以认为不能采用这种采矿方法。当矿石流动性差时,放出椭球体短轴增长很慢,长轴增长很快,椭球体会形成瘦长的"管筒"状,放矿时上部废石通过"管筒"很快穿过矿石层进入放矿口。此时若继续放矿,则只能放出上部废石,而"管筒"周围矿石则放不出来,造成大量矿石损失。矿石的块度很大,崩落围岩细碎,其粒径小于崩落矿石间隙的$\frac{1}{3} \sim \frac{1}{2}$时,围岩也会很快穿过矿石层的缝隙而进入放矿口, 加大贫化与损失。因此, 矿岩崩落采矿法对落矿块度的要求比其他类采矿法都要严格。

(2) 放矿口尺寸。随着放矿口宽度的加大, 虽然松动带边部的曲率半径并不改变, 但松动带的半径随放矿口宽度加大而加大。

(3) 崩落矿石层高度及放矿口间距。崩落矿石层高度大, 放矿口间距小, 极限高度低, 对减少放矿损失与贫化有利。当放矿口间距一定时, 纯矿石放出椭球体的体积随崩落矿石层的加高而变大, 放出纯矿石量的百分比也相应加大。某矿的崩落矿石层高为 $40 \sim 45m$ 时, 放出纯矿石量近 60%; 而层高 16m 时, 仅为 25%。贫化矿石量和脊部损失矿石量与放矿口间距有关。为获得好的放矿指标, 降低损失与贫化, 特别是在崩落矿石层高度小时, 必须尽量缩小放矿口间距。

许多矿山经验表明, 崩落矿石层高度 h 与放矿口间距 L 之比不应小于 5。采场放矿口间距小, 数量多, 可以提高放矿强度, 加大采场出矿量, 减小底部结构地压。

(4) 放矿口的结构与形状。振动放矿与自重放矿的矿石流动机理不同, 放出体短轴发育也不同。放矿口的结构和形状应与矿石流动特性相适应。

(5) 放矿制度与放矿管理。它们对放矿的损失贫化指标影响很大。矿块落矿以后放矿之前, 需要按照确定的放矿制度进行放矿计算, 预计放矿损失与贫化指标, 制定放矿图表。放矿工作应按放矿图表进行。

(6) 矿体的厚度、倾角、与废石接触面的数目。矿体的厚度、倾角、与废石接触面的数目和采场结构尺寸, 直接决定着崩落矿石层的几何形态与放矿条件。在设计采场和底部结构时, 要求根据矿岩移动规律检查设计的合理性, 尽量提高纯矿石回收率, 减少贫化矿石量。

当矿体倾角小于放出角时, 在矿体的下盘会形成一个死带, 其范围大小随着接触面距放矿口的高度增加而加大, 如图 10-25 所示。为了减少下盘损失, 必须增开下盘脉外漏斗。

我国采用这种采矿方法的矿山, 在矿体倾角小于 60° 时, 基本上都布置下盘脉外单侧或双侧电耙巷道, 如图 10-26 所示。

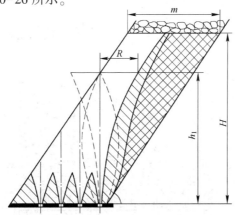

图 10-25 矿体倾角缓时下盘矿石损失

H—矿石层高; m—矿体厚度; h_1—底盘漏斗放出纯矿石椭球体高度; R—与 h_1 对应的废石降落漏斗半径

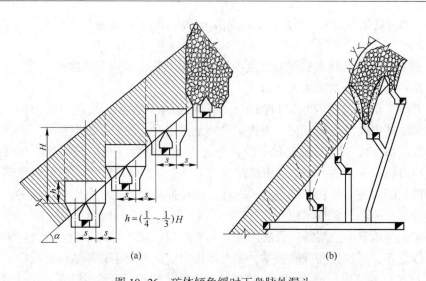

图 10-26 矿体倾角缓时下盘脉外漏斗

(a) 沿整个下盘面布置双侧电耙巷道；(b) 沿整个下盘面布置单侧电耙巷道

s—斗间距；h—拉底高；H—每条耙巷负担矿石层高；α—矿体倾角

放矿贫化率大小与矿岩接触面的形状及数量有关，接触面规则而数量少时，对减少放矿损失与贫化最为有利。

10.2.3.4 放矿管理

放矿管理主要包括选择放矿方案、确定放矿制度及编制放矿计划、图表三项内容。

A 放矿方法

覆盖岩石下放矿的核心问题是在放矿过程中使矿石与废石接触面尽可能保持一定的形状均匀下降。在崩落采场放矿中，按接触面在放矿过程中下降的状态，可以分为以下两种放矿方案。

(1) 水平放矿。随着矿石的放出，矿石与覆盖岩石接触面基本保持成平面下降，如图 10-27 所示。

(2) 倾斜放矿。随着矿石的放出，矿石与覆盖岩石接触面和水平面保持一定角度的倾斜面下降，如图 10-27 所示。

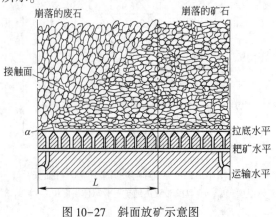

图 10-27 斜面放矿示意图

合理的放矿方案应满足损失与贫化少，强度大，地压小等要求。选择时应根据矿体的倾角、厚度及崩落矿岩的块度和相邻采场的情况等因素综合考虑。生产中要求尽量减少矿石与废石接触面数，降低侧边接触面的废石混入率。

水平放矿的相邻采场落和倾斜放矿的倾斜面角度，对于矿石与废石接触面的大小有很大影响。水平放矿对相邻采场的落差，一般应控制在10~20m范围以内。倾斜放矿的角度最好不大于45°。

从地压管理角度考虑，水平接触面放矿时底柱受压大，倾斜接触面放矿时可以降低地压。然而，倾斜接触面放矿不易管理，特别是接触面的倾角难以保持不变，会增加损失与贫化；而水平接触面则易于控制。因此，我国金属矿山在开采厚大矿体时，均采用水平接触面放矿方案。开采倾斜或缓倾斜中厚矿体或急倾斜中厚矿体时，则采用倾斜接触面放矿。

B 放矿制度

放矿制度是实现放矿方案的手段。按照放矿的基本规律及不同放矿方案的要求，放矿制度可以分为以下几类。

（1）等量均匀顺序放矿制度。在放矿过程中用相等的一次放出量，多次顺序地从每个漏斗中逐渐把矿石放出来，这种放矿制度最适用条件是松散矿岩只有一个上部水平或倾斜接触面周围是较稳固的垂直壁。在这种条件下较容易保证矿石与废石接触面水平下降到"极限高度"，甚至再低一些。

（2）不等量均匀顺序放矿制度。其目的也是要保持矿石与废石接触面水平和倾斜下降。因为采场有倾斜的上下盘，当耙巷垂直走向布置时，若用等量均匀顺序放矿制度，只能在沿走向方向保持松散矿岩的接触面以水平或倾斜面下降；在垂直走向方向，因为靠近上下盘处矿石下降速度不一，则不能使矿岩接触面保持水平或倾斜下降。因此，要求距下盘近的放矿口一次放出量要大，靠上盘的放矿口放出量要小，据此保持一定的比例，从下盘到上盘顺序放矿。相邻排间的漏斗放矿，也是按照同样原则进行。总之，当各漏斗担负矿量不相同时，均宜采用这种放矿制度。

（3）依次放矿制度。按一定顺序，将每个漏斗所担负的矿量一次放完。这种放矿制度，不论对于垂直边壁采场还是具有倾斜上下盘的采场，都是不合理的；其缺点是不能用相邻漏斗的相互作用，故损失贫化大。但对于分段高度小于极限高度的分段崩落法，由于各个放矿口基本上都可以单独自由出矿，采用依次放矿还是可以的。

实践证明，等量与不等量均匀顺序放矿，所获得的损失贫化指标都是较好的，只是使用的条件不同。在生产中，这两种放矿制度往往是联合使用。例如，易门铜矿通常分4个阶段放矿，首先进行全面松动放矿，放出15%以上的矿量，使崩落矿石从爆破挤压状态变为松散状态；其次用不等量均匀顺序放矿，使采场顶部造成一个人为的水平接触面；然后进行等量顺序放矿，回收纯矿石；最后放出贫化矿石。如此放矿虽然损失贫化小，但放矿管理复杂，放矿周期长，难以长期坚持。因此许多矿山多结合生产实际，对放矿制度进行简化。一般做法是，除回收纯矿石阶段采用等量顺序放矿外，其他各阶段均分别一次放完，这种做法基本上做到了均匀顺序放矿，如图10-28所示。

C 放矿图表

放矿图表是执行放矿制度的措施，根据它可以计划并及时掌握矿石与废石接触面在放矿过

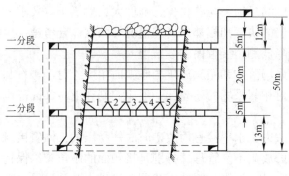

图 10-28　均匀放矿图
1~5—漏斗编号

程中的形状及其在空间的位置，借以分析各个漏斗出现贫化的原因，指导放矿工作正常进行。

放矿图表是以电耙道为单位来制定的。根据采场实测资料，可按照平行六面体计算出各个漏斗所担负的放矿量及相应的放矿高度，编制放矿指示图表。在图表中还要根据放矿计算，列出各个漏斗的纯矿石回收量。此后，在放矿过程中，按照放矿原始记录与报表材料，将各个漏斗放出的矿石量用不同颜色的线条标注在指示图表上。在执行中，比计划下降慢的漏斗应先放矿或多放矿，下降快的则暂时停放或少放。过早出现贫化和矿石回收量不足的放矿口，要予以分析，找出原因。

根据放矿理论，降低放矿过程中矿石损失与贫化的根本途径，是提高纯矿石回收率。所以在制定放矿图表时，从开始放矿到接触面达到极限高度以前，均匀顺序放矿是一个非常重要的问题。

目前多数矿山将放矿过程中的有关数据输入计算机，用计算机掌握矿岩接触面的变化情况，指导放矿，这是放矿管理的重大改革，也是放矿管理的发展方向。

10.2.4　有底柱分段崩落法评述及应用

10.2.4.1　有底柱分段崩落法的适用条件

有底柱分段崩落法的适用条件：

(1) 矿体上部没有流砂层、含水层，地表允许陷落；

(2) 覆盖岩层不稳固，易于自然崩落成大块；

(3) 矿石以中稳为宜；

(4) 急倾斜矿体厚度大于 5m，缓倾斜矿体厚度大于 8m，开采厚度大于 20m，倾角大于 75°的矿体，效果最好；

(5) 矿体最好不含或少含夹石；

(6) 矿石崩落后有较好的流动性，在围岩覆盖下不难放出；

(7) 不宜用来开采高品位矿体及贵重金属矿床。

10.2.4.2　有底柱分段崩落法的评价

有底柱分段崩落法优点：

（1）采用不同的方案，能够适应多种矿山地质条件，有较大的灵活性；

（2）电耙巷道生产能力较大，每次爆破量大，易实现强化开采；

（3）劳动生产率与空场采矿法相近；

（4）所用设备比较简单，操作与维修都很方便；

（5）材料消耗少，采矿成本低；

（6）利于调节生产；

（7）通风条件一般较好；

（8）单步骤回采，无后期矿柱回采及采空区处理。

有底柱分段崩落法的缺点：

（1）采准切割工程量大（特别是开采缓倾斜中厚矿体），采切巷道掘进机械化程度低；

（2）矿石损失率与贫化率高，一般大于25%；

（3）管理工作比较复杂；

（4）存在地表陷落或垮山滚石所带来的危害。

这种采矿方法的发展趋势是：加大分段高度，采用平行深孔落矿；改善落矿质量，推广小补偿空间挤压爆破；改自重放矿为振动强制放矿连续回采；改进与简化底部结构。

10.2.4.3 主要技术经济指标

我国某些采用有底柱分段崩落法的金属矿山的主要技术经济指标，见表10-3。

表10-3 某些金属矿山的主要技术经济指标

指标名称	生产矿山			
	狮山矿	胡家峪	筻子沟	大姚铜矿
矿块生产能力/t·d^{-1}	200~250	200~300	200~300	180~220
采矿掌子面工效/t·(工·班)$^{-1}$	65~95	30~35	30~40	25~35
损失率/%	5~10	10~15	14~25	25~35
贫化率/%	20~30	15~20	20~30	20~30
主要材料消耗				
炸药/kg·t^{-1}	0.35~0.5	0.6~0.75	0.4~1.0	0.4~0.5
木材/m^3·万吨$^{-1}$	44~90			40~60
直接成本/元·t^{-1}			2.7~3.5	3~4
原矿成本/元·t^{-1}	18.45~19.05	17~18	14~19	18~20

10.3 有底柱阶段崩落采矿法

阶段崩落采矿法又称为矿块崩落采矿法，是地下采矿法中生产能力大、效率高、开采费用很低的一种采矿方法。有底柱的阶段崩落与有底柱分段崩落采矿法的特点大致相同。主要不同点在于阶段或矿块在高度方向不再划分为分段进行落矿、出矿，而是沿阶段全高崩落，并且只在阶段下部设底部结构出矿。

根据落矿方法的不同，阶段崩落采矿法又分为：阶段自然崩落采矿法和阶段强制崩落采矿法。

10.3.1 阶段自然崩落采矿法

一般将阶段划分为矿块，在矿块底部进行大面积的拉底。由于矿块岩体的不完整性（必然有节理、裂隙、弱面或软弱矿物夹层等）和拉底空间上部矿石处于应力降低区，使得岩块间夹制力减弱或产生拉应力，从而矿石在自重和地压作用下发生自然崩落，实现落矿工艺，如图 10-29 和图 10-30 所示。

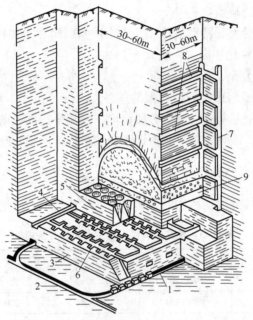

图 10-29 阶段自然崩落采矿法示意图

1—穿脉运输巷道；2—沿脉运输巷道；3—下底柱；4—电耙联络道；
5—上底柱；6—斗穿；7—检查天井；8—割帮巷道；9—拉底层

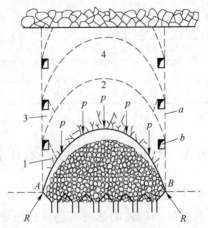

图 10-30 矿块自然崩落发展示意图

a—控制崩落边界；b—割帮巷道；
1，3—拱脚带；2，4—自然平衡拱拱内应力降低区

崩落过程的持续和控制，主要靠拉底、放矿和削弱破坏自然崩落过程中形成的自然平衡拱的拱脚带，如图 10-30 所示中的 1、3）。为了削弱和破坏拱脚带，可在矿块四周或两侧掘进割帮巷道、切割槽或打深孔进行爆破，如图 10-30 所示。另外，割帮巷道还有控制崩落边界的作用。

10.3.1.1 适用条件

阶段自然崩落采矿法的适用条件如下。

（1）拉底后矿石能够自然崩落成适当的块度，或过大的块度在放矿过程中能压碎。因此，矿块矿石的自然可崩落性是选用这一方法的关键条件。

矿块矿石的自然崩落性主要取决于矿体的物理力学性质和原岩应力，特别是其节理、裂隙、弱面、松软矿物、细脉夹层的分布和发育程度等。但是，目前还不能用公式准确地表达原岩应力场、矿体物理力学性质与其自然崩落性之间的相关关系。实际生产中主要通过工业实验来确定这种关系，可以用岩体物理力学性质参数评分来概括矿块矿石的自然崩落性和进行岩体评分分级。

评分由 1~100 分，取决于 6 项指标，根据评分，岩体分为 6 级。评分累计越小，自然崩落性越好，如图 10-31 所示。

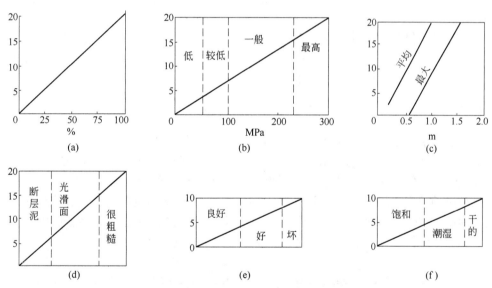

图 10-31 矿体物理力学性质参数评分图

（a）RQD 指标；（b）岩石单轴抗压强度；（c）节理间距；（d）节理结构；（e）构造方位；（f）地下水

确定岩体分级参数的 6 项指标是：RQD 指标，岩石单轴抗压强度，节理间距，管理结构，构造方位，地下水。根据 6 项参数累计评分值将岩体分为 6 级，见表 10-4。

表 10-4 岩体分级表

参数评分值	>70	50~70	40~50	25~40	15~25	<15
分级	非常坚固	比较坚固	中等坚固	不稳固	非常不稳固	碎裂松散

为了获得岩体分级参数需进行大量调查研究和试验，并用数理统计方法进行数据处理和现场验证。近年来根据人工地震波在岩体中传播时的振幅衰减变化情况来判定矿石的可崩性质，已取得较大的发展。

（2）矿体厚度很大，不小于30m；倾角最好接近90°。水平、缓倾斜的矿体，其厚度也不应该小于25m；矿体厚度小不仅会加大损失与贫化和采切费用，而且也会导致自然崩落过程缓慢。

（3）矿体边界较规整，矿石品位低，无须分采分运。

（4）矿石崩落后，其上部覆岩也能自然崩落，且最好能崩落成比矿石块度大的大块，混入的废石最好也是矿化的。

（5）矿石不含自燃的矿物成分，无结块和氧化性。

10.3.1.2 采准与切割

采切工程由阶段运输、底部结构、拉底与割帮巷道工程组成，阶段运输水平一般采用脉外环行运输系统。底部结构一般采用电耙道底部结构和格筛巷道底部结构，近年来也开始采用小规格无轨自行设备底部结构。在自然崩落采矿法中一般底部结构所承受的地压很大，它的维护是比较重要的问题。电耙巷道一般采用厚度为30~45cm高标号混凝土浇灌，底板用钢轨加固。为了维护回风巷道，地压过大时，可使回风巷道低于耙矿水平4~5m，并用风眼（小井）与电耙道连通。

拉底巷道通常是掘进一系列相互垂直的斗颈联络道，斗颈联络道之间留有临时矿柱支撑拉底空间。

为了减少割帮巷道工程，可在矿块四周掘进天井，在天井中开凿岩硐室用深孔爆破进行割帮，如图10-32所示。因为设有凿岩天井，所以在必要时还可将采矿方法改变为阶段强制崩落法。凿岩天井也可以兼作检查天井。

10.3.1.3 回采

回采工作分为三个阶段：矿块拉底、局部放矿控制矿块自然崩落、围岩覆盖下大量放矿。

矿块拉底即爆破拉底巷道间的临时矿柱，可采用中深孔爆破，如图10-33所示。拉底可由矿块一侧开始向另一侧推进，也可由矿块中央开始向两侧推进。拉底空间逐渐扩大后，已形成的拉底空间附近的拉底巷道和炮孔，甚至其下部的电耙道，均会受到压力支撑带的大地压。因此拉底速度不能过慢，应超过地压破坏拉底巷道和临时矿柱中炮孔的速度，否则会导致拉底不充分，给以后的矿块自然崩落造成严重困难。

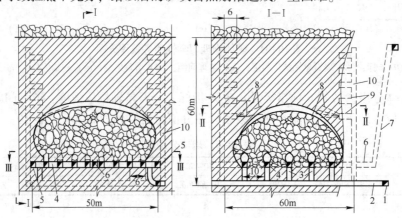

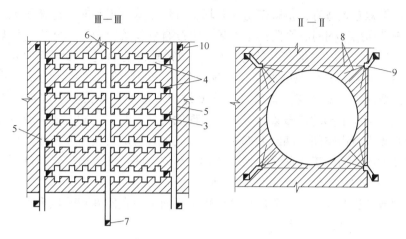

图 10-32 深孔割帮自然崩落采矿法

1—脉外运输平巷；2—穿脉；3—电耙溜井；4—电耙巷道；5—电耙联络道；
6—回风穿脉；7—回风天井；8—割帮深孔；9—凿岩硐室；10—凿岩天井

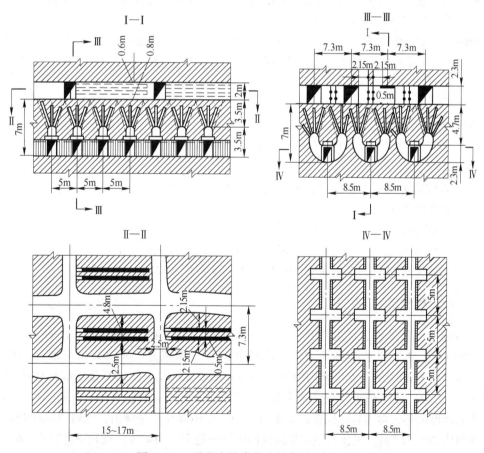

图 10-33 阶段自然崩落法的中深孔拉底

拉底过程中要放出部分崩落矿石。矿块下部全部拉开后，矿块开始由下而上全面自然崩落。

如果割帮工程布置适宜，拱脚带适时破坏，自然崩落会正常向上逐渐发展。当自然崩落的矿石填满已崩落空间时，会阻碍上部矿石继续自然崩落。为了不妨碍自然崩落，需要不断放出崩落矿石（大约占崩落总量的50%）。放矿速度的确定是影响这种采矿方法技术经济指标的重要因素。放矿速度过小，不仅产量小，而且给拉底结构的维护带来很大困难，造成支护费用大幅度升高。局部放矿速度过快，强度过大，会造成自由空间高度过大，有可能造成空间上部的矿石整体冒落，出现危害严重的空气冲击波，或造成矿块侧面已崩落的废石流入自由空间，隔断上部矿石，造成很大的矿石损失或贫化。局部放矿过程中最好始终使崩落矿石与工作面之间保持2~3m高的空间。各矿山矿岩条件不同，其放矿速度也不同，一般放矿速度应控制在每天15~120cm。

通过局部放矿进行控制，使矿块自然崩落由下向上一直发展到通风平巷水平，接触到上部崩落岩石，而后转入大量放矿。

无论是局部放矿还是覆岩下大量放矿都需要加强放矿管理，加强计量工作，严格按各漏斗的放矿计划进行放矿。

矿块四周皆为矿体时，矿块损失与贫化最低。当矿块与已采空区崩落废石有几个接触面时，矿石损失与贫化最大。

有时阶段不分为矿块进行回采，而分为盘区，盘区宽20~60m，长150~300m。盘区可沿走向布置，也可垂直走向布置，盘区开采多用于矿石非常不稳固和实行连续开采的矿体。

10.3.1.4　评价

自然崩落法的主要优点是：

(1) 因工人劳动生产率高，炸药、木材等材料消耗少，采矿成本低；

(2) 工作比较安全；

(3) 条件适合时开采强度大，矿山生产能力大。

自然崩落法的缺点：

(1) 适用条件非常苛刻；

(2) 条件不太适合时，采矿方法灵活性小，可能造成很大矿损；

(3) 对施工质量和管理要求非常严格，否则无法控制矿石的损失与贫化。

10.3.2　阶段强制崩落采矿法

阶段强制崩落采矿法与阶段自然崩落采矿法的不同点在于其矿石是用深孔或中深孔（极少用药室）进行矿块全高（含上阶段的底柱）一次崩落，所以必须有足够的补偿空间，才能保证落矿质量。近年来国内外成功地采用了无补偿空间的挤压爆破落矿阶段强制崩落采矿法，这是这种采矿方法的重要发展。阶段强制崩落采矿法多用于开采矿石中稳及中稳以上的极厚矿体，对围岩稳固性的要求可不限。矿体倾角是急倾斜，也可以是缓倾斜。当矿体倾角为20°~60°时，因覆岩下放矿条件的限制靠近下盘的矿体应布置底盘漏斗出矿。

根据补偿空间的位置和情况不同，阶段强制崩落采矿法可分为下列方案：向下部补偿空间落矿的阶段强制崩落采矿法（补偿空间在矿块下部，高可达8~15m）、向侧面垂直补偿空间落矿的阶段强制崩落采矿法（补偿空间在矿块的一侧，一般高35~40m，宽可达10~12m）、无补偿空间（挤压爆破）阶段强制崩落采矿法。

10.3.2.1　向下部补偿空间落矿阶段强制崩落采矿法

向下部补偿空间落矿采矿法，如图 10-34 所示。

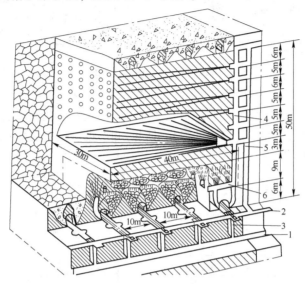

图 10-34　向下部补偿空间落矿阶段强制崩落采矿法

1—穿脉运输巷道；2—电耙联络道；3—电耙道溜井；4—凿岩天井；5—脉外矿块天井；6—拉底水平

A　特点与矿块规格

向下部补偿空间落矿阶段强制崩落采矿法，与水平深孔落矿的有底柱分段崩落法很相近，但崩落矿体的高度大。矿块宽 20~50m，长 30~50m，阶段高 50~80m，地压大时矿块尺寸取较小值，各部位尺寸如图 10-34 所示。

B　采准与切割

阶段运输水平多采用脉内外沿脉与穿脉的环行运输系统，在穿脉巷道装矿。穿脉巷道间距 30m，电耙道沿走向布置，间距 10~12m，斗穿对称布置，间距 5~6m。

在矿体下盘掘进矿块脉外天井，与电耙联络道连通。在矿块转角处开 1 个或 2 个深孔凿岩天井及若干个凿岩硐室，凿岩天井与硐室位置应合理，使炮孔深度小、分布均匀及有利于硐室的稳固。

C　回采

进行补充切割。补充切割的主要任务是用拉底构成补偿空间，补偿空间的体积为崩落矿石体积的 20%~25%。当矿石稳固性不够时，为了防止大面积拉底后矿块提前崩落，可先在矿块下部开掘 2~3 个小补偿空间，并在小补偿空间之间留临时矿柱支撑拉底空间。临时矿柱的数目、尺寸和位置应根据矿体稳固性确定。

最常用的拉底方法有两种：一种方法是在扩喇叭口的切割小井中打上向中深孔实现拉底，如图 10-34 所示。若拉底高度不够，还可在临时矿柱内的凿岩小井中，打 1~2 排水平深孔并爆破，以增加其高度。另一种方法是在拉底水平开专门拉底凿岩巷道，并在其中打扇形深孔，以垂直层向拉底切割槽爆破，如图 10-35 所示。

矿块凿岩与拉底平行作业。矿块凿岩时间的长短，取决于矿块规格，同时工作钻机数和钻机效率，一般为 3~5 个月。

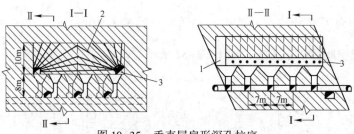

图 10-35   垂直层扇形深孔拉底
1—拉底空间切割槽；2—扇形深孔；3—拉底凿岩巷道

矿块落矿的深孔、上阶段底柱中的炮孔及临时矿柱中的深孔同时装药爆破。先起爆拉底空间中临时矿柱内的炮孔，每层内的深孔可同时起爆也可微差起爆；层与层之间用分段间隔依次起爆。按放矿图表进行放矿。

10.3.2.2   向侧面垂直补偿空间落矿阶段强制崩落采矿法

向侧面垂直补偿空间落矿阶段强制崩落采矿法，如图 10-36 所示。

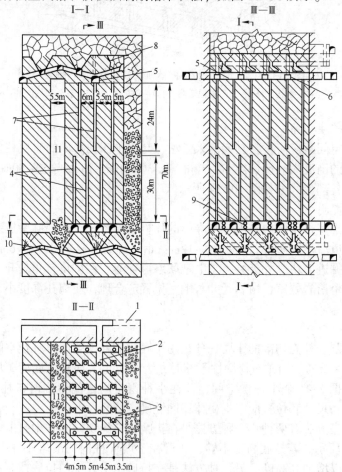

图 10-36   向侧面垂直补偿空间落矿阶段强制崩落采矿法
1—无轨设备斜坡道；2—穿脉凿岩巷道；3—凿岩和拉底巷道；4—上向平行深孔；5—上部穿脉凿岩巷道；
6—凿岩硐室；7—下向深孔；8—顶部上向深孔；9—水平拉底深孔；
10—底部结构检查回风巷道；11—切割立槽垂直补偿空间

A 特点与矿块规格

向侧面垂直补偿空间落矿阶段强制崩落采矿法适用于矿石稳固的厚大矿体。它与阶段矿房空场法很近似，只是其矿房尺寸比周边矿柱尺寸小很多。矿房的作用是充当周边矿柱爆破时的补偿空间。当矿体不适宜采用水平深孔落矿时（如果有很发育的水平层理、裂隙等），也应采用垂直层落矿。

阶段划分为矿块，阶段高 70~80m，矿块宽 25~27m。矿块可垂直走向布置，其长度等于矿体厚度。

B 采准与切割

采用上下盘脉外沿脉巷道和穿脉装矿的环行运输系统，底部结构是有检查巷道的振动放矿机底部结构。为了提高矿块下部采切巷道的掘进效率，采用无轨掘进设备，为此设有倾角为 12°的斜坡道，将拉底水平与运输水平连通。

C 回采

垂直补偿空间位于矿块一侧，矿块另一侧为已崩落的矿石或废石。以切割天井为自由面，采用下向深孔扩成宽 4~6m，长为矿体厚度的垂直补偿空间。矿块落矿炮孔直径为 105mm。深孔采取上下对打，在上部凿岩巷道向下打三排深孔，在下部凿岩巷道向上打四排深孔。这样可缩短炮孔深度，减小深孔孔底的偏斜值，有利于深孔均匀布置，减少大块，增加装药密度和提高凿岩速度。采用微差起爆。为了拉底，矿块下部凿岩巷道之间留的临时矿柱用水平深孔爆破。

因为矿块凿岩时间很长，有的矿山为了防止和减少炮孔的变形和破坏，要求凿岩时在相邻矿块落矿后的两个月内进行凿岩；先打靠近补偿空间一侧的深孔；靠近崩落区一侧深孔在装药之前最后钻凿；在平面上矿块凿岩推进方向应与补偿空间内爆破方向相反。出矿可采用安装在运输穿脉巷道两侧的斗穿中的振动给矿机。为了处理卡漏和通风，设有专门的检查回风穿脉巷道。垂直补偿空间落矿方案的采切工作量小，千吨采切比只有 3m 左右，井下工人工班劳动生产率可达 20t 以上，矿块月生产能力可达 20 万吨。

10.3.2.3 无补偿空间侧向挤压爆破阶段强制崩落采矿法

无补偿空间侧向挤压爆破阶段强制崩落采矿法，如图 10-37 所示。

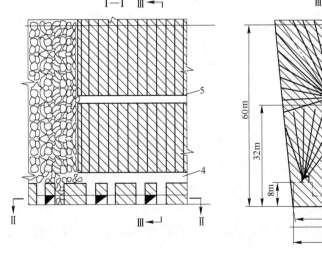

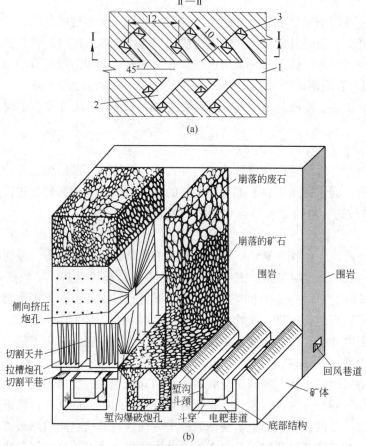

图 10-37　侧向挤压爆破阶段强制崩落采矿法

（a）端部放矿；（b）底部放矿

1—沿脉运输巷道；2—装矿巷道；3—斗颈；4—堑沟巷道；5—凿岩巷道

A　概述

无补偿空间侧向挤压爆破阶段强制崩落采矿法与侧向挤压爆破的分段崩落法非常相似（见图 10-17），不同点是分段高度变成阶段高度。

这种采矿方法属于单步骤采矿法，它不再划分矿房（补偿空间）与矿柱，整个阶段的回采工艺是一样的，而无须用不同的方法分别开采矿房、顶柱、间柱、底柱等。

本法适用于厚大的急倾斜矿体，矿石中稳和中稳以上。根据放矿方法不同，分为两种方案：底部放矿和端部放矿。

B　侧向挤压爆破底部放矿的阶段强制崩落采矿法

采用无轨自行设备底部结构出矿，如图 10-37（a）所示。脉内沿脉运输巷道断面 16m²。从运输巷道向两侧交错掘进装矿巷道，长 10~12m，断面 11m²。装矿巷道中心线与运输巷道中心线斜交 45°。在装矿巷道的端头两侧掘进斗穿、斗颈，断面 6m²，与堑沟巷道的底部连通。采用垂直层落矿。在堑沟巷道和凿岩巷道中打上向扇形深孔，扇形深孔的排间距 25m，孔底距 2.5~3m。

采用铲斗容积为 2m³ 的 LK-1 型铲运机，在装矿巷道进行放矿和运搬。大块率 10%，放矿工劳动生产率为190t/(工·班)。

矿块下部布置多排堑沟受矿电耙耙矿底部结构，上面爆破的矿石通过下面的底部结构运搬到位于底部结构下面的运输平巷内，如图10-37（b）所示。

C 侧向挤压爆破端部放矿的阶段强制崩落采矿法

侧向挤压爆破端部放矿阶段强制崩落采矿法，与有底柱端部放矿分段崩落法工艺基本相同，如图10-38所示。它采用前倾式倾斜层落矿，振动放矿机与振动运输机运搬。为了缩短炮孔深度，在凿岩巷道中向上向下打扇形深孔。为了保护振动给矿机和保持出矿巷道上部临时矿柱的稳固性，临时矿柱用浅孔落矿。

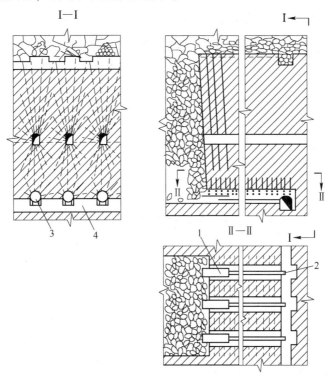

图10-38 侧向挤压爆破端部放矿阶段强制崩落采矿法
1—振动给矿机；2—振动运输机；3—回采出矿巷道；4—运输巷道

10.3.2.4 阶段强制崩落采矿法评述及应用

A 阶段强制崩落采矿法评价

阶段强制崩落采矿法的优点：

（1）工作比较安全，特别是垂直层落矿方案操作全部在水平巷道中进行，劳动条件好；

（2）劳动效率高，材料消耗少，矿石成本很低；

（3）回采强度大，可以实现单步骤连续回采；

（4）比有底柱分段崩落法采切工程量小。

阶段强制崩落采矿法的缺点：

（1）矿石损失率与贫化率高，一般达25%~30%；

（2）不能用选别回采处理夹石；

（3）采切工作时间长，巷道维护时间长，地压大时巷道维护费用高；

（4）放矿管理工作复杂。

B　阶段强制崩落法的适用条件

阶段强制崩落法的适用条件如下。

（1）矿体厚大，急倾斜矿体的厚度应在 15m 以上；倾斜、缓倾斜矿体的厚度应在 20m 以上；采用大型振动放矿机时，因设备生产能力很大，要求每个放矿口保证 20000t 以上的出矿量。

（2）矿石价值与品位低，围岩最好含矿。

（3）矿岩具有一定的稳固性，特别是水平层落矿方案拉底空间很大，矿岩稳固性不够，则难以维持；此外，因放矿周期较长，矿岩稳固性差，则底部结构尤其是电耙道底部结构难以维护。

（4）矿石无结块性、自燃性，崩落后具有较好的流动性。

（5）覆盖岩石易于成大块自然崩落。

（6）地表允许陷落。

C　主要技术经济指标

有补偿空间的阶段强制崩落采矿法的主要技术经济指标，见表 10-5。

表 10-5　阶段强制崩落采矿法主要技术经济指标

指 标 名 称		某铅锌矿	某铜矿	某矿务局
落矿与运搬方法		水平中深孔落矿，电耙出矿	垂直层与水平层联合深孔落矿，2m³ 铲运机出矿	垂直层深孔落矿，振动放矿机出矿
矿块生产能力/t·d⁻¹		400~600	1500	1667~6667
劳动生产率/t·(工·班)⁻¹	凿岩工	40	60	
	出矿工	47	125	
	工作面工人	16	28~45	124
采切比/m(m³)·kt⁻¹		13.5（50）	6（60）	2.2
矿石贫化率/%		30	25	15.4
矿石损失率/%		20	15~20	2.4
炸药消耗/kg·t⁻¹	一次	0.4	0.42	0.36
	二次	0.2	0.01	0.07

10.4　无底柱分段崩落采矿法

无底柱分段崩落法是一种机械化程度高、劳动消耗量小的高效率采矿方法。它与端部放矿的有临时底柱的分段崩落法极其近似（见图 10-17），主要区别在于取消了回采巷道上部的分段临时底柱，因此得名无底柱分段崩落法。由于适用于无底柱分段崩落法的高效率设备的出现，这种采矿方法得到了较广泛的应用。

10.4.1 典型方案

无底柱分段崩落法如图 10-39 所示。

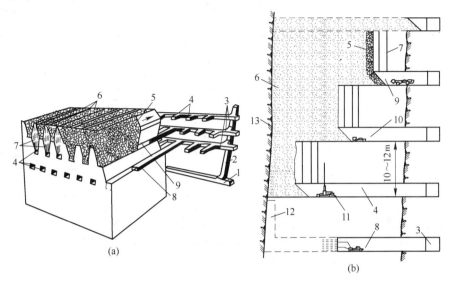

图 10-39 无底柱分段崩落法

(a) 立体图；(b) 垂直走向剖面图

1—阶段运输巷道；2—矿石溜井；3—分段巷道；4—回采巷道；5—回采巷道端部崩落矿石；
6—冒落的覆岩；7—上向扇形孔；8—正在掘进的回采巷道；9—回采巷道端部装矿点；
10—装药和爆破；11—凿岩台车；12—切割槽；13—上盘围岩

无底柱分段崩落采矿法是将阶段用分段巷道划分为分段，如图 10-39 所示；分段再划分为分条，每一分条内有一条回采巷道（进路）；分条中无专门的放矿底部结构，而是在回采巷道中直接进行落矿与运搬。分条之间按一定顺序回采，分段之间自上而下回采。随着分段矿石的回采，上部覆盖的崩落围岩下落，充填采空区。分条的回采是在回采巷道内开凿上向扇形炮孔，以小崩矿步距（1.5~3m）向充满废石的崩落区挤压爆破；崩下的矿石在松散覆岩下，自回采巷道的端部底板直接用装运设备运到溜井。

10.4.1.1 采准

一个溜井所负担的范围称为一个矿块。矿体厚度小于 15m 时，分条多沿走向布置，反之则沿垂直走向布置。矿块构成要素与回采巷道的布置和所用运搬设备类型有关，见表 10-6。

表 10-6 无底柱分段崩落法矿块规格

指 标 名 称	某铅锌矿	某铜矿	某矿务局
落矿与运搬方法	水平中深孔落矿，电耙出矿	垂直层与水平层联合深孔落矿，2m³ 铲运机出矿	垂直层深孔落矿，振动放矿机出矿
矿块生产能力/t·d⁻¹	400~600	1500	1667~6667

续表 10-6

指标名称		某铅锌矿	某铜矿	某矿务局
劳动生产率/t·(工·班)⁻¹	凿岩工	40	60	
	出矿工	47	125	
	工作面工人	16	28~45	124
采切比/m(m³)·kt⁻¹		13.5 (50)	6 (60)	2.2
矿石贫化率/%		30	25	15.4
矿石损失率/%		20	15~20	2.4
炸药消耗/kg·t⁻¹	一次	0.4	0.42	0.36
	二次	0.2	0.01	0.07

　　分段之间的联络，主要有两种方案：设备井方案和斜坡道方案。在我国地下矿山，使用装运机早于铲运机，所以很多采用无底柱分段崩落法的矿山仍采用设备井方案，如图 10-40 所示。

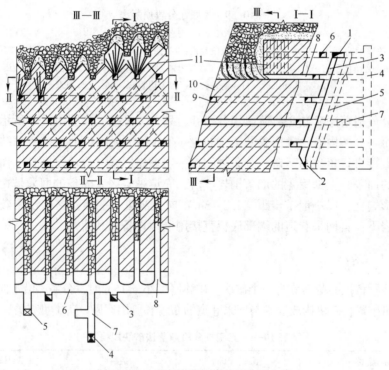

图 10-40　无底柱分段崩落法典型方案

1，2—上、下阶段沿脉运输巷道；3—矿石溜井；4—设备井；5—通风行人天井；
6—分段运输平巷；7—设备井联络道；8—回采巷道；9—分段切割平巷；
10—切割天井；11—上向扇形炮孔

　　主要采准巷道有阶段运输平巷、天井、分段巷道、回采巷道。

阶段运输平巷在下盘。天井有 3~4 条，分别用于溜矿、下放废石、上下人员、设备、材料和通风；有时人员上下与设备材料提升分开，人员上下利用电梯；设备井安装大罐笼，用慢动绞车提升，上下设备、材料。

溜矿井一般布置在脉外，溜井之间的距离取决于所用运输设备的合理运距。采用 ZYQ-14 装运机时，合理运距不大于 45m。当沿走向布置分条溜井在矿块中央时，溜井间距可达 120m。开采稳固的急倾斜厚矿体，阶段高度可取较大值，部分矿山达 120m 以上。

由天井按设计的分段高度掘进分段巷道。由分段巷道掘进回采巷道，回采巷道的断面取决于凿岩及运搬设备的工作规格。回采巷道与分段巷道一般是垂直相交，但当设备转弯半径大时，则需采用弧形相交。

分段高度大，可减少采切工程量，但分段高度受凿岩爆破技术和放矿时矿石损失与贫化指标的限制。在现有风动凿岩设备条件下，孔深大于 12m 时，凿岩效率急剧下降，且易发生卡钎、断钎等事故。从凿岩角度考虑，分段高度以 10m 左右为宜，采用液压凿岩机凿岩，可提高分段高度。

分段巷道应有一定的坡度，以利于排水及运搬设备重载下坡行驶。若矿石中含有大量黄泥或矿石遇水黏结，则不能将水排入溜矿井，可采取打专用泄水孔等措施，以免发生堵塞溜矿井等事故。

10.4.1.2 切割工程

切割工程包括掘进切割巷道、切割天井及形成切割槽。

分条在回采之前，首先要在回采巷道端部拉开切割槽，为最初落矿创造挤压爆破条件和补偿空间。切割槽宽度不小于 2m，一般等于切割巷道宽度。

拉切割槽的工作非常重要。切割槽质量验收标准有以下两种。

（1）达到设计边界，最好超过分条回采落矿边界。

（2）充分贯通上部崩落区，为分条回采创造挤压爆破条件。若切割槽质量不符合要求，分条回采时可能发生悬顶，形成小空场，不仅崩下矿石不能全部安全放出，造成矿石损失，而且悬顶突然冒落，会造成严重事故，悬顶的处理也很困难。

常用的拉切割槽方法有以下两种。

（1）切割天井与切割巷道联合拉槽法。矿体较规则时，沿各回采巷道端部矿体边界掘进切割巷道。根据需要在切割巷道中掘进一个或几个切割天井，在切割巷道内钻凿与天井平行的若干排上向深孔，以切割天井为自由面后退逐排爆破，形成切割槽，如图 10-41（a）所示；如果矿体不规则或回采巷道沿走向布置，可在每一个回采巷道端部各掘进一条切割巷道及切割天井，如图 10-41（b）所示。这种方法虽然巷道工程量大，但拉槽可靠，质量好。

（2）切割天井和扇形炮孔拉槽法。这种方法不掘进切割巷道，而在每个回采巷道端部各掘进一个切割天井。天井断面为 1.5m×2m，位于回采巷道中间，天井的长边与回采巷道方向一致。在天井两侧用台车或台架凿三排扇形深孔，用微差爆破一次成槽，如图 10-41（c）所示。

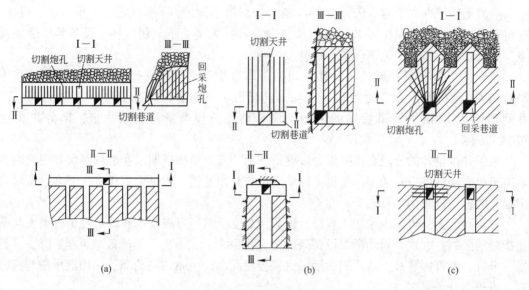

图 10-41　拉切割槽的方法

　　这种方法只要切割天井高度足够，即可以顺利拉开切割槽。它的优点是不用切割巷道；切割炮孔与回采炮孔都可用台车凿成，工艺简单；缺点是天井数量多。为减少切割工作量，有的矿山采用了不掘进切割天井或切割天井和切割巷道都不掘进的扩槽方法。

　　这种方法是在切割巷道中或回采巷道中，凿若干排角度不同的扇形孔，一次或分次爆破形成切割槽。

　　（1）楔形掏槽一次爆破拉槽法：特点是不掘进切割天井，但仍需掘进切割巷道。在切割巷道顶板，凿 8 排角度逐渐增大的炮孔，每排 3 个孔，然后用微差爆破一次形成切割槽，如图 10-42（a）所示。

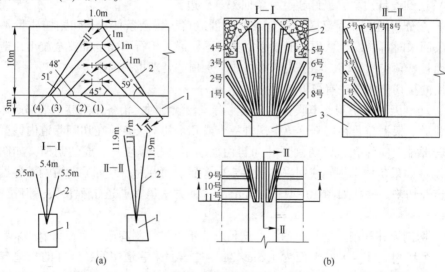

图 10-42　无切割天井拉槽法

（a）楔形掏槽一次爆破拉槽法；（b）分次爆破拉槽法

1—切割巷道；2—切割炮孔；3—回采巷道

（2）分次爆破拉槽法：特点是不仅不掘进切割天井，而且不掘进切割巷道；是在距回采巷道端部4~5m处，凿8排扇形炮孔，每排7个孔，安排分次爆破形成切割天井，而后再布置9、10、11三排切割孔，每排8个眼，将切割井扩成所需的切割槽，如图10-42（b）所示。

在选择切割方法时，既要考虑减少采切工作量，又要重视拉槽的质量与可靠性。

10.4.1.3　崩落废石覆盖层的形成

用无底柱分段崩落采矿法回采最上一个分段时，在其上部要形成崩落废石覆盖层。这是因为：

（1）没有覆盖废石层不能构成挤压爆破的条件，爆下矿石崩入空场，大部分矿石在本分段将放不出来；

（2）没有覆盖废石做缓冲层时，如果上部围岩突然大量崩落，巨大的冲击地压将造成严重的安全事故。废石覆盖层的最小厚度应保证分段回采放矿时，不会使巷道端部与上部空区贯通。一般认为，崩落废石覆盖层的最小厚度应等于分段高度的1.5~2倍（15~20m）。

覆盖层的形成有四种方法：

（1）矿体上部已用其他采矿方法回采，采空区已处理充满废石，改用这种采矿方法时，则已经自然形成废石覆盖层；

（2）由露天开采转入地下开采时，可用处理露天边帮或舍弃的废石形成覆盖层，如图10-43所示；

（3）围岩不稳固的盲矿体，随矿石的回采，围岩可自然崩落形成废石覆盖层。

（4）围岩稳固的盲矿体，需要人工强制崩落顶板形成废石覆盖层，形成的方法有随回采随崩落顶板和大面积崩落顶板两类。

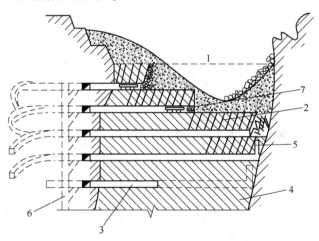

图10-43　处理露天矿边帮形成覆盖废石层
1—露天矿；2—扇形深孔；3—采准分段；4—矿体；5—切割槽；
6—矿石溜井；7—铲运机出矿

随回采随崩落顶板的放顶方法，如图10-44所示。在第一分段上部掘进放顶巷道，与回采一样形成切割槽，随下部回采工作的进行，逐排起爆或一次起爆2~3排放顶孔。用这种方法在第一分段回采中即能形成覆盖层及挤压爆破条件，可以正常出矿。但形成覆盖层的爆破条件差，组织工作复杂。

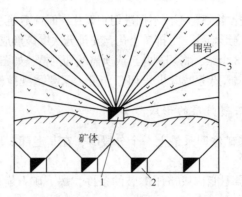

图 10-44　随回采随崩落顶板的放顶方法
1—放顶凿岩巷道；2—回采巷道；3—放顶炮孔

大面积崩落放顶方法，如图 10-45 所示。当回采形成一定暴露面积后，自放顶区侧部的凿岩巷道或天井中钻凿深孔，二次大面积崩落顶板。这种方法第一分段的矿石大部分留在空场中，放出矿量少，但放顶爆破条件好，组织工作比较简单。

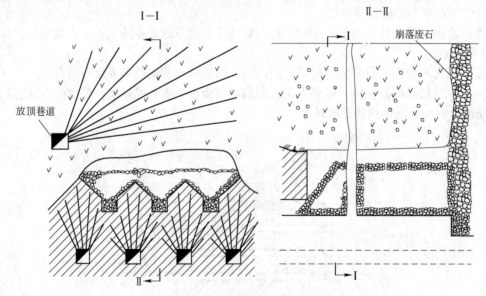

图 10-45　大面积崩落放顶方法

以上两种放顶方法，一般都用 YQ-100 型潜孔钻机钻凿大直径深孔。炮孔最小抵抗线和孔底距都比较大，通常为 4~8m，将废石崩成大于矿石块度的大块，以减少放矿贫化。

10.4.1.4　回采

回采工作包括落矿、出矿、通风及地压管理。

（1）扇形炮孔布置与崩矿步距。炮孔布置与爆破参数对矿石回收率有很大影响，炮孔布置可通过炮孔排间距、排面角、边孔角、深度、孔底距等来表示。每次爆破的矿层厚度称为崩矿步距，它等于排间距与爆破排数的乘积。矿山生产中，崩矿步距多采用 1.8~3m。

扇形炮孔排面与水平面间的夹角称为排面角，它与分条端壁倾角相等，有前倾、垂直与后倾三种，如图 10-46 所示。边孔角是扇形排面最边侧两个炮孔与水平面的夹角，有三种，即 5°~10°、40°~50° 与 70° 以上，如图 10-47 所示。因为放出角一般都大于 70°，故边孔角以大于 70° 的爆破效果最好。

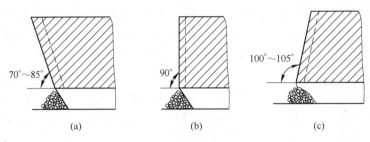

图 10-46　炮孔排面角示意图
(a) 前倾布置；(b) 垂直布置；(c) 后倾布置

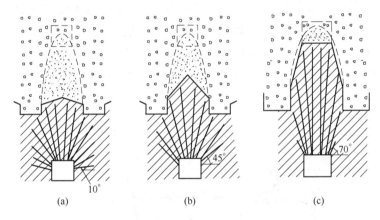

图 10-47　不同边孔角扇形布孔示意图
(a) 5°~10°；(b) 40°~50°；(c) 大于 70°

（2）凿岩爆破。采用无底柱分段崩落法的矿山，主要使用 CZZ-700 型胶轮自行凿岩台车，或圆盘凿岩台架，装 YG-80、YGZ-90 或 BBC-120F 重型凿岩机。为保证爆破效果，需特别注意炮孔质量。炮孔的深度与角度都应严格按设计施工，并建立严格的验收制度。装药一般采用装药器。每次爆破一排孔时，用导爆线或同段雷管起爆；每次爆破两排以上炮孔时，用导爆线与毫秒雷管或继爆管微差起爆。目前，我国有的矿山为提高爆破质量，采用同期分段起爆，中央炮孔先爆，边侧炮孔后爆。

（3）矿石运搬。我国金属矿山过去主要用 ZYQ-14 型风动自行装运机装运矿石，后来许多矿山开始用内燃无轨铲运机，近年来开始采用电动铲运机。

（4）地压管理与回采顺序。当矿石坚固性大和稳固时，回采巷道地压不大，一般都不进行支护；当矿岩稳固性差，节理裂隙发育时，用喷锚支护即可保持回采巷道的稳固完好。

同一分段内各回采巷道的回采工作面，应尽量保持在一条整齐的回采线上。这样，可以减少回采工作面的侧部废石接触面，有利于降低矿石的损失与贫化；同时，

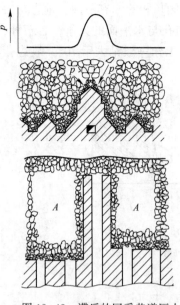

图 10-48　滞后的回采巷道压力
增高示意图

p—承受压力；*A*—崩落区

还有利于保持巷道的稳固性。反之，若有一条回采巷道滞后，它不仅将承受较大的地压，还将受到相邻回采巷道落矿时的多次振动破坏，如图 10-48 所示。因此，这条回采巷道可能严重失稳，并需特别加强支护。而加强支护又会拖延回采速度，更加大地压，影响安全与正常生产，严重时甚至整条巷道全部冒落报废。当矿石稳固性差时，更应避免造成这种生产条件。

（5）通风。无底柱分段崩落法的回采巷道都是独头巷道，数目多，断面大且互相连通，每条回采巷道都通过崩落区与地表相通。当采用内燃机无轨设备时，所需风量又特别大。因此，通风比较困难，回采巷道工作面一般要用风筒和局扇供风，通风管理也较为复杂。

设计采矿方法时，应尽量使每个矿块都有独立的新鲜风流。采用内燃机设备时，要坚持在机内净化符合要求的基础上，加强通风与个体防护。回采矿块通风系统示意图，如图 10-49 所示。

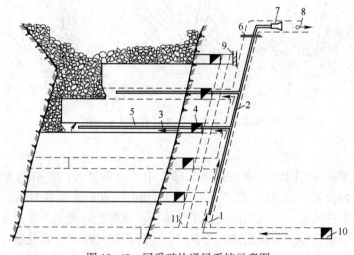

图 10-49　回采矿块通风系统示意图

1—通风天井；2—主风筒；3—分支风筒；4—分段巷道；5—回采巷道；6—隔风板；
7—局扇；8—回风巷道；9—封闭墙；10—阶段运输平巷；11—溜矿井

10.4.2　覆岩下端部放矿

10.4.2.1　端部放矿规律

实验证明，端部放矿的矿岩移动规律，基本上与平面底部放矿相同，这些规律仍然可以通过放出椭球体、松动椭球体、废石降落漏斗和放出角等概念加以简单概括。但端部放矿体崩落矿石是从巷道的端部放出的，矿石流动受到了放出口上部待采的分条端壁及其摩擦阻力的影响，使放出椭球体的流轴（中心轴）发生偏斜，放出椭球体也发育不完全，形成一个纵向不对称、横向对称的椭球体缺。不同端壁倾角的放出椭球体缺形态，如图10-50和图10-51所示。

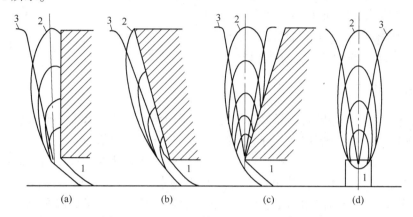

图 10-50　端部放矿时放出椭球体缺的发育与废石降落漏斗示意图

（a）端壁倾角90°；（b）端壁倾角70°；（c）端壁倾角105°；（d）三种端壁倾角垂直回采巷道剖面图
1—回采巷道；2—放出椭球体缺；3—废石降落漏斗

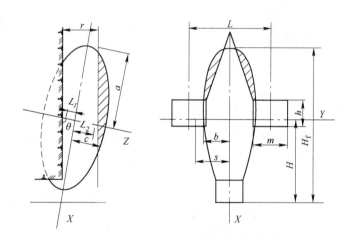

图 10-51　放出体形态

为了减少放矿损失与贫化，应使爆破后崩落矿石形态尽可能与放出椭球体缺的形态相吻合。放出椭球体缺由三部分组成，即正面废石体体积、侧上部废石体体积（见图10-51中的阴影部分）和崩落的大部分矿石体积。通过计算放出体及内部废石体积，可预测端部放矿理论损失与贫化。由于放出条件和放出体形态十分复杂，计算只能是近似的。

椭球体缺体积简化计算公式为

$$Q = \pi abc \left(\frac{2}{3} + \frac{a\tan\theta}{\sqrt{a^2\tan^2\theta + b^2}} \right)$$

因为 $a^2\tan^2\theta$ 数值较小，可以忽略不计。

$$Q = \pi abc \left(\frac{2}{3} + \frac{a\tan\theta}{b} \right)$$

式中　Q——放出椭球体缺体积；

　　　a——长半轴，其值等于分段最高点到回采巷道顶板下 1m 处的一半；

　　　b——横短半轴（垂直回采巷道中线方向）；

　　　c——纵短半轴（回采巷道中线方向）；

　　　θ——流轴与端壁夹角，称为轴偏角。

10.4.2.2　脊部损失

脊部损失是指每次爆破后实际放出矿石量小于崩落矿石量，这部分矿量损失称为脊部损失。根据位置不同，脊部损失又分为两侧脊部损失与正面脊部损失。

根据矿岩移动规律，在端部放矿后期，废石降落漏斗到达放矿口后继续放矿时，废石降落漏斗下部扩展越来越大，放出矿石的贫化率越来越高，放出矿石品位也相应越来越低。当最后放出的矿石品位达到截止放矿品位时，停止放矿。此时放出角以下的矿石在该放矿口放不出来，相邻几个放矿口放矿完毕后，在每一放出口两侧均留下一部分尖脊状的崩落矿石堆放不出来，这部分损失称为两侧脊部损失，如图 10-52 （a）所示。

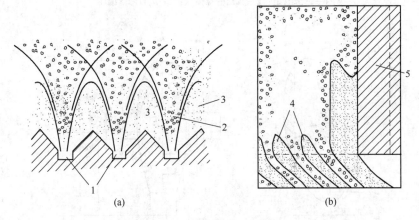

图 10-52　端部放矿脊部损失

（a）回采巷道两侧脊部损失；（b）回采巷道正面脊部损失

1—回采巷道；2—废石降落漏斗；3—两侧脊部损失；4—正面脊部损失；5—端壁

在回采巷道正面，因受装运设备铲取深度限制及废石降落漏斗的隔绝，还有一部分矿石在该回采巷道内放不出来，这部分矿石损失称为正面脊部损失，如图 10-52 （b）所示。

采切巷道布置、结构参数与回采工艺对放矿脊部损失和贫化有直接关系。因此，要求采切巷道的布置应使爆下矿石层的轮廓尽可能符合放出体形态。此外，要合理选取结构参数，正确确定回采工艺。

10.4.2.3　结构参数与损失贫化

结构参数如图 10-53 所示。对矿石损失与贫化影响较大的为分段高度 H、进路间距

B、崩矿步距 L，三者之间存在联系和制约，一般所谓最佳结构参数就是三者最佳配合，任一参数不能离开另外两个而单独存在最佳值，即任一参数过大或过小都会使矿石损失与贫化增多。

步距过小，端面岩石首先混入放出矿石中，增大进路间距 B，可增大脊部残留高度，从而增大矿石堆体高度，随之增大放出体高度。分段高度 H 对矿石损失影响巨大，增大 H 随之增大 B 和 L 值，增大步距崩矿量、减少辅助作业时间和出矿次数，有利降低损失与贫化，提高生产能力，降低采矿成本。

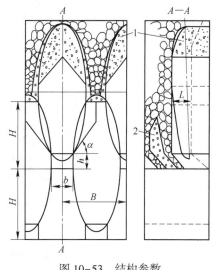

图 10-53 结构参数
1—脊部残留；2—端部残留

10.4.2.4 放矿方式与损失贫化

无底柱分段崩落法的放矿方式可分为三种：一是现在普遍采用的截止品位放矿；二是无贫化放矿；三是处于两者之间的低贫化放矿。低贫化放矿应是由现行截止品位放矿向无贫化放矿的过渡形式。

降低贫化率最有效的技术措施是提高放出矿石的截止品位，以至施行无贫化放矿。所谓无贫放矿，就是当矿岩界面正常到达放出口时便停止放矿，使矿岩界面保持完整性，不像截止品位放矿那样，岩石混入后还继续放出，一直使放出矿石贫化到截止品位时才停止放矿。无底柱分段崩落法崩落矿岩移动空间是连续的，上面残留的矿石可于下面回收，所以可不计一条进路和一个分段的得失而应按总的矿石回收指标判定优劣。此外，回采进路上下分段成正交错布置，可将上下两个分段视为一个组合，所以放矿口间距为进路间距的一半，在崩落矿岩移动区内的矿岩界面是完全可控的。

由于各种条件的限制，不能一步到位地实行无贫化放矿。可以采用逐渐过渡的办法，随分段向下进，逐渐提高截止品位，逐渐降低贫化率，即逐渐向无贫化放矿过渡，可称此种放矿方式为低贫化放矿。

低贫化放矿是以无贫化放矿为目标，逐渐提高截止品位，截止品位不应是固定不变的。此外，与无贫化放矿相同，对只有一次性回收的矿石也要按现有截止品位放出。

10.4.3 降低损失与贫化的方法

10.4.3.1 合理布置回采巷道

回采巷道的合理布置可减少矿石损失，提高纯矿石回收率，可以从两方面采取措施：一方面尽量减少本分段的脊部损失矿量；另一方面在下分段将它最大限度地回收回来。为此，上下分段回采巷道应采用菱形交错布置，使每次崩落的矿石层为菱形体，且使它与放出椭球体轮廓相符，以大幅度减少矿石损失，如图 10-54 所示。

按图 10-54 的布置，可将上分段回采巷道两侧脊部和正面脊部损失的大部分矿石在下分段放出，减少矿石的损失与贫化。

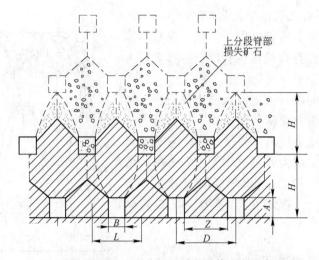

图 10-54　上下分段回采巷道菱形布置

H—分段高度；D—回采巷道中心间距；L—回采分条宽度；B—回采巷道宽度；

A—回采巷道高度；Z—回采巷道间矿柱宽度

　　若上下分段回采巷道垂直布置，其崩落矿石层高度比菱形布置减少一半，纯矿石的放出椭球体高度也减少一半，纯矿石回收率大大降低。垂直布置不能将上分段两侧脊部损失矿石放出，下分段又留下一部分脊部矿石不能放出，这就大大增加了矿石损失，如图10-55所示。

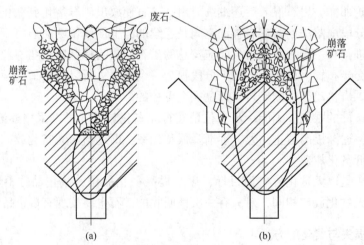

图 10-55　不同回采巷道布置方式矿石回收情况示意图

（a）垂直布置；（b）交错布置

　　根据大庙铁矿试验统计，当上下分段回采巷道垂直布置时，在贫化率为15%的情况下，回收率仅为45%。

　　当矿体厚度小于15m，分条沿走向布置，特别是倾角较缓时，回采巷道要靠近下盘布置，使矿层呈菱形崩落以减少矿石损失，如图10-56所示。

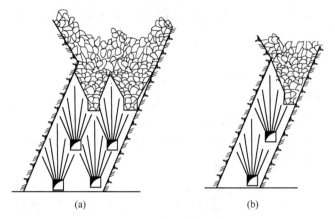

图 10-56　沿脉回采巷道菱形布置示意图

(a) 双巷；(b) 单巷

10.4.3.2　合理布置分段巷道

分段巷道可以在脉外，也可以在脉内。脉内布置时，可以得到副产矿石，减少巷道的废石掘进工作量，但通风条件较差。回采至应力集中较大的巷道交叉口时，为保证安全，一次必须放出爆破 4~5 排炮孔的矿量，过大的崩矿步距必然使矿石损失增加。因此，一般都采用脉外分段巷道。

图 10-57 为倾角 50°左右的厚矿体，采用不同的分段和回采巷道布置时，矿石损失变化情况。

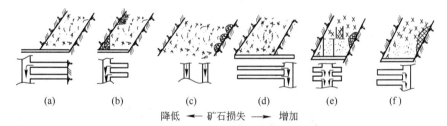

降低　◄── 矿石损失 ──► 增加

图 10-57　不同回采巷道布置时矿石损失变化示意图

(a) 上盘脉外联络道；(b) 上盘脉内联络道；(c) 沿走向增加下盘中间分段回采巷道；
(d) 下盘脉外联络道；(e) 中间脉内联络道；(f) 下盘脉内联络道

当矿体倾角小于放出角时，将在下盘损失一部分矿石，倾角越小损失越大。

回采倾角较缓的厚大矿体，沿下盘开掘脉内分段巷道，除有下盘损失外，还有巷道交叉口处的损失，这种布置方式要比其他布置方式的矿石损失都大，如图 10-57 (f) 所示。为减少下盘损失，可以使回采巷道垂直走向布置，并在靠近下盘的矿岩接触带开切割槽，由下盘向上盘退采。上盘脉内分段巷道上部是一个三角矿带，矿量少，巷道交叉口处的矿石损失也大为减少，并可在下分段回收。

10.4.3.3　合理的进路间距

合理的进路间距是指合理的分段高度与回采巷道间距。分段高度除应根据凿岩设备、

凿岩深度合理选取外，还应与放出椭球体短半轴的大小相适应，它们之间的关系如下

$$H = \frac{b}{\sqrt{1 - \varepsilon^2}}$$

式中 H——分段高度（见图 10-54）；

b——放出椭球体短半轴，可由试验测定；

ε——放出椭球体偏心率，可由试验测定。

崩落矿石块度适中而松散时，放出椭球体肥短、ε 值小。块度细碎、湿度大、含粉矿和有黏结性时，放出椭球体瘦长，ε 值大。

同一种崩落矿石，当其碎胀系数小或爆破挤压较紧时，放出椭球体可能瘦长一些，ε 值大一些。装矿强度大，矿石很快发生二次松胀，放出椭球体可能要肥短，ε 小一些。

2 倍的分段高度减去回采巷道高度，称为放矿层高度。

$$H_{fe} = 2H - A$$

式中 H_{fe}——放矿层高度；

A——回采巷道高度。

在放矿过程中，如果放矿层高度超过或等于设计的分段高度的 2 倍，则表明上部已采分段的废石已经混入，必须控制放矿；如果放矿层高度与回采巷道间距不相适应，矿石的损失与贫化也将增大。

在分段高度一定的条件下，崩落矿石层的宽度应与放出椭球体的横轴相符合，即

$$L = 2b + B = 2H\sqrt{1 - \varepsilon^2} + B$$

式中 L——回采巷道的间距；

b——放出椭球体短半轴；

H——分段高度；

ε——放出椭球体偏心率；

B——回采巷道宽度。

此外，可以用放出角来确定回采进路间距。放出角根据现场试验测定。用放出角决定回采进路间距，有作图法与计算法两种。

作图法是以回采巷道断面的上部转角点为起始点，分别作两条射线，使其与水平面的夹角等于放出角 φ。射线与拟定的分段高度的标高线分别相交，其交点即为上一个分段的两条回采进路的内侧底角的顶点。由此作出上水平的两条回采巷道，两条回采巷道中心线间的距离即为所求的中心间距，如图 10-58 所示。

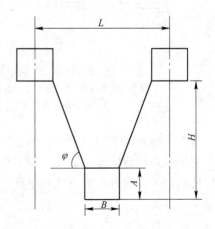

图 10-58   作图法求回采巷道间距示意图

计算法是根据分段高度、放出角及回采巷道高度之间的关系，用下式计算

$$L = 2\left(\frac{H - A}{\tan\varphi} + B\right)$$

10.4.3.4　合理的崩矿步距

合理的崩矿步距是当分段高度、回采巷道间距与端壁倾角一定时，唯一能调整崩落矿石层形态的参数。依据放出椭球体的外形可以确定崩矿步距的最大值与最小值，其最大值与放出椭球体短半轴相等。这就避免了正面废石混入造成的正面损失，但此时残留脊部矿石损失大；其最小值等于放出椭球体的短半轴长度的一半，这时损失减少了，但贫化加大了。因此，实际采用的崩矿步距介于上述最大值与最小值之间。

崩矿步距过小，放出椭球体伸入正面崩落废石，致使大量废石正面混入；同时，上部的矿石可能被废石隔断而无法放出，造成矿石损失，如图 10-59（a）所示。

崩矿步距过大，放出椭球体提前伸入上部崩落废石中，致使大量废石自上部混入，同时使正面脊部损失增加，如图 10-59（b）所示。

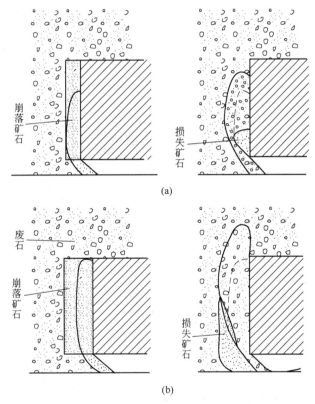

图 10-59　崩矿步距不合理矿石损失与贫化示意图
（a）崩矿步距过小；（b）崩矿步距过大

10.4.3.5　合理的端壁倾角

端壁倾角不同，椭球体发育程度也不同；此处，端壁倾角还与覆盖岩石的压力及矿石与废石的块度有关。因此，椭球体的发育程度和矿岩块度直接影响放矿的损失与贫化。

端壁倾角及端壁面的粗糙程度对放矿椭球体的发育有直接影响。端壁前倾时，放矿椭球体被端壁切去一大半，放出体积较小；端壁后倾时，放出椭球体只被端壁切去一小部分，放出体积较大；端壁垂直时影响介于两者之间。放出椭球体因端壁倾角不同而被切去部分，可由轴偏角大小来表示，被切去的多少与轴偏角大小成反比。图 10-60 示出了轴偏角与端壁倾角的关系。

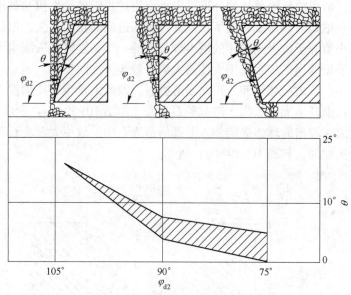

图 10-60 轴偏角与端壁倾角关系
θ—轴偏角；φ_{d2}—端壁倾角

在分段高度、回采巷道中心间距、崩矿步距及回采巷道规格等参数不变的条件下，端壁倾角与矿石回收率间的关系如图 10-61（试验所得）所示。端壁倾角的最佳值为 90°~100°。试验证明，端壁倾角后倾对放矿有利。

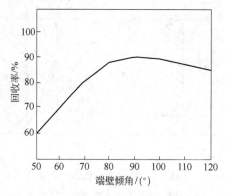

图 10-61 端壁倾角与矿石回收率的关系

10.4.3.6 适中的松散矿岩块度

松散矿岩块度对放矿的影响是指矿岩块度不同时，大块比小块吸收的压力多，因而其流动性能较差。

不同块度组成的矿岩松散体的流动性能主要由小块矿岩的流动规律所决定，大块在流动过程中多是被动的。

当矿石块度比废石大，应采用前倾端壁，端壁倾角 75°~85°，如图10-62(a)所示。块度较大的矿石吸收了较多的压力，流动能力减弱，但端壁前倾，矿石与端壁之间的压力降低，大块放出速度加快，可以减少堵塞，较小的废石就不易混入。也可以说，在这种条件下，只有一部分矿石［见图 10-62 (a) 中 MN 线右边的部分］的间隙被细块的崩落废石所混入；另一部分崩落矿石处于前倾端壁的遮盖下，前倾端壁阻挡小块度废石向矿石间隙渗漏，故可减少矿石贫化，提高纯矿石的回收率。

当矿石块度与废石块度相等时，采用垂直端壁，即端壁倾角为 90°，如图 10-62(b)所示。因为矿石和废石的块度相等，它们吸收同样多的压力，因而流动速度相同，相互渗透的现象不严重；而且，采用垂直端壁施工条件好，炮孔方向易掌握，因此在生产中得到广泛应用，甚至不考虑矿石与废石的相对块度。

在理论上，矿石块度小于废石块度时，采用后倾端壁，其倾角为 105°~110°，如图 10-62(c)所示。此时若采用前倾端壁，则小块矿石会渗入正面废石中，加大矿石损失。后倾端壁装药及凿岩工作都较困难，且爆破时放矿口上部（眉线）易带炮冒落。因此，目前国内外还没有采用这种布置方式。

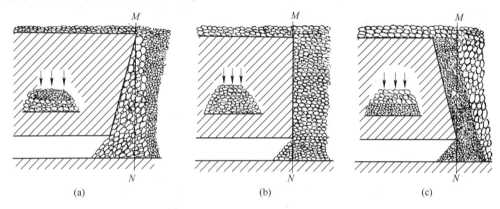

图 10-62　端壁倾角与矿石废石块度比值的关系

10.4.3.7　合理的进路断面

回采巷道（进路）的断面形状及规格有拱形和矩形两种。回采巷道顶板与端壁面的接触线称为眉线。眉线的形状直接决定矿石堆表面的形状。拱形断面巷道眉线为拱形，矩形巷道眉线为直线。在拱形断面的回采巷道中，崩落矿石在其底板上堆积成"舌状"，如图10-63(a)所示。突出的"舌尖"妨碍在回采巷道全宽上顺序均匀装矿，有效装矿宽度缩短（即矿石损失与贫化最小的装矿宽度）。顶板拱度越大，缩的越短，如图 10-64 中的曲线。出矿若先铲"舌尖"，会使废石提前插入回采巷道，增大损失与贫化。所以铲矿时只能先装"舌尖"两侧的矿石，后装"舌尖"部分的矿石。

在矩形巷道中，松散矿石堆面与底板面的接触线是一条直线，有利于全断面的均匀装矿，矿岩接触面基本保持水平下降，可以减少矿石的损失与贫化，如图 10-63 (b)所示。

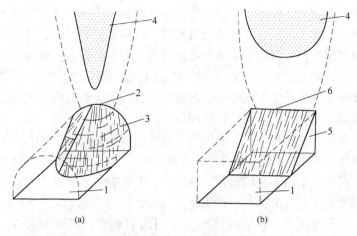

图 10-63 拱形与矩形断面回采巷道中的矿石堆

(a) 拱形回采巷道；(b) 矩形回采巷道

1—回采巷道；2—拱形眉线；3—圆锥形矿石堆；4—废石；5—棱柱形矿石堆；6—直线眉线

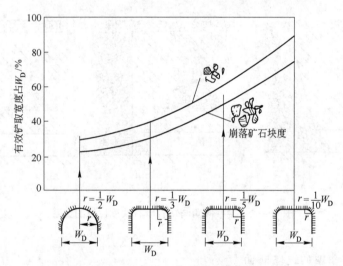

图 10-64 有效铲取宽度与回采巷道顶板形状和宽度的近似关系曲线

W_D—回采巷道宽；r—回采巷道顶板转角半径

矿石坚固性差时，矩形巷道的眉线由于爆破的振动和带炮，很容易形成拱形，给放矿带来不利影响。为保持眉线的完整，对眉线附近的炮孔应采取间隔装药，必要时用锚杆支护。

为了降低放矿过程中大块堵塞的机会，必须增加崩落矿石所流经的喉部高度，如图10-65所示。喉部处于倾角不相同的两个平面之间，一个平面的倾角是崩落矿石活动带的自然安息角 φ；另一个平面的倾角是崩落矿石压实后的静止角 φ'，它较活动带的自然安息角大，是由于这个带中的崩落矿石受到冲击后被压实的结果。在其他条件不变的情况下，这两个面随回采巷道高度变化而平行移动。因此，回采巷道的高度越大，喉部的高度就相对越小；否则，咽部的高度也就相对较大。

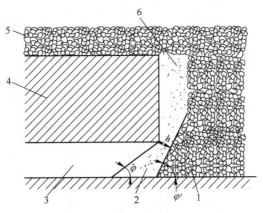

图 10-65 回采巷道高度与喉部高度的关系

h—喉部高度；φ—活动带的自然安息角；φ'—静止角（$\varphi'>\varphi$）；
1—死带；2—活动带；3—回采巷道；4—矿体；5—崩落废石；6—崩落矿石

为了增加喉部高度，应使回采巷道高度尽可能小，但不能小于凿岩设备和运搬设备工作时所需要的高度。

回采巷道的宽度是一个非常重要的参数，它直接影响松散矿石的流动。如果回采巷道的宽度很大，对放矿非常有利，但难以保持巷道稳固性；反之，回采巷道宽度过小，巷道固然稳固，但因不便于全断面装矿而产生超前贫化，对放矿不利，因此必须正确地选择回采巷道的宽度。回采巷道的宽度通常采用经验进行计算

$$B \geqslant 5D\sqrt{K}$$

式中　B——回采巷道宽度，m；

　　　D——崩落矿石最大块度的直径，m；

　　　K——校正系数，可以从图 10-66 中查得（见图中的虚线箭头）。

图 10-66 中区域 I 表示大块的形状和所占百分比，区域 II 和 III 分别表示中块和小块所占的百分比，区域 IV 表示黏结性成分的百分比。

10.4.3.8　正确的出矿方法

正确的出矿方法是指合理的铲取方式及铲取深度，为了更多地回收矿石，必须有一个合理的铲取方式。如果固定在回采巷道中央或一侧装矿，重力流的下部宽度将大大减少，废石很快进入回采巷道，造成矿石过早贫化，甚至废石会隔断旁侧矿石，造成矿损，如图 10-67(a)所示。此外，出矿面窄也容易产生悬顶，影响放矿强度。

从理论上讲，最好的装载宽度应等于回采巷道的宽度。实际上，装载机的装载宽度都比较小，必须沿着整个巷道宽度按一定的顺序轮番铲取。这时矿岩接触线近乎水平下降，可防止废石过早地进入回采巷道，减少矿石损失与贫化。

假设宽 4m 拱形眉线回采巷道内只在中央铲矿的纯矿石回收量为 100%，在不同的回采巷道宽和眉线形状下，不同铲取方式的纯矿石回收量增长情况，如图 10-67(b)所示。

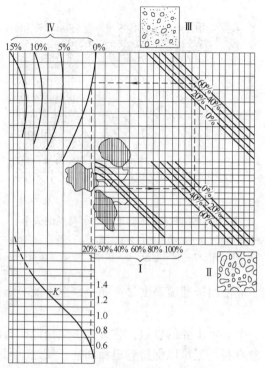

图 10-66 校正系数 K 查算图表

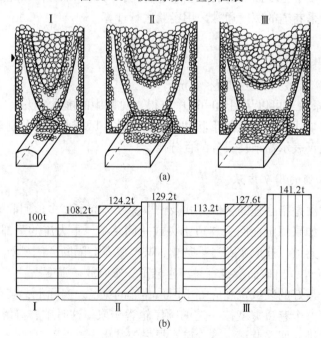

(a)

(b)

图 10-67 不同铲取方式纯矿石回收量增长图

（a）不同情况下的矿岩接触线的形状；（b）不同巷道宽度、不同眉线形状、不同铲取方式，回收纯矿石量增长图

Ⅰ—回采巷道宽 4m，拱形眉线；Ⅱ—回采巷道宽 8m，拱形眉线；Ⅲ—矩形回采巷道宽 8m，眉线为直线

水平剖面线—只在回采巷道中央铲矿；倾斜剖面线—沿回采巷道全宽铲矿；

垂直剖面线—在回采巷道两侧交替铲取两次，中央铲取一次从图 10-67 明显可见，矩形断面巷道中两帮交替铲矿比中央铲矿的铲取方式效果好，矿石流宽度大，近乎全面匀速下降，废石降落漏斗底宽也很大，放出纯矿石量增长最多，达 41.2%。

铲取深度大，放矿口的喉部高度也大，能实现连续放矿；反之，喉部高度小，放矿过程中的堵塞机会增大，放矿强度变小。实际上，在端部放矿中使用装载机时，由于设备的限制，铲取深度不大，只有使用振动放矿机出矿或有专用掩护支架进入崩落矿石下部时，才能达到较大的最佳出矿深度。

10.4.4　无底柱分段崩落法的主要方案

10.4.4.1　斜坡道无底柱分段崩落法

我国部分矿山采用无底柱分段崩落法时，大都用采准联络斜坡道取代阶段之间的人行材料设备井。使用斜坡道采准联络道便于无轨设备快速移动和出入不同分段；当出矿需要配矿时，也便于装运设备的调度。此外，斜坡道也便于无轨设备出井检修、保养及人员上下。

无底柱分段崩落法的采准联络斜坡道一般都布在下盘，沿走向斜坡道之间的距离为 250~500m，具体要视矿体走向长度及产量大小而定。斜坡道的坡度一般为 10%~20%，断面取决于设备规格。

典型的斜坡道采准无底柱分段崩落法示意图，如图 10-68 所示。

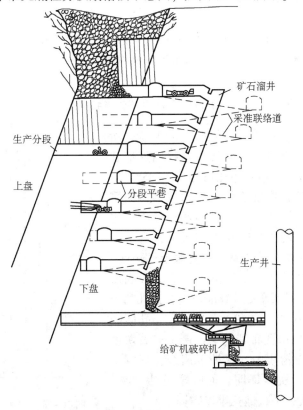

图 10-68　斜坡道采准无底柱分段崩落法

10.4.4.2　再生顶板下放矿无底柱分段崩落法

我国向山硫铁矿采用再生顶板下放矿无底柱分段崩落法，再生顶板是由上分段已采区崩落围岩中的高岭土及硫铁矿氧化残留矿石、木材、钢轨等，经氧化后压实自然胶结成一种假顶，如图 10-69 所示。当回采巷道端部爆下矿石放空后，覆盖岩层不跟随矿石立即下落，而形成自然悬顶，经一定时间在地压作用下，假顶缓慢下沉填满空场后，再进行下一崩落步距爆破。由于崩落矿石是在小空场状态下放出，出矿采用华-Ⅰ型装岩机和向-Ⅰ型自动自行矿车，采用自动挂钩及远距离控制操作，有利于矿石的回收和作业安全。

这种采矿方法因不在覆岩下放矿，实际上是一种由特殊条件限定的、取得很好效果的无底柱分段崩落法的特殊方案。

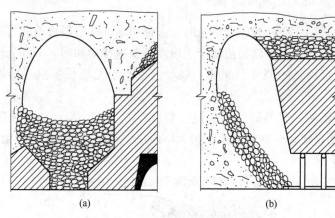

图 10-69　再生顶板下放矿无底柱分段崩落法
(a) 正面图；(b) 侧面图

10.4.4.3　平行深孔大边孔角落矿无底柱分段崩落法

这一方案崩落矿石的轮廓近似筒仓的形状，所以也称为"筒仓"式方案。它的特点是将扇形炮孔落矿改为平行深孔落矿，两侧边孔角为 80°~85°。

扇形孔落矿，矿石块度不均匀，大块多，回采巷道宽度小时，大块堵塞严重，影响放矿效率。边孔角小爆破条件差，两侧脊部矿石损失大，需下一分段回收。采用"筒仓"式方案，可克服上述缺点。

图 10-70 为某铁矿"筒仓"式方案。分段高度仍为 10~11m，炮孔深度增大到 18m 左右，边孔角为85°，每排炮孔数为 6 个，中央 4 个平行孔，孔间距为 0.9m。这一方案的炮孔布置均匀，爆下矿石块度均匀，避免了孔口炸药集中，保护了眉线，减少了矿石的损失和贫化。实践证明，回收率可达 95%。其缺点是炮孔深度大，平行炮孔难以掌握。

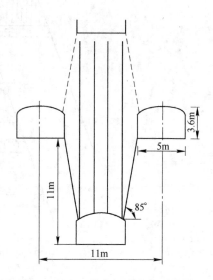

图 10-70　"筒仓"式方案示意图

10.4.4.4 高端壁无底柱分段崩落法

一般无底柱分段崩落法每次崩矿量只有 600~1000t，限制了大型无轨铲运设备效率的提高。因此，有些矿山经试验采用了高端壁无底柱分段崩落法（称无底柱阶段崩落法），图 10-71 为高端壁无底柱分段崩落法。这种采矿方法与端部放矿阶段强制崩落采矿法极其相似，主要区别在于每次崩落矿层的高度和宽度，后者更高更宽。

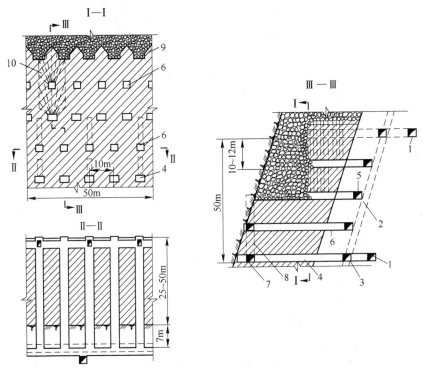

图 10-71 高端壁无底柱分段崩落法

1—阶段运输平巷；2—溜矿井；3—联络道；4—回采巷道；5—分段巷道；6—凿岩回风巷道；
7—切割平巷；8—切割天井；9—回采巷道之间的矿柱；10—炮孔

该方案分段高度 20~24m，每个分段布置两条上下对应的回采巷道，上部为凿岩回风巷道，下部为出矿巷道，两者底板高差为 12m。进路间距 10m，呈双巷菱形布置。回采巷道断面 12~13.5m²，凿岩回风巷道断面为 7.28m²。炮孔排距 1.4m，每次爆破 3 排，崩矿步距为 4.2m；出矿用斗容为 2~3m³ 铲运机。放矿步距约 5m。采用爆堆通风，新鲜风流从出矿巷道进入，流经爆堆，污风经凿岩回风巷道至回风井。

由于高端壁的结构形式和参数与纯矿石放出体吻合得比低分段好，放出纯矿石比重大，故总的贫化率比低分段小。当回收率为 80% 时，高端壁方案的贫化率仅为 2%，而低分段则高达 15%，如图 10-72 所示。

与一般的低分段回采方案相比，高端壁方案的优点是开采强度高，矿石损失率和贫化率低，回收率高，可实现爆堆通风，改善了作业环境；缺点是对爆破质量要求很高，爆破事故处理困难，生产灵活性差，端壁崩落矿石层高，但铲取深度未能相应加大，因此对放矿要求严格，否则端部脊部损失很大。

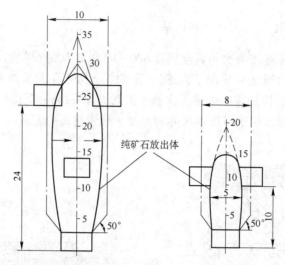

图 10-72 高低端壁的纯矿石放出体对比（单位为 m）

10.4.4.5 预留矿石垫层无底柱分段崩落法

无底柱分段崩落法突出的缺点是每次爆破的矿石量少，在崩落围岩多面包围下放出，放矿贫化很大，也限制了回收率的提高。为解决这一问题，可在回采分段与崩落覆盖岩石之间加上一个缓冲的矿石垫层（或称为矿石隔层）。这个隔层的矿岩接触面距回采巷道底板的高度大于放矿极限高度，所以它可以保持一个近似的水平面均匀下降。这样，各个分段回采时，就能以纯矿石状态回收全部矿石，进路贫化率实际上变为零。

当分段高度和回采巷道间距为 10m 时，矿石垫层的高度应不小于 30m。为了形成矿石垫层，仍可采用无底柱分段法工艺，只不过每次爆破后仅进行松动放矿，其余矿石留下用于构成垫层。图 10-73 为预留矿石垫层无底柱分段崩落法示意图。

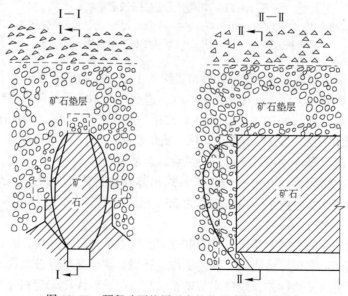

图 10-73 预留矿石垫层无底柱分段崩落法示意图

当矿体或阶段回采结束时，可将矿石垫层与最后一个分段矿石一起放出。矿石垫层的作用，除可以减少放矿损失与贫化外，还可以省去人工强制放顶工程。随着分段回采下降，矿石垫层上部形成一个有足够围岩自然崩落所需的暴露面积，促使围岩自然崩落；因有矿石垫层隔离，可以保证回采分段不受围岩崩落冲击载荷和空气冲击波的威胁。利用垫层又可节省放顶工程的大量投资，加快矿山开采。

程潮铁矿曾利用矿石垫层隔离地表崩落区黄泥对井下安全的威胁。该矿预留矿石层厚度20m，即两个分段。回采时，仅放出约20%的松散矿量。为保证垫层厚度，还制定了放矿指标图表与采场管理措施。

若矿体倾角近于垂直，在矿体或阶段开采结束时，矿石垫层中的矿石大部分可以回收，所以总矿石回收率不会降低很大；但当矿体倾角小时，靠顶板处需不断补充矿石垫层，靠底板若无补加工程，则垫层矿石难以回收。

10.4.4.6 分段留矿崩落采矿法

分段留矿崩落采矿法首先在瑞典基律纳铁矿试用，1980年我国凤凰山铁矿开始试验采用。

这种采矿方法与阶段强制崩落采矿法极其相似，但落矿方法不是整个矿块一次大爆破崩落，如图10-74所示。

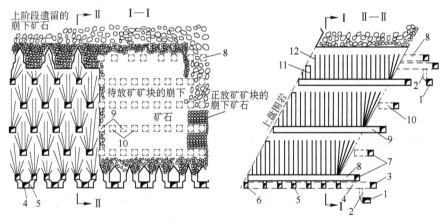

图 10-74　分段留矿崩落采矿法

1—主要运输巷道；2—小溜井；3—电耙联络道；4—电耙巷道；5—斗穿；
6—回风巷道；7—分段巷道；8—堑沟凿岩巷道；9，10—分段回采巷道；
11—切割天井；12—落矿扇形炮孔

这种采矿方案的特点如下。

（1）整个矿块在高度上分为若干分段，分段之间由上向下回采，每一分段用无底柱分段崩落法的工艺回采，但崩下的矿石全部或大部分留在原处（视挤压爆破条件而定，如果回采巷道空间足以满足补偿空间，则爆下的矿石全部留在原处）。

（2）在矿块下部设矿块底部结构，待各分段回采落矿全部结束后，在覆岩下大量放矿（一般情况下），矿块矿石与崩落围岩只有上面和侧面两个接触面。

这种采矿方法可以理解为从留矿石垫层的无底柱分段崩落法发展而来，它既有无底柱分段崩落法的采切和落矿特点，又有阶段强制崩落法放矿的特点，因此是一种联合采矿法。

矿块底部结构采用"V"形堑沟受矿电耙道底部结构。为了放矿，必须制订放矿图表并严格执行。放矿可以采用平面放矿，也可以采用斜面放矿，如图10-75所示。

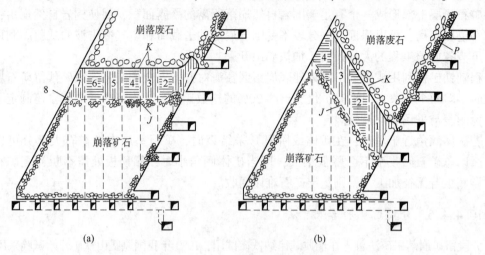

图10-75　平面与斜面放矿示意图

(a) 矿岩接触面呈水平下降；(b) 矿岩接触面呈倾斜下降

1~8—某一时期内分别自下部对应放矿口应放出的矿石；P—放矿贫化前下盘矿石；

K，J—某一放矿周期起止矿岩接触面位置

这种采矿方法最大的优点是矿石贫化率低，与无底柱分段崩落法相比，单位崩落矿石与崩落围岩接触面可减少到不足原来的1/30，矿块贫化率可由25%下降到15%；回采巷道服务时间短，矿石稳固性差时维护容易；集中出矿，放矿强度大。这种采矿方法缺点是采切工程量比阶段强制崩落法与无底柱分段崩落法都大，积压资金。因此，这种采矿方法只有在一定特殊情况下，才会获得好的经济效益。

10.4.4.7　V形宽工作面无底柱分段崩落法

V形宽工作面无底柱分段崩落法的特点是将回采巷道端部用水平孔扩成V形宽工作面，大幅度地扩大了有效装载宽度，不仅可减小放矿贫化，而且还减少（甚至消除）分条两侧脊部矿石损失，大幅度提高本分段矿石回收率，如图10-76所示。宽工作面方案可以加大回采巷道间距，降低采切比和改善通风条件。当然这种方法要求矿石稳固，主要是因为工作面暴露面积很大。

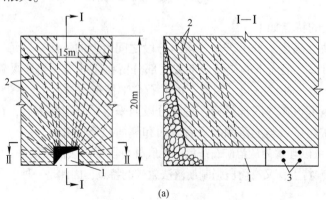

(a)

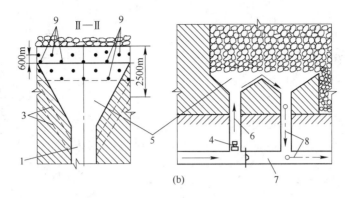

图 10-76　V 形宽工作面无底柱分段崩落法
1—回采巷道；2—分段落矿深孔；3—扩 V 形面拉底孔；4—局扇；5—V 形宽工作面；
6—新鲜风流；7—分段巷道；8—污浊风流；9—深孔孔底投影

扩 V 形工作面的方法是在回采巷道端部向两侧打两排水平拉底孔，爆破后扩宽的宽度等于分条宽度（12～15m）。拉底炮孔布置如图 10-76 所示。分段落矿的炮孔直径为105mm，采用上向扇形深孔对称或交错布置，炮孔排间距 600mm，落矿层厚 2.5m。

通风采用局扇 4，从回采巷道进风，经相邻回采巷道排出废风，在工作面实现了贯穿风流，如图 10-76 所示。

采用蟹爪式装载机装车，自行矿车运搬，运距 15～70m，大块率（大于 600mm）10%；装载机和一台自行矿车配套两个出矿工工作，实际生产能力达 25.3t/班。采用小直径深孔（70～80mm）落矿，可使大块率降到 2%，装运工劳动生产率可提高到 300t/班。

宽工作面端部放矿比回采巷道端部放矿可使矿石损失率由 13% 降到 3%，贫化率由21% 降到 15%。当落矿层厚为 2～3m 时，分段高 20～30m，排面倾角 80°，获得的矿石回收率最高，贫化率最低。

宽工作面方案虽然矿石损失与贫化很小，但顶板暴露面很大。当矿石稳固性差时，不能采用此方案。矿石稳固性差时，可采用移动式掩护支架方案扩大矿石流带。

10.4.4.8　移动式掩护支架无底柱分段崩落法

移动式掩护支架无底柱分段崩落法，如图 10-77 所示。当矿石稳固性差时，不仅不能采用 V 形工作面方案，而且回采巷道的眉线也很难维护，铲取深度也因此受到限制，故矿石损失率和贫化率增大。

为了提高矿石回收率和降低贫化率，可采用移动式掩护支架方案。这一方案的特点是在回采巷道的端部，设置移动式金属掩护支架（形状近似长条楔形金属小房子）。掩护支架两侧设有放矿口，放矿口装有振动放矿机，落矿后掩护支架在长度上大部分埋入崩落矿石中，放矿后掩护支架推压端部崩落岩石自行退出，移到新的落矿位置。

采场每步距崩落矿石层宽 8m，长 5～7m，分段高 20～27m，如图 10-78 所示。

分条尺寸与矿石崩落后放出体形态有关。掩护支架两侧放出体在高 5m 处相切，放矿极限高度为 10m。放出体形态及放矿量与放矿当次贫化率关系，如图 10-78 所示。

补充切割主要是掘进凿岩硐室。凿岩硐室有两种：一种在掩护支架上部，除了在其中

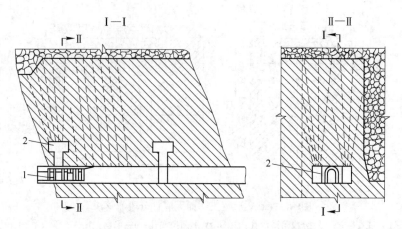

图 10-77　移动式掩护支架无底柱分段崩落法
1—移动式金属掩护支架；2—凿岩硐室

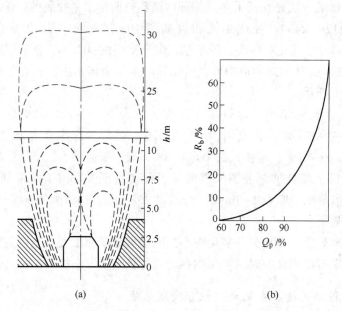

图 10-78　掩护支架无底柱分段崩落法放出体形态与贫化率
（a）放出体形态；（b）放出矿岩体积 Q_p 与贫化率关系曲线

凿岩外，也充当第一次爆破的小补偿空间（可省去切割立槽）；另一种是在掩护支架两侧。

落矿采用上向扇形深孔、小补偿空间和向崩落区联合挤压爆破，孔径 100mm；在靠近回采巷道顶板深孔之间补充打浅孔或中深孔，落矿时首先起爆浅孔，使在掩护支架上形成细碎矿石缓冲垫层，保护掩护支架。

掩护支架有两对放矿口，因为没有矿柱间隔，放矿条件很好，放矿应按照一定顺序。掩护支架上部长度方向崩落矿石的密实度相差较大，所以每个放矿口放出矿量不等。按照图表进行放矿，可放出纯矿石 50%，贫化率小于 15%，损失率小于 10%。实践表明，端壁高度过大会加大矿石的损失与贫化，崩落矿石层高度应是崩落矿石层长度的 2.5~3 倍，如图 10-79 所示。

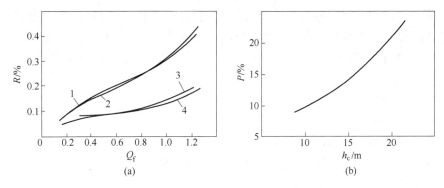

图 10-79 不同装矿层高度与矿石贫化率、损失率关系曲线

(a) 不同装矿层高度放矿贫化率与放出矿岩体积关系曲线；

(b) 落矿层宽度为 4m 时，不同落矿层高的放矿损失率

Q_f—放出矿量；R—贫化率；P—损失率；h_c—崩落矿石层高；

1，3—落矿层高度为崩落矿层宽度 4 倍和 2.5 倍时的实际关系曲线；2，4—对应的计算曲线

放矿结束后，退出振动放矿机，关闭放矿口，掩护支架分为几个行程移到下一次落矿位置，继续回采。整个分条采完后将支架拆卸并移到新的回采巷道，安装后重复使用。

10.4.5 无底柱分段崩落法评述及应用

10.4.5.1 无底柱分段崩落法评价

A 分段崩落法与房式采矿法的对比

在顶板围岩与覆岩都很稳固、其他条件相同、技术装备类似的条件下，崩落法与房式采矿法的生产能力、采矿工效、采切比、采矿成本等指标都没有十分显著的差别，其差别主要在于贫化与损失。影响房式采矿法损失与贫化指标的最主要因素是矿柱矿量所占的比重。根据一些矿山统计资料认为，当矿柱矿量小于 40% 时，采用房式采矿法比较合理；当矿柱矿量大于 45% 时，最好采用崩落法。当矿柱矿量占 40%~45% 时，则应根据矿石的可选性、矿石品位、矿石价值等因素进行综合比较。可以采取封闭办法处理采空区的孤立小矿体，即使矿房与矿柱矿量各占一半，也应采用房式采矿法，因为此时矿柱回收比较容易，处理采空区费用很低。

B 无底柱分段崩落法与有底柱分段崩落法对比

无底柱分段崩落法的优点：

(1) 不留底柱，结构简单，可省略大量的底部结构工程的掘进与维护工作，避免回采底柱的损失与贫化；

(2) 回采工艺简单，便于使用各种高效率的大型凿岩、运搬无轨自行设备，可实现回采工艺整体机械化；

(3) 采切工作主要是掘进大断面水平巷道，易于实现机械化，多工作面作业，可提高掘进效率；

(4) 在回采巷道中作业工作安全，回采巷道的端部放矿，可减少处理卡斗的繁重而安全性差的二次破碎工作；

（5）同一分段内各回采巷道及上下分段之间均可同时进行回采，作业面多，灵活性大，回采强度高，各项回采作业可在不同分段平行施工，互不干扰，便于管理；

（6）矿块分段回采，崩矿步距又小，易于实现不同品位矿石的分采分运及剔除夹石，并且便于开采矿体的不规则部分；

（7）地压管理简单。

无底柱分段崩落法的缺点：

（1）与有底柱崩落法相比，在覆岩下放矿，矿石贫化与损失大；

（2）回采巷道为独头，若采用内燃机设备则所需风量大，故通风条件差（特别是在开采深度增加时）；

（3）大型燃油自行无轨设备维护工作量大；

（4）典型方案每次爆破矿量小，放矿条件差，不便于集中强化开采。

10.4.5.2　无底柱分段崩落法的适用条件

无底柱分段崩落法的适用条件如下：

（1）地表允许陷落或垮山、滚石的矿山；

（2）矿石稳定，或是中稳以上，下盘或上盘围岩有一定的稳定性，允许开掘大断面巷道及溜矿井，不需特殊支护；

（3）矿体最好为厚与急倾斜的；

（4）矿石价值与品位不高，可选性好或围岩含矿允许有较大贫化，矿石需分级回采或剔除夹石；

（5）崩落的矿石流动性好，易于放矿。

10.4.5.3　无底柱分段崩落法的主要技术经济指标

无底柱分段崩落法的主要技术经济指标，见表10-7。

表 10-7　无底柱分段崩落法的主要技术经济指标

项 目 名 称	大庙铁矿 （1983 年）	镜铁山铁矿 （1984 年）	梅山铁矿 （1984 年）	向山硫铁矿 （1984 年）
矿山年产量/万吨	60.7	207.3	125.7	67.0
采切比/m·万吨$^{-1}$	32.7	64.6	59.16	85.43
矿石回收率/%	83.69	86.98	82.13	66.65
矿石贫化率/%	25.09	13.85	16.38	10.56
中深孔凿岩效率/m·(台·班)$^{-1}$	48.0	18.9	42.3	26.3
装运（岩）机效率/t·(台·班)$^{-1}$	118.1	62.9	140	77.2
装运（岩）机效率/万吨·(台·年)$^{-1}$	5.18	7.1	7.6	
铲运机效率/t·(台·班)$^{-1}$			316	
铲运机效率/万吨·(台·年)$^{-1}$			13.3	
采矿工效/t·(工·班)$^{-1}$	26.8	18.4	10.3	18.5
采矿炸药消耗/kg·t^{-1}	0.326~0.42	0.52	0.45	0.14

—— 本 章 小 结 ——

（1）崩落采矿法的基本特点、适用条件及崩落法的分类。

（2）本章介绍了五种崩落采矿方法。即单层崩落法、分层崩落法、有底柱分段崩落法、有底柱阶段崩落法、无底柱分段崩落法。要求了解五种方法的基本特点，掌握五种方法优缺点及适用条件，重点掌握五种方法的采场结构、采准切割的基本过程、回采的基本方法。

（3）重点掌握崩落法。单层长壁式崩落法、有底柱分段崩落法、无底柱分段崩落法。

（4）了解覆盖岩石放矿的基本理论。

复习思考题

10-1 什么是崩落采矿法，崩落采矿法的适用条件是什么，崩落采矿法有哪几种类型？

10-2 单层崩落法的基本特点是什么？绘出单层长壁式崩落法典型方案图，标明巷道名称，说明该方法的采准切割过程。简述该方法的优缺点及适用条件。

10-3 有底柱分段崩落法的基本特点是什么？绘出垂直深孔落矿有底柱分段崩落法典型方案图，标明巷道名称，说明该方法的采准切割过程。简述该方法的优缺点及适用条件。

10-4 无底柱分段崩落法的基本特点是什么？绘出无底柱分段崩落法典型方案图，标明巷道名称，说明该方法的采准切割过程，以及是如何进行回采的。简述该方法的优缺点及适用条件。

10-5 什么是覆岩下放矿？简述放矿制度。

参 考 文 献

[1] 钟义旆. 金属矿床开采 [M]. 北京：冶金工业出版社，1990.

[2] 李朝栋. 金属矿床开采 [M]. 北京：冶金工业出版社，1987.

[3] 张冷松. 矿山企业管理 [M]. 沈阳：辽宁人民出版社，1988.

[4] 采矿设计手册. 矿床开采卷（上下）[M]. 北京：中国建筑工业出版社，1993.

[5] 王青. 采矿学 [M]. 北京：冶金工业出版社，2005.

[6] 蔡嗣经. 矿山充填力学基础（第 2 版）[M]. 北京：冶金工业出版社，2009.

[7] 孙恒虎. 当代胶结充填技术 [M]. 北京：冶金工业出版社，2002.

[8] 古德生，李夕. 现代金属矿床开采科学技术 [M]. 北京：冶金工业出版社，2006.

[9] 周爱民. 矿山废料胶结充填 [M]. 北京：冶金工业出版社，2007.